超深缝洞型碳酸盐岩油藏采油工程新技术与新方法

赵海洋 秦 飞 等 著

科学出版社

北 京

内 容 简 介

本书主要介绍了碳酸盐岩缝洞型油藏采油工程新技术与新方法方面的主要进展，包括超深碳酸盐岩油藏酸压新技术、缝洞型油藏堵水新技术、缝洞型油藏流道调整改善水驱新技术、超深井人工举升新技术、超稠油开采新理论与新技术、油田防腐新技术。

本书可供从事超深碳酸盐岩缝洞型油藏采油工程的技术及科研人员阅读参考，同时对油田开发矿场实践也具有重要的指导意义。

图书在版编目(CIP)数据

超深缝洞型碳酸盐岩油藏采油工程新技术与新方法/赵海洋，秦飞等著. —北京：科学出版社，2025.7

ISBN 978-7-03-067927-7

Ⅰ. ①超… Ⅱ. ①赵… Ⅲ. ①碳酸盐岩油气藏–油气开采–研究 Ⅳ. ①TE344

中国版本图书馆 CIP 数据核字(2021)第 015036 号

责任编辑：万群霞　冯晓利 / 责任校对：王萌萌
责任印制：师艳茹 / 封面设计：无极书装

科 学 出 版 社 出版
北京东黄城根北街 16 号
邮政编码：100717
http://www.sciencep.com

北京中科印刷有限公司印刷
科学出版社发行　各地新华书店经销

*

2025 年 7 月第 一 版　　开本：787×1092 1/16
2025 年 7 月第一次印刷　　印张：17 3/4
字数：420 000

定价：258.00 元
(如有印装质量问题，我社负责调换)

本书编委会

主　任：赵海洋　秦　飞

成　员：丁　雯　马淑芬　石　鑫　邢　钰　伍亚军

　　　　任　波　安　娜　巫光胜　李　亮　杨祖国

　　　　宋志峰　罗攀登　钱　真　曹　畅　彭振华

　　　　葛鹏莉　焦保雷　郭　娜　高秋英

前　言

全球碳酸盐岩地层中蕴藏着丰富的油气资源，是过去也是未来油气勘探开发的重点领域。中国几代油气工作者经过漫长艰苦的探索与实践，先后在塔里木盆地、四川盆地的古老海相碳酸盐岩层系中取得了举世瞩目的成果。近年来，随着勘探开发技术的日益进步，碳酸盐岩油气勘探开发逐步向深层（埋深为 4500～6000m）和超深层（埋深大于6000m）推进，发现了越来越多的油气资源，成为世界超深层领域油气勘探开发最活跃的地区。

碳酸盐岩油藏按储集空间类型可分为孔隙型、裂缝-孔隙型和缝洞型三类。其中碳酸盐岩缝洞型油藏储集体异于砂岩油藏，多为溶洞-裂缝复杂组合体，尺度复杂多变，以溶洞和大型裂缝为主，溶洞规模较大且连通形式多样，空间展布复杂，非均质性极强。另外，中国碳酸盐岩缝洞型油藏多为潜山类型，埋藏较深，上覆地层组合多样，地层条件苛刻，如塔河缝洞型油藏埋藏超深（井深大于5000m）、超高温高压（温度高于125℃，压力大于60MPa），给缝洞型油藏采油工程带来一系列难题，对储集体超深、高温、高盐、高压条件下的储层改造、堵水、水驱流道调整、人工举升、稠油开采、腐蚀防护等提出了更高的技术要求。目前，该类油藏国内外还没有现成的技术和管理经验可资借鉴，堪称世界级难题。

面对如此复杂的开发对象，中国石化西北油田分公司的石油科技人员经过长期攻坚克难、大胆创新，立足于塔里木盆地碳酸盐岩缝洞型油藏采油工程技术实践，取得一系列实质性进展。为此，本书汇集了碳酸盐岩缝洞型油藏采油工程新工艺技术方面的主要进展，是一部系统阐述深层碳酸盐岩缝洞型油藏采油工程技术的专著，其中全面介绍了各种采油工程新技术的思路、工艺设计、矿场应用，并在理论上进行了有益探索，在技术方法上力求创新。本书对从事超深碳酸盐岩缝洞型油藏采油工程技术研究人员具有一定的参考价值，同时对油田开发矿场实践也具有重要的指导意义。

全书共7章，第1章由赵海洋、任波、杨祖国撰写，第2章由赵海洋、安娜、罗攀登、宋志峰撰写，第3章由赵海洋、马淑芬、伍亚军、李亮、郭娜撰写，第4章由赵海洋、巫光胜、钱真、焦保雷、秦飞撰写，第5章由赵海洋、彭振华、丁雯、秦飞撰写，第6章由赵海洋、邢钰、曹畅、秦飞撰写，第7章由赵海洋、石鑫、葛鹏莉、高秋英撰写，整体统筹策划与校勘由赵海洋完成。

由于水平有限，书中难免存在疏漏与不足之处，恳请广大读者批评指正！

作　者
2024年10月

目 录

前言
第1章 绪论 ··· 1
1.1 超深缝洞型碳酸盐岩油藏特征 ·· 1
1.2 缝洞型油藏采油工程技术难点 ·· 2
1.3 缝洞型油藏采油工程技术进展 ·· 3
参考文献 ·· 5

第2章 超深碳酸盐岩油藏酸压新技术 ·· 7
2.1 高温新型缓速酸液 ·· 7
2.1.1 有机交联酸 ·· 7
2.1.2 固体包裹酸 ·· 12
2.1.3 纳米干液酸 ·· 23
2.2 裂缝屏蔽高通道酸压技术 ·· 26
2.2.1 屏蔽高通道酸压机理 ·· 26
2.2.2 裂缝屏蔽遮挡剂材料 ·· 27
2.2.3 裂缝屏蔽酸压工艺参数优化 ·· 30
2.2.4 裂缝部分屏蔽酸蚀导流能力 ·· 34
2.3 定点定向喷射酸压技术 ·· 34
2.3.1 定点定向喷射工具 ··· 35
2.3.2 碳酸盐岩喷酸穿透能力实验 ·· 42
2.3.3 定点定向喷射酸压工艺及应用 ··· 43
参考文献 ·· 46

第3章 缝洞型油藏堵水新技术 ··· 47
3.1 功能型堵水技术 ·· 47
3.1.1 3D疏水颗粒堵水技术 ··· 47
3.1.2 形状记忆材料堵水技术 ··· 62
3.2 低成本堵水技术 ·· 70
3.2.1 低成本矿粉凝胶堵水技术 ··· 71
3.2.2 低成本颗粒堵水技术 ·· 83
参考文献 ·· 92

第4章 缝洞型油藏流道调整改善水驱新技术 ··· 94
4.1 油基树脂增强架桥改善水驱技术 ··· 94
4.1.1 油基树脂体系的研发与评价 ·· 94
4.1.2 油基树脂的矿场应用 ··· 107
4.2 软弹体颗粒过盈架桥改善水驱技术 ·· 108

| 4.2.1 软弹体颗粒的研发与性能评价 ··· 108
| 4.2.2 软弹体颗粒的工业化加工 ··· 114
| 4.2.3 软弹体颗粒的矿场应用 ·· 115
| 4.3 塑弹体颗粒复配增强架桥改善水驱技术 ································· 115
| 4.3.1 塑弹体颗粒的研发与评价 ··· 115
| 4.3.2 塑弹体颗粒工业化加工 ·· 123
| 4.3.3 塑弹体颗粒的矿场应用 ·· 124
| 参考文献 ··· 125

第5章 超深井人工举升新技术 ·· 127
   5.1 超深井人工举升地面技术 ·· 127
       5.1.1 超长冲程地面抽油机技术 ··· 127
       5.1.2 地面新型控制系统 ·· 140
   5.2 超深井人工举升井下技术 ·· 146
       5.2.1 井下超长冲程举升泵 ··· 146
       5.2.2 井下新型举液器 ··· 149
   5.3 超深井健康评价体系 ·· 156
       5.3.1 机采井健康评价体系的建立思路 ···································· 156
       5.3.2 机采井健康评价指标的选取和赋值 ································· 156
       5.3.3 健康评价体系的现场应用 ··· 164
   参考文献 ··· 168

第6章 超稠油开采新理论与新技术 ·· 170
   6.1 超稠油胶体不稳定理论方法 ·· 170
       6.1.1 影响石油胶体稳定性的因素 ·· 170
       6.1.2 原油胶体的结构模型 ··· 173
       6.1.3 原油胶体稳定性评价方法 ··· 174
       6.1.4 超稠油胶体不稳定理论方法的建立与应用 ······················· 183
   6.2 超稠油井筒油水两相垂直管流流动特征 ································· 187
       6.2.1 油水两相流流型研究方法 ··· 188
       6.2.2 油水两相流流动特征研究 ··· 188
   6.3 超稠油地面热处理改质技术可行性论证 ································· 203
       6.3.1 稠油地面热处理改质技术可行性 ···································· 203
       6.3.2 稠油地面热处理改质经济可行性 ···································· 212
   参考文献 ··· 254

第7章 油田防腐新技术 ·· 257
   7.1 井下防腐技术 ··· 257
       7.1.1 井下耐高温牺牲阳极的阴极保护技术 ······························ 257
       7.1.2 耐高温稠油掺稀缓蚀剂 ·· 259
       7.1.3 井下投捞存储式腐蚀监测技术 ······································· 262
   7.2 地面防腐技术 ··· 264
       7.2.1 含铜抗菌钢防腐技术 ··· 264

7.2.2 软管翻转管道防腐修复技术 ··267
7.2.3 纳米涂层防腐技术 ··269
参考文献 ··273

第1章 绪　　论

碳酸盐岩油藏是当今世界最重要的油气勘探开发领域之一[1]，占全球已探明石油储量的 52%，占全球油气总产量的 60%。截至 2015 年底，中国碳酸盐岩油藏累计探明石油地质储量 29.34 亿 t，是我国油气勘探开发和油气增储上产的重要领域[2]。中国缝洞型碳酸盐岩油藏主要分布在塔里木盆地[3]，缝洞型碳酸盐岩油藏地质特征复杂，主要体现在缝和洞的多尺度性、分布多样性、连通及组合复杂性。复杂的地质特征决定了该类介质中流体流动的复杂性，直接导致缝洞型碳酸盐岩油藏开发特征及开发模式与碎屑岩油藏有巨大差别[4]。塔河油田是缝洞型油藏的典型代表，1984 年塔里木盆地沙参 2 井获得高产油气流，实现了中国古生代海相碳酸盐岩油藏重大突破，成为中国油气勘探史上的重要里程碑；1990 年沙 23 井发现了中国第一个古生代超深层海相特大型油田——塔河油田；1997 年塔河油田投入开发，目前已建成世界上最大的缝洞型油藏原油生产基地，年产油气能力已达 900 万 t 油当量。因此，缝洞型碳酸盐岩油藏的开发潜力巨大，合理高效开发此类油藏，对我国油气资源的可持续发展具有重大意义。

1.1 超深缝洞型碳酸盐岩油藏特征

塔河油田碳酸盐岩缝洞型油藏埋藏较深，地层条件极为苛刻，给缝洞型油藏采油气工程技术带来巨大的挑战。

1. 储集体成因受构造变形与岩溶共同作用，以缝洞为储集流动空间，基质基本无贡献

在海相碳酸盐条件下化学沉积形成致密基岩，后经构造与岩溶共同的改造作用，形成以溶洞为储集空间、以裂缝为流动通道的储集体，基质孔隙度在 1%~7%，渗透率小于 $0.1 \times 10^{-3} \mu m^2$，基质的储集流动贡献极小，70%以上油井需要酸压沟通建产。

2. 储集体空间尺度从几微米到几十米，储集体非均质性极强

文献调研显示[5]，缝洞型油藏实钻未充填大型溶洞尺度可达 29m，测井解释未充填大型溶洞尺度可达 37m。实钻岩心的最大充填溶洞 20m，测井解释的最大填充溶洞 73m。实钻岩心上可见直径 5cm 的溶蚀孔。储集体裂缝以高角度缝和垂直缝为主，占裂缝总数的 90%以上，裂缝倾角集中在 60°以上，水平缝和低角度缝不发育。天然裂缝宽度变化较大，从小于 1mm 到 15mm 不等，主要集中在 5mm 以内。而孔隙型和裂缝-孔隙型油藏主要是微米级孔隙或微米到毫米级孔隙-裂缝的组合。

3. 空腔流-管流-渗流耦合，重力主导，流动特征极为特殊

缝洞集合体中既有几十米溶洞的空腔流，也有毫米、微米级裂缝中的管流与渗流。

据不完全统计[5]：90%以上储量集中在溶洞，空腔流的影响比重极大，重力作用明显强于毛细管力。只有 30%的井直接钻遇溶洞投产，70%的井需改造建立井洞沟通形成产能，裂缝的管流和渗流对溶洞间油气流动具有重要贡献。

4. 储集体在三维空间上分布复杂，变化极快，不具备统一油水界面

缝洞储集体受多期构造和岩溶作用的交互叠加，在不同区带上经历了不同程度的岩溶叠加或岩溶破坏，纵向上有岩溶作用分带，平面上受断裂控制呈条带状发育，具有明显的分区分带特点。按岩溶类型可划分为断控岩溶、古河道岩溶、风化壳岩溶。纵向上多期岩溶存在一定的分段性，缝洞复杂的空间展布，导致充注过程的排水差异，形成各种形态和不同体量的封存水，每个缝洞都有独立的油水关系[6,7]。与常规孔隙型和裂缝-孔隙型油藏是连续分布、分层良好、具有统一油水界面的储集体实质不同。

5. 受复杂油气充注影响，油藏流体性质变化极大

缝洞型油藏的形成存在多期油气运移、充注与重力分异[8]，原油性质差异极大。以塔里木盆地为例，原油密度可从轻质油的 0.8g/cm^3 到高黏重质油的 1.08g/cm^3，50℃下地面脱气原油黏度最高可达 1×10^7mPa·s。海相沉积环境下，地层水矿化度普遍在 $1\times10^5\sim 2\times10^5$mg/L。

1.2 缝洞型油藏采油工程技术难点

碳酸盐岩缝洞型油藏复杂的储集体结构多样、连通性复杂，储集体空间发育情况极其不确定，其油气水关系及剩余油分布类型也十分复杂，给油田采油工程技术带来巨大的挑战，需要紧密结合储集空间尺度非均质性、储集体类型、缝洞体形状及空间分布、缝洞体分割性、储集体与生产井的空间配置关系[9,10]，探索发展特色的采油工程技术。

1. 非均质性导致传统酸压工艺难以实现缝洞井周储量有效控制

缝洞储集体发育展布受控于构造和岩溶作用，缝洞体的外部轮廓、空间位置、体积大小及内部结构精确认识难度高，单靠一次钻井难以高效控制井周储量，传统酸压工艺条件下形成的双翼单缝覆盖范围有限[11]，动用程度低，要提高稳产能力，需充分沟通天然裂缝，增大改造范围，实现单向变多向、单缝变多缝，增大人工裂缝波及范围，提高酸压中靶率及酸压改造效果，从而提高油田的储量动用率。

2. 油水赋存复杂，导致堵水、注水扩大波及增效难

缝洞在空间上的展布极不规则，平面分布存在"点""线""面"多种形态，纵向上多套缝洞叠置发育，在平面上难以构建规则注采井网、垂向上高角度裂缝发育，难以发展规模化的分层注采技术。流动通道是从几微米裂缝到几十米溶洞，流动特征是空腔流-管流-渗流的复杂耦合，重力主导下密度分异强，堵水对象认识极为困难，常规选井决策无法使用，选井难度极大。受缝洞复杂立体结构的控制，油水赋存状态极为复杂，对于

堵水而言缝洞体系内普遍存在油水同出问题，必须针对缝洞特点，发展"堵水不堵油"的选择性堵水工艺。

在注水过程中，注入水沿着裂缝、溶洞条带高速窜流，在注采井组之间形成明显的优势通道，导致水驱波及范围有限，注水效果逐渐变差。"十二五"以来，塔河油田236个多井单元中已实施注水95个，占多井单元总数的40%，累计注水1589.1万m^3，实现增油197.6万t。但随着油田注水开发逐渐推进，水驱效果逐年变差，受效的97个井组中25个已发生水窜(占比26%)。注水单元存在水驱控制动用程度低、水驱效果差异大、水淹后治理难度大、注水地面工艺不配套等问题，需要探索试验以缝洞通道为背景、以扩大波及为核心的注水增效技术。

3. 高温、高盐、高黏等苛刻条件，导致油田化学用剂适应性差

以塔里木盆地为例，其海相碳酸盐岩成岩地质年代久远，为古生代的加里东早期[12]，导致储集体埋深高达6000~8000m，油藏温度130~180℃。在海相沉积环境下，地层水矿化度高达2×10^5mg/L，钙镁离子含量高达1×10^4mg/L。超深、高温、高盐条件对储层改造、堵水、注水增效、稠油降黏等油田助剂提出了更高的技术要求。

4. 埋藏深，导致举升工艺设计选型及配套难

常规的举升优化设计技术不能满足深井采油的需要，如举升高度大，挂泵深度大，很容易导致井筒压力低于气体饱和压力，溶解气体被分离出来，在很大程度上影响举升设备的生产效率；另外随着下泵深度的增加，杆柱失稳造成的偏磨更加严重，伴随的还有冲程损失的问题。同时深井和超深井的设计分析方法与常规井相比，需要考虑的因素更多，模型更为复杂，需要进一步研究解决。

1.3 缝洞型油藏采油工程技术进展

研究团队通过创新技术与现场实践，形成了特色的碳酸盐岩缝洞型油藏采油工程技术，并在塔河油田进行了技术试验。

1. 创新形成了缝洞型油藏酸压新技术

(1) 高温新型缓速酸液体系：针对缝洞型碳酸盐岩储层深(>6500m)、温度高(>140℃)，目前常规酸液酸岩反应速度快、近井地带反复刻蚀，滤失严重，酸消耗量较大(距离井筒30m酸液消耗一半)的问题，攻关形成了耐高温交联时间可控有机交联酸、深穿透固体酸体系及远距缓释纳米干液酸三套新型酸液体系。

(2) 裂缝屏蔽高通道酸压技术：针对碳酸盐岩储层埋藏深，裂缝闭合压力高(>40MPa)，很难获得高的长期酸蚀裂缝导流能力的问题，通过引进自聚集油溶性裂缝屏蔽遮挡剂，通过特殊的工艺方法，使裂缝屏蔽遮挡剂在酸液与裂缝壁面产生隔挡层，使部分裂缝壁面岩石被保护，被黏附的裂缝壁面不与酸发生反应溶蚀，彻底改变酸蚀裂缝点支撑的现状，转变为面支撑面，在90MPa闭合应力条件后仍能保持支撑强度。在50MPa闭合应

力下，自支撑导流提高42%。

(3)超深井定点定向喷射酸压技术：针对井周高角度(>75°)非主应力方向缝洞体液体转向难沟通的问题，通过定向工具设计研发，定点定向喷射+后期压裂联作，形成超深井定向喷射酸压技术，实现井周360°定方位破裂、25m定向延伸造缝，沟通井周100m范围缝洞。

2. 创新形成了碳酸盐岩缝洞型油藏堵水新技术

(1)功能型堵水技术：针对裂缝型油藏油水同出、屏蔽次级通道产出的问题，探索了可深部注入、油水选择性强的功能型堵剂及配套体系，一是利用硅氧烷对密胺海绵进行改性制备了3D疏水颗粒；二是以聚甲基丙烯酸甲酯为主体材料研发了形状记忆堵剂。该类功能型堵剂体系耐高温、具有油水选择性，在裂缝型油藏中有望实现深部选择性封堵。

(2)低成本堵水技术：针对缝洞型油藏水体能量强导致暴性水淹，前期堵水用剂因成本限制用量较少，封堵效果不甚理想的问题，研发了以粉煤灰为主剂的低成本矿粉凝胶堵剂，得到了良好的现场应用效果；同时探索了低成本油脚颗粒，可用于常规颗粒的有效替代。

3. 创新形成了缝洞型油藏流道调整改善水驱新技术

(1)油基树脂增强架桥改善水驱技术：针对大缝大洞型油藏常规颗粒封堵强度弱的情况，研发了油基树脂固化体系，体系遇水不稀释，130℃下3~5h可以固化，封堵强度大于20MPa，可整体固化处理深部大通道。考虑通过后置油基树脂对堆积颗粒进行固化，加强架桥效果，实现对大缝洞、大洞的强化封堵。

(2)软弹体颗粒过盈架桥改善水驱技术：针对表层风化壳类油藏的调流需求，研发了耐温、抗盐、可变形移动的软弹体调流颗粒，利用颗粒的高弹性、拉伸性和变形性特征，有效解决常规颗粒封堵强度大的难题，实现对表层风化壳岩溶井组的高效调流。

(3)塑弹体颗粒复配增强架桥改善水驱技术：针对缝洞型油藏的远井调流、深部调流和定点调流的技术需求，研发了密度可调、耐温、抗盐、高温下粘连长大的塑弹体调流颗粒。利用颗粒密度可调特性，有效解决中密度颗粒近井沉降的难题，可实现远井、定点调流；利用颗粒高温下软化彼此粘连长大的特性，有效增加调流颗粒堆积架桥概率和卡堵强度，实现对裂缝通道的封堵转向。

4. 发展形成了超深层油藏人工举升技术

(1)超深井人工举升地面技术：针对塔河在用抽油机冲程较短(游梁式7.3m，立式8m)、地面效率较低(52.7%)，地面节能降耗形势严峻的问题，攻关高效新型超长冲程地面举升机构，探索研制了超大型齿轮齿条节能抽油机、超长冲程滚筒式抽油机以及地面新型控制系统，冲程≥50m。

(2)超深井人工举升井下技术：针对塔河常规机采井井下效率低、杆柱失效率高(占比27.4%)、泵故障率高(占比20.3%)的问题，攻关优化了软井下超长冲程举升泵，冲程可达100m。同时配套柔性抽油杆，强度高、质量轻。

(3)超深井健康评价体系：针对机采井健康工况弱、地面能耗高的问题，创新研发了在"三大理念"引领下，机采工艺和参数优化注重向油藏、井筒、地面和效益开发延伸，创建了"一套体系"，并提出了"八大举措"，强化工艺配套。

5. 发展形成了超稠油开采新理论与新技术

(1)超稠油不稳定理论方法：针对塔河超稠油沥青质含量较多（>40%），四组分比例异于普通稠油，常规的胶体不稳定指数法无法准确判别原油的胶体稳定性，通过修正胶体不稳定系数(CII值)，提出了适应塔河稠油稳定性判定的、考虑稠油组分介电常数的稠油胶体稳定性指数(CSI值)法。在CII值法的基础上，CSI值法引入了介电常数的影响，除了考虑四组分的含量，同时考虑组分间的相互作用，准确度更高，实测与计算误差小于3%。

(2)超深井井筒油水两相垂直管流特征：针对超稠油含水期井筒两相垂直管流的流动特征不明确的问题，设计高温高压井筒模拟装置。该装置利用高温高压可视釜（耐压40MPa，耐温180℃）观察在不同含水率范围、不同流速及不同温度、压力下油水两相垂直管流的流态特征。压力增加时油水两相流流型向大水珠流型（蠕状流、段塞流）移动，且压力越大，蠕状流的含水率范围越宽，泡状流和分散流含水率范围变窄；温度增加使油水两相流流型向细小分散流型（分散流、泡状流）移动，且温度越高，分散流和泡状流流型下的含水率范围变宽，蠕状流和段塞流流型下的含水率范围变窄。

(3)超稠油地面热处理改质技术可行性论证：针对塔河稠油掺稀生产模式下掺稀油紧缺及稀稠油差价损失效益的问题，开展了超稠油地面热处理改质技术可行性论证。通过室内小试及中试试验，基本明确了稠油地面热处理改质技术的关键参数（400℃、80min）；经济性评价结果表明，对于100万t规模70美元油价下财务内部收益率为–18.2%，远低于回掺油采用稀油工况下的财务内部收益率(8.14%)，也远低于行业内部收益率（油品提升项目10%），在经济上不可行。

6. 创新形成了油田防腐新技术

(1)创新形成了高温强腐蚀环境井下防腐技术：针对塔河油田井下高温、多腐蚀介质共存苛刻工况，攻关形成了耐160℃牺牲阳极保护技术、耐140℃高温缓蚀剂、投捞存储式腐蚀监测技术，完善了超深井腐蚀防护技术体系。

(2)创新开发了苛刻环境地面防腐技术：针对高含硫化氢、细菌腐蚀、点腐蚀严重的问题，创新开发实践了含铜抗菌抗硫钢，细菌腐蚀速率下降72%；开发了翻转内衬技术和互穿聚合物网络(IPN)纳米涂层技术，有效延长管道使用寿命15年。

参 考 文 献

[1] 江怀友, 宋新民, 王元基, 等. 世界海相碳酸盐岩油气勘探开发现状与展望[J]. 海洋石油, 2008, 28(4): 6-13.

[2] 李阳. 塔河油田碳酸盐岩缝洞型油藏开发理论及方法[J]. 石油学报, 2013, 34(1): 115-121.

[3] Li Y. Development Theories and Methods of Fracture-Vug Carbonate Reservoirs[M]. London: Elsevier Ltd, 2017.

[4] Tian F, Jin Q, Lu X B, et al. Multi-layered Ordovician paleokarst reservoir detection and spatial delineation: A case study in the Tahe Oilfield, Tarim Basin, Western China[J]. Marine and Petroleum Geology, 2016, 69: 53-73.
[5] 李阳, 康志江, 薛兆杰, 等. 中国碳酸盐岩油气藏开发理论与实践[J]. 石油勘探与开发, 2018, 45(4): 669-676.
[6] 荣元帅, 胡文革, 蒲万芬, 等. 塔河油田碳酸盐岩油藏缝洞分隔性研究[J]. 石油实验地质, 2015, 37(5): 599-605.
[7] 张慧, 刘中春, 吕心瑞, 等. 塔河油田缝洞型油藏注气提高采收率机理研究[J]. 中国矿业, 2016, 25(S1): 455-459.
[8] 马永生, 何登发, 蔡勋育, 等. 中国海相碳酸盐岩的分布及油气地质基础问题[J]. 岩石学报, 2017, 33(4): 1007-1020.
[9] 鲁新便, 荣元帅, 李小波, 等. 碳酸盐岩缝洞型油藏注采井网构建及开发意义——以塔河油田为例[J]. 石油与天然气地质, 2017, 38(4): 658-664.
[10] 戴彩丽, 方吉超, 焦保雷, 等. 中国碳酸盐岩缝洞型油藏提高采收率研究进展[J]. 中国石油大学学报(自然科学版), 2018, 42(6): 67-78.
[11] 胡文革. 塔河碳酸盐岩缝洞型油藏开发技术及攻关方向[J]. 油气藏评价与开发, 2020, 10(2): 1-10.
[12] 高利君, 李宗杰, 李海英, 等. 塔里木盆地深层岩溶缝洞型储层三维雕刻"五步法"定量描述技术研究与应用[J]. 物探与化探, 2020, 44(3): 691-697.

第 2 章　超深碳酸盐岩油藏酸压新技术

2.1　高温新型缓速酸液

2.1.1　有机交联酸

地面交联酸具有黏度高、滤失低、酸岩反应速度慢、造缝效率高、携砂能力强等一系列优点，可以实现酸液体系深穿透、提高酸蚀裂缝导流能力[1]、延长压后有效期、提高单井产能的目的，国内外近年来依然将交联酸作为高温深井酸压改造的首选材料之一。交联酸是酸液中的稠化剂，经酸性交联剂交联，形成三维网络状分子链，达到增加酸液体系黏度的目的，又提高了酸液滤失的控制能力，可达到非牛顿流体的滤失水平，是目前最有效的控制酸液滤失的手段，使施工过程中酸液的效率及作用距离均有较大的提高。交联酸主要由酸用稠化剂、酸用交联剂和其他配套的添加剂组成。

但常规地面交联酸成本高，交联时间较短，性能仍存在提升优化的空间。通过交联酸用交联剂分子设计，合成一种耐温140℃有机交联酸用交联剂，在优选有机酸、缓蚀剂、助排剂等酸液辅剂的基础上，开展酸液配伍性及综合性能评价，优化酸液配方，最终形成一套耐高温、交联时间可控有机交联酸，大幅提升延迟交联性能，满足现场施工要求。

1. 有机交联酸用基础酸

配制交联酸所用的基础酸主要有：无机酸(盐酸、氢氟酸、磷酸、硝酸)，有机酸(甲酸、乙酸、丙酸、丁酸)，其中盐酸是配制交联酸最常用的酸。基础酸的种类及浓度主要由储层岩石的性质所决定。为达到深部酸化的目的，可选择盐酸作为交联酸液体系的基础酸，有机酸配合使用。有机酸作为增产措施液用途越来越广，与盐酸比较，有机酸是弱离子型酸，反应慢，主要用于高温油井(高于 120℃)或者希望延长反应时间的井，在地层中消耗较慢，穿透深度较深并提高了增产效果。有机酸的另一优点是腐蚀性较弱，在高温下易缓蚀。有机酸有甲酸、乙酸、苯甲酸、对苯甲磺酸、膦酸等。有机酸与碳酸钙反应的结果见表 2-1，优选甲酸、乙酸作为有机交联酸的有机酸成分。

表 2-1　有机酸与碳酸钙反应的结果

有机酸	与碳酸钙的反应	交联情况
甲酸	生成产物溶解度高	交联
乙酸	生成产物溶解度高	交联
苯甲酸	生成不溶性的产物	不交联
对苯甲磺酸	生成不溶性的产物	交联
膦酸	生成产物溶解度高	不交联

2. 有机交联酸用交联剂

1) 常用交联剂及交联机理

交联剂通过化学键或配位键与稠化剂发生交联反应，使体系中稠化剂各分子联结成网状体型结构，进一步增稠形成黏弹冻胶，交联剂对体系的成胶速度、耐温稳定性和剪切稳定性，以及对地层和填砂裂缝的渗透率都有较大的影响。交联剂的选用是由稠化剂可交联的官能团和水溶液的pH决定，其中聚丙烯酰胺及其衍生物作为稠化剂应用较多，可交联的基团有酰胺基、羧基和羧酸根离子等，该基团可以与多种材料进行交联，如高价金属离子、异氰酸酯类、醛类、环氧化合物类等。其中，有机钛交联剂是目前冻胶酸体系研究最多、应用最广的一类交联剂，其抗温性和延迟交联性都优于其他常规交联剂。

有机钛交联剂因引入有机配位体使其稳定性提高，而且可以形成多对多核羟桥络离子，使单位交联点的交联强度大为增加，从而提高了交联冻胶的强度及耐温性。同时有机配位体和钛同时竞争与聚合物的反应，使得能够与聚合物反应的离子数量暂时减少，造成了交联反应延迟的效果。

2) 交联剂的合成及影响因素研究

选用钛盐和有机配位体作为原料，通过对反应介质、反应温度、反应时间等进行了优化，最终得到了可在强酸性环境下与聚合物交联的有机钛交联剂。

(1) 反应介质。反应介质的筛选原料易溶于水、甲醇和乙醇、异丙醇，主要在这几种溶剂中进行(表2-2)。反应介质的用量直接影响交联剂的性能。当溶剂量太大时，原料在水中的浓度太低，不利于反应的进行；当溶剂量太小时，原料不能完全溶解，不利于反应。实验表明，甲醇和乙醇最有利于原料的溶解和反应的进行。综合考虑，选择水-乙醇混合溶剂作为反应介质。

表2-2 反应介质对交联剂性能的影响

参数	水	甲醇	乙醇	异丙醇	水-乙醇混合溶剂
反应需要时间/h	3	2	2	0.5～1	3
现象	透明，无沉淀	透明，无沉淀	透明，无沉淀	稍有浑浊，无沉淀	透明，无沉淀

(2) 反应温度。在选定的物料配比下，改变反应温度，制备交联剂产品。在实验中观察到(表2-3)，当反应温度高于35℃时，温度越高，反应所需时间越短，但是反应产物不稳定，容易出现浑浊，甚至生成不溶性的白色沉淀，从而降低交联剂的有效含量；反应温度为室温时，反应时间稍长，但是产品稳定，从而确定最佳反应温度为室温。

(3) 反应时间。在选定的物料配比下，反应温度为室温时，改变反应时间，实验结果发现，反应时间为3h时，交联剂在常温下与稠化酸交联，而当反应时间高于3h时，交联剂的性能变化不大，因此确定制备交联剂的反应时间为3h。

(4) 影响交联性能的因素研究。固定交联剂浓度为1.0%，测定不同稠化剂浓度的稠化酸的冻胶强度和交联状态，结果见表2-4。

表 2-3 反应温度对交联剂性能的影响

参数	室温	35℃	50℃	60℃
反应需要时间/h	3	2	0.5	
现象	透明，无沉淀	透明，无沉淀	浑浊，无沉淀	白色沉淀
放置稳定性	1年以上	2个月	5d	

表 2-4 稠化剂浓度对交联剂性能的影响

稠化剂浓度/%	冻胶强度/MPa	交联状态
0.6	0.042	弹性好，可挑挂
0.8	0.048	弹性好，可挑挂
1.0	0.055	弹性好，可挑挂
1.2	0.064	弹性好，可挑挂

在交联酸基液中，稠化剂分子以单个分子线团形式存在，随着稠化剂的质量浓度增大，分子线团间距离减小，分子碰撞频率增加，有利于分子链段中的功能基团与钛交联形成高分子网状结构的高黏弹冻胶，从而可形成较高强度的冻胶。

选用稠化酸浓度1.0%，测定其在不同交联剂浓度下交联后的冻胶强度，结果见表2-5。

表 2-5 交联剂浓度对冻胶性能的影响

交联剂浓度/%	冻胶强度/MPa	交联状态
0.6	0.034	弹性好，可挑挂
0.8	0.042	弹性好，可挑挂
1.0	0.055	弹性好，可挑挂
1.2	0.059	弹性好，可挑挂
1.5	0.063	弹性好，可挑挂

交联剂浓度越大，溶液中多核羟桥络离子的浓度越大，与聚合物基团发生碰撞的可能性增加，冻胶强度增加。

对稠化比为1.0%的稠化酸测定了不同温度下的交联时间，结果见表2-6。

表 2-6 温度对冻胶性能的影响

温度/℃	交联时间/s	交联状态
20	200	弹性好，可挑挂
50	10	弹性好，可挑挂
60	迅速交联	弹性好，可挑挂
70	迅速交联	弹性好，可挑挂
80	迅速交联	弹性好，可挑挂

交联时间随着温度的升高迅速降低，60℃以后迅速交联。这是由于温度的升高加快溶液中分子的热运动，增加了酰胺基团与多核羟桥络离子碰撞的机会，交联时间迅速缩短，但当温度达到一定程度时，热运动已不是制约交联的主要因素，交联时间趋于平稳。

3. 有机交联酸添加剂

交联酸液体系主要的添加剂如酸液缓蚀剂、铁离子稳定剂、助排剂进行了优选，评价了不同添加剂的性能指标。

1) 酸液缓蚀剂的优选

为了抑制酸液对施工设备和管线的腐蚀，减轻酸化过程中对地层产生新的伤害，提高酸化效率使之达到设计要求，需要在酸液体系中加入酸液缓蚀剂。测定了加入不同缓蚀剂种类及加量的酸液体系的腐蚀速率及缓蚀率，当缓蚀剂加量为3.0%时，酸液对N80钢片的腐蚀速率最低，仅为2.70g/(m^2·h)，缓蚀率高达99.96%，缓蚀效果较好。

2) 铁离子稳定剂的优选

酸化作业施工中，酸液与施工地面设备、油管、套管及地层铁矿物的化学反应均产生铁离子，铁离子稳定剂使铁离子形成稳定的络合离子，在残酸溶液中不再发生沉淀，避免了酸化对地层造成的二次污染，故在酸液中加入铁离子稳定剂。为了保证铁离子稳定剂的作用，对其稳定铁离子能力进行评价，从而优选出优质铁离子稳定剂，以达到提高酸化工艺成功率、延长酸化有效期和提高经济效益的目的。采用滴定法测定了铁离子稳定剂在酸液中的稳定铁离子能力，当铁离子稳定剂的加量为1.0%时，铁离子稳定剂在酸液中稳定铁离子的量均大于800mg/L。

3) 助排剂的优选

在酸液中加入助排剂的作用是降低酸液与原油间的界面张力，增大接触角，从而减小毛细管阻力，最终目的是促进酸液的返排，因此助排剂基本上都是表面活性剂类。常用的助排剂有聚氧乙烯醚和含氟表面活性剂、阴离子-非离子两性表面活性剂和含氟表面活性剂的复配体系。助排剂浓度为1.0%时，助排效果较好。

4) 配伍性

酸液的配伍性是直接影响酸化效果的重要因素。若酸液配伍性差，当酸液与地层流体接触时会产生沉淀或分层，不仅达不到预期的酸化效果，还会使沉淀物堵塞流动通道，造成储层伤害。因此，必须进行配伍性试验。将稠化剂配制成浓度为1.0%的稠化酸，将优选的各种添加剂单独加入到稠化酸中搅拌均匀，然后按交联比为1.0%加入交联剂配制成交联酸，观察交联酸外观，看有无沉淀或分层。由表2-7可知，优选出的添加剂与主剂间均具有良好的配伍性。

4. 有机交联酸体系综合性能

1) 基液

交联酸基液外观为褐色黏液，无分层、无絮状沉淀和漂浮物。六速旋转黏度计测试

表 2-7　交联酸主剂与添加剂单剂的配伍性

交联酸基本体系	添加剂	温度/℃	颜色	透明度	分层	沉淀
15%盐酸+3%甲酸+1.0%稠化剂+1.0%交联剂	3.0%缓蚀剂	90	淡黄色	透明	不	无
	1.0%铁稳剂	90	无色	透明	不	无
	1.0%助排剂	90	无色	透明	不	无

基液黏度为 42mPa·s，密度计测试基液密度为 1.094g/cm³。

2) 延迟交联性能

交联时间为 2.5min。

3) 耐温抗剪切性能

哈克高温流变仪在 140℃、170s⁻¹ 下恒温剪切 30min 测试高温流变性能(图 2-1)，黏度(η)达 112mPa·s。

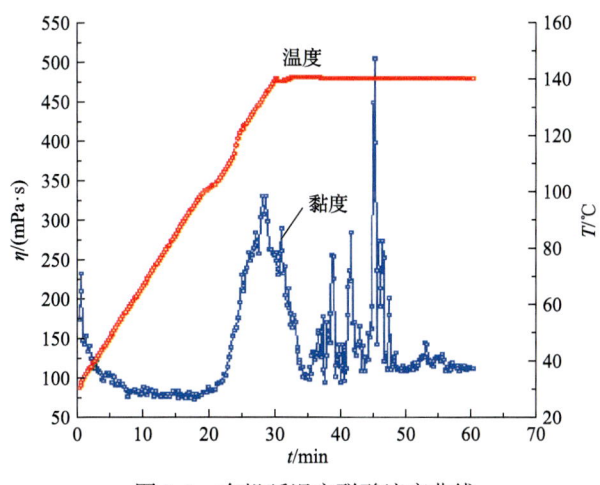

图 2-1　有机延迟交联酸流变曲线

4) 缓速率

静态缓速率：利用方形大理石，在 90℃下将大理石放入已交联酸液中，静置 10min，计算反应前后大理石的质量差，测得静态缓速率为 92.93%。

动态腐蚀速率：在 120℃、4h 条件下，从升温到降温整个过程中压力一直不小于 8MPa，使用 P110(S)钢片，60r/min，测得其动态腐蚀速率结果为 29.89g/(m²·h)。

5) 铁离子稳定能力

加热煮沸测得结果为 950mg/L。

6) 残酸破胶液黏度

取 300mL 已交联酸液及一定量的破胶剂放入老化罐及电热恒温器等设备中加热恒温至 110℃，恒温反应 2h 后，将液体倒入大肚反应瓶中，放入 90℃恒温水浴中加入大理石反应至残酸(pH=3)后得到破胶液，用六速旋转黏度计测定破胶后液体的黏度为

3mPa·s。

7) 有机氯含量

按照《油田化学助剂中有机氯含量测量方法》(Q/SH1020 2093—2016)测定交联剂中有机氯含量为 0μg/g。

有机延迟交联酸综合性能如表 2-8 所示。

表 2-8 有机延迟交联酸综合性能

序号	参数	指标	结果
1	表现(20℃±5℃)	无分层、无絮状沉淀和漂浮物	褐色黏液，无分层、无絮状沉淀和漂浮物
2	基液黏度(20℃±1℃)/(mPa·s)	≤60	33
3	耐温耐剪切能力(140℃、170s^{-1}、30min)/(mPa·s)	≥40.0	112
4	缓速率(90℃、10min)/%	≥90	92.93
5	密度(20℃±5℃)/(g/cm^3)	1.090～1.110	1.096
6	成胶时间(20℃±5℃)/min	0.5～5min，可挑挂	2.5
7	破胶液黏度(90℃)/(mPa·s)	≤10	9
8	腐蚀速度(动态)(120℃、4h、60r/min)/[g/(m^2·h)]	≤30	21.13
9	铁离子稳定能力(加热煮沸)/(mg/L)	≥800	950

2.1.2 固体包裹酸

缝洞型碳酸盐岩储层深(>6500m)、温度高(>140℃)，目前常规酸液酸岩反应速度快、近井地带反复刻蚀，滤失严重，酸消耗量较大(距离井筒 30m 酸液消耗一半)，亟须开发一种高缓速的酸液体系。拟研发一种新型深穿透固体酸体系，减少高温下近井地带的酸液浪费，为实现深度改造提供材料支撑，满足深度酸压和酸化的需要，对提升开发效益具有重要作用[2-6]。

1. 基础酸优选

固体酸基础酸应选择对岩石具有较强的溶蚀能力，且易被包裹或容易被固化的物质。甲酸、乙酸虽具有延缓酸岩反应速率的能力，但由于受一定温度下电离常数的影响，实际溶蚀率并不高。表 2-9 列出了几种酸化用物质溶蚀率及形态对比，优选了一种酰基酸作为基础酸。酰基酸为白色粉末，在常温下，只要保持干燥不与水接触，不吸湿，在室温和干燥环境下能长期保存比较稳定，化学性质稳定，其水溶液具有与盐酸、硫酸等同等的强酸性，它具有不挥发、无臭味和对人体毒性极小的特点。

2. 固体酸包裹材料优选

包裹材料的选择应不与基础酸反应，不与基础酸互溶，水溶性基础酸要选择油溶性的包裹材料，反之亦然。固体酸用包裹材料若不可溶，仅依靠裂缝闭合后压破包裹材料才释放出固体酸,则不易形成酸蚀沟槽,且包裹材料会对储层酸蚀孔造成堵塞,因此应选择在一定温度条件下可完全溶解的包裹材料,在酸压过程中逐步释放固体酸,有利于酸蚀沟槽的形成。根据溶解温度及时间对比,选择有机聚合物 AE-1 作为固体酸的包裹材料(表2-10)。

表2-9　几种酸化用物质溶蚀率及形态对比(90℃)

酸类型	质量浓度/%	形态	溶蚀率/%
甲酸	10	液体	12.79
乙酸	10	液体	15.37
硝酸	10	液体(可固化)	20.74
酰基酸	10	固体	48.86
盐酸	10	液体	63.75

表2-10　几种不同类型包裹材料溶解温度及时间对比

包裹材料	溶解温度/℃	完全溶解时间/min
海藻酸钠	常温	5
壳聚糖	不溶	—
明胶	40	80
羧甲基纤维素	常温	30
有机聚合物 AE-1	80~90	60

3. 基础酸与包裹材料配比

基础酸与包裹材料配比影响包裹效率及有效成分含量,基础酸含量高,包裹材料含量低,包裹效率差;反之,基础酸含量低,包裹材料溶液含量高,虽能形成有效包裹,但有效成分含量低。本节分别考察了不同基础酸与包裹材料配比,在搅拌作用下均匀分散,并加入乳化剂形成稳定悬浮乳化液,评价其黏度及包裹效率。从表2-11可知:基础酸与高分子材料 AE-1 比例为10:1.5时,形成的乳化液黏度较低,为10.5mPa·s左右,包裹效率可达到86%以上,固体酸胶囊有效成分含量可达到80%以上。

表2-11　乳化液黏度及包裹效率测定

基础酸:包裹材料(质量比)	乳化剂	乳化液的黏度/(mPa·s)	包裹效率/%	有效成分含量/%
10:0.5	OP-10	36	60	89
10:1.0	OP-10	24	67	83
10:1.5	OP-10	10.5	86	85
10:2	OP-10	10	87	70

4. 固体酸产品及性能

1) 固体酸产品参数及表征

固体酸产品外观为白色粉末(图 2-2),粒径 70~100 目(表 2-12)。用 FEI Quanta 450 环境扫描电子显微镜对固体酸颗粒及微胶囊进行扫描,观察其微观结构,如图 2-3 和图 2-4 所示。

图 2-2 固体酸产品外观

表 2-12 固体酸产品外观参数

参数	外观	密度/(g/cm³)	有效成分质量分数/%	粒径/目
指标	白色颗粒	1.5~1.6	80~90	70~100

图 2-3 固体酸颗粒微观结构　　图 2-4 微胶囊颗粒微观结构

由图 2-3 可以观察到,未包裹之前的固体酸颗粒为等轴晶系八面体晶型结构,表面光滑;由图 2-4 可以观察到,包裹之后的固体酸呈不规则球形,微胶囊表面出现一些膜状皱褶,为包裹材料成膜后包裹在固体酸晶粒表面所致。

2) 固体酸有效酸浓度

固体酸的有效酸浓度与其对碳酸盐岩的溶蚀能力密切相关，单位质量的固体酸释放出的 H^+ 浓度越大，对碳酸盐岩的溶蚀率越高。通过称取一定质量的固体酸颗粒，完全溶解于清水后，采用氢氧化钠滴定有效 H^+ 浓度，并拟合为盐酸浓度，可定量比较固体酸与盐酸的浓度大小，为酸压施工设计提供依据。

固体酸中有效酸浓度（折算为 HCl）可由式(2-1)计算：

$$C = \frac{N \times V \times 36.5}{1000 \times m_0} \times 100\% \tag{2-1}$$

式中，C 为固体酸中有效酸浓度，%；N 为 NaOH 的物质的量浓度，mol/L；V 为 NaOH 溶液消耗量，mL；m_0 为滴定用固体酸液质量，g；36.5 为 HCl 的摩尔质量，g/mol。

不同固体酸质量分数下，滴定数据及计算得到的平均有效酸浓度如表 2-13 所示。

表 2-13 固体酸有效酸浓度实验结果

固体酸质量分数/%	NaOH 溶液消耗量/mL			平均有效酸质量分数/%
	1	2	3	
7	6.15	6.20	6.15	4.5
10	9.45	9.45	9.50	6.9
15	14.15	14.10	14.20	10.3
20	18.60	18.65	18.60	13.6

从表 2-13 中的数据可以看出，随固体酸质量分数增加，有效质量分数不断增大，当固体酸质量分数达到 15% 后，有效酸质量分数折算为盐酸质量分数可达到 10.3%。

图 2-5 拟合了不同固体酸质量分数折算盐酸质量分数的计算公式，相关系数达到 0.9986，可通过该计算公式可推算出任一固体酸质量分数下折算出的盐酸有效酸质量分数。

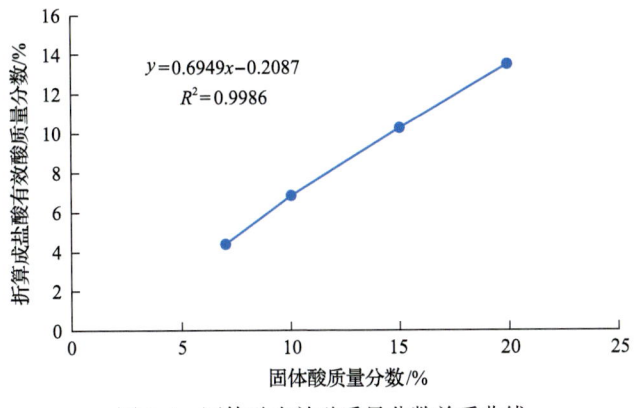

图 2-5 固体酸有效酸质量分数关系曲线

3) 固体酸释放温度及速度

固体酸释放温度与其延缓酸岩反应速率的能力密切相关，一个良好的固体酸应满足

中低温下不释放 H^+，温度升高到一定程度，水分子热运动加剧后，才能通过包膜中的微孔渗入胶囊内部，溶解固体酸并使其中的 H^+ 沿充满水的微孔道向外扩散，从胶囊中释放出来。采用一定量包裹完好的固体酸，加入蒸馏水中，加热恒温，测定溶液 H^+ 浓度与温度的变化情况。

从图 2-6 的实验数据可以看出，该固体酸温度为 80～90℃后，H^+ 浓度才显著增加，能实现固体酸在地面及井筒中不释放 H^+，在前置液注入后通过携带液携带至裂缝深部，随地层温度增加后才逐步释放的目的，或在固体酸受到岩石较大应力作用时发生胶囊膜破裂将酸在地层深部迅速释放出来，实现地层深部酸化的目的。

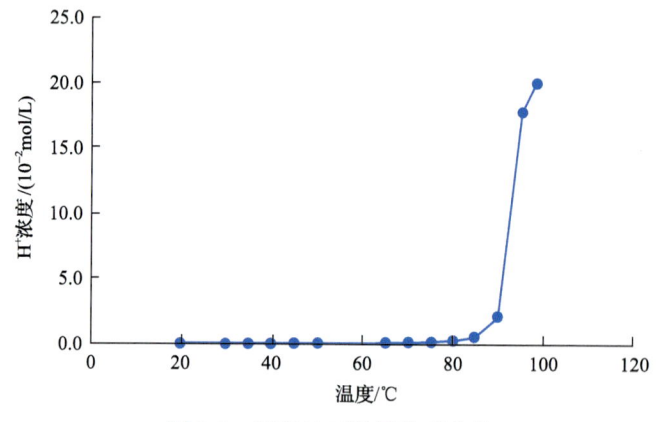

图 2-6　温度与 H^+ 浓度关系曲线

在明确固体酸释放温度的基础上，进一步开展高温下固体酸的释放速度研究，可为固体酸注入地层后的关井反应时间提供依据。为更好地模拟现场应用情况，实验中固定采用 15% 的固体酸质量分数（即折算为盐酸最大有效酸质量分数 10.3%），分别开展 85℃、110℃、140℃ 三个不同温度点下的释放速率研究。

由图 2-7 可以看出，固体酸随温度增加释放速率明显加快，85℃ 条件下，有一个缓慢释放的过程（10～15min），40min 基本释放完全；大于 100℃ 条件下 35min 基本释放完全；140℃ 条件下 25min 基本释放完全。其中 110℃ 条件下 10min 有效酸质量分数约为 2%，

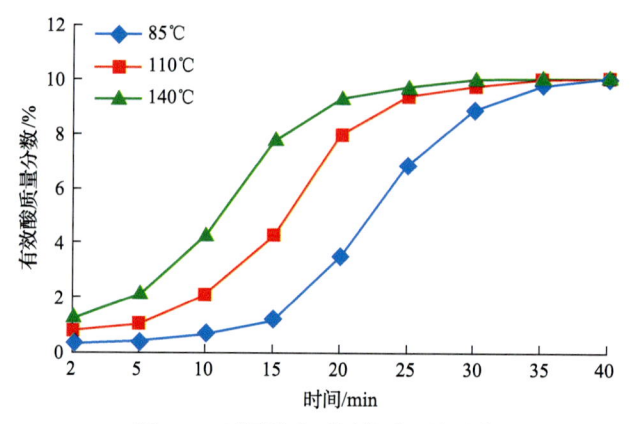

图 2-7　不同温度下固体酸释放速率

与最大释放酸质量分数 10%相比，10min 释放率为 20%，释放速率较低，可满足高温碳酸盐岩深度酸化需求。

4) 剪切降解性能评价

固体酸在地面泵入井底的过程中，除温度的影响外，外部的包裹材料还不可避免会受到高速的机械剪切作用而剥离，影响析出速率。因此，在室内一定温度条件下，模拟了固体酸在一定剪切条件下的析酸率，评估固体酸在施工时油管中的析出规律。

实验测得不同搅拌速度下，恒温 80℃时 10min 后取样用 NaOH 碱液滴定消耗量数据和计算有效酸质量分数如表 2-14 所示。

表 2-14 固体酸静止及剪切降解后有效酸质量分数对比

搅拌转速/(r/min)	NaOH 滴定消耗量/mL	有效酸质量分数/%
0(静止)	0.13	0.1
100	0.95	0.7
300	1.9	1.4

从实验数据可以看出，固体酸随着搅拌速度增大，其释放酸的速率略有增大；总体来说，80℃的条件下连续剪切 10min 后 H^+ 释放率仍可控制在 20%以内，说明研制的固体酸胶囊材料包裹较为紧实，具有广泛的适应性，可满足现场工艺技术需求。

5) 酸岩反应动力学

在高温条件下，酸液与岩石的反应速率越低，则酸液有效作用距离越长，沟通远井地带的概率越大，因此，开展了固体酸酸岩反应速率性能评价，并与胶凝酸做对比评价。

随着酸液浓度增加，岩心失重增加，酸岩反应速率增加；根据质量作用定律，对酸岩反应速率 J 和酸液浓度 C_s 进行线性回归，即可求出反应速率常数 k 和反应级数 m，回归计算的胶凝酸、固体酸酸岩反应动力学参数(图 2-8、图 2-9)分别为 $k=3.17\times10^{-5}\text{cm}^2/\text{s}$、$m=0.3582$，$k=6.16\times10^{-6}\text{cm}^2/\text{s}$、$m=0.2508$，则酸岩反应动力学方程为

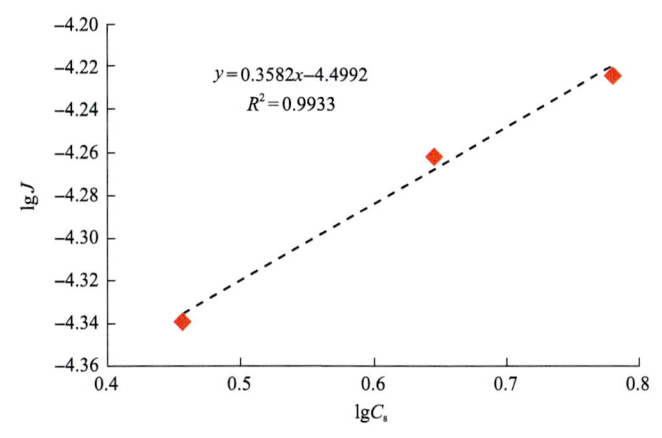

图 2-8 酸液浓度与酸岩反应速率的关系(胶凝酸)

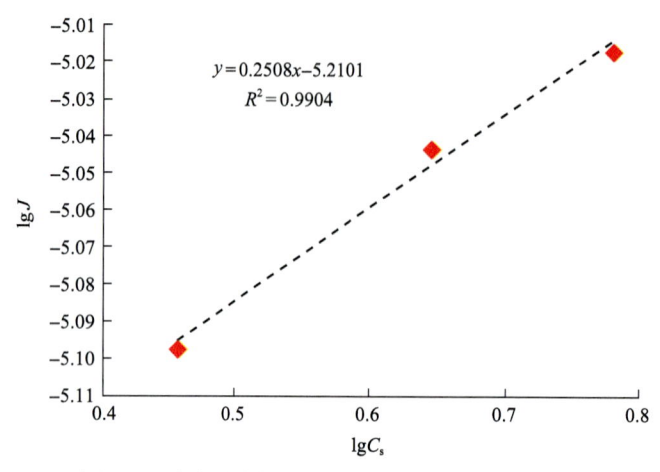

图 2-9 酸液浓度与酸岩反应速率的关系(交联酸)

胶凝酸:

$$J = 3.17 \times 10^{-5} C_s^{0.3582} \tag{2-2}$$

固体酸:

$$J = 6.16 \times 10^{-6} C_s^{0.2508} \tag{2-3}$$

式(2-2)和式(2-3)中,J 为反应速率;C_s 为酸液浓度。

胶凝酸不同酸液浓度下的酸岩反应速率见表 2-15,固体酸不同酸液浓度下的酸岩反应速率见表 2-16。

表 2-15 不同酸液浓度下的酸岩反应速率(胶凝酸)

酸浓度(质量分数)/%	温度/℃	失重/g	反应速率/[10^{-5}mol/(cm²·s)]
7	140	8.6754	4.5973
10	140	13.9769	5.4589
15	140	18.1873	5.9822

表 2-16 不同酸液浓度下的酸岩反应速率(固体酸)

酸浓度(质量分数)/%	温度/℃	失重/g	反应速率/[10^{-5}mol/(cm²·s)]
7	140	2.2105	0.7995
10	140	2.5130	0.9039
15	140	2.6685	0.9611

实验数据表明,胶凝酸 140℃反应速率数量级为 10^{-5}、固体酸反应速率数量级可控制在 10^{-6},反应速率仅为胶凝酸的 10%。

质量分数为 7%、10%、15%胶凝酸酸岩反应后岩盘外观如图 2-10~图 2-12 所示,相应固体酸酸岩反应后岩盘外观如图 2-13~图 2-15 所示。

图 2-10　7%胶凝酸酸岩反应后岩盘外观

图 2-11　10%胶凝酸酸岩反应后岩盘外观

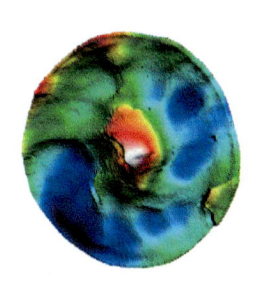

图 2-12　15%胶凝酸酸岩反应后岩盘外观

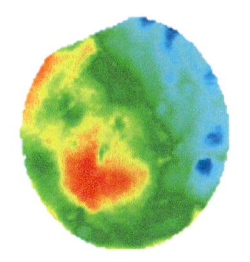

图 2-13　7%固体酸酸岩反应后岩盘外观

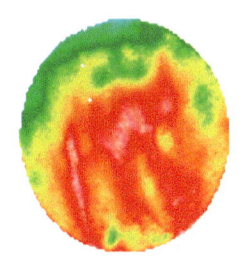

图 2-14　10%固体酸酸岩反应后岩盘外观

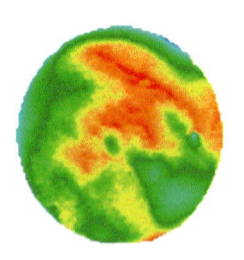

图 2-15　15%固体酸酸岩反应后岩盘外观

6）导流能力评价

酸液有效作用距离和酸蚀裂缝导流能力是影响酸压效果的关键，酸蚀裂缝越长，酸蚀裂缝不均匀程度越大，则酸压效果越好。

酸压酸蚀裂缝导流能力取决于酸液溶蚀的岩石量及酸蚀裂缝壁面的不均匀程度，而溶蚀量的多少和裂缝表面刻蚀非均匀程度又与酸液的性能直接相关。受地层闭合压力的影响，酸溶量过大或过小都会导致无法获得理想的酸蚀裂缝导流能力。

通过对固体酸和胶凝酸的酸蚀裂缝导流能力对比测试，比较两种酸在酸岩反应后的裂缝导流能力特征，进一步深入认识固体酸酸化效果。

胶凝酸和固体酸酸蚀裂缝导流能力曲线如图 2-16 所示，导流能力测试后岩心形貌如图 2-17 所示，对比可以发现：

(1) 相同实验条件下，由于固体酸缓慢释放 H^+，胶凝酸酸蚀裂缝导流能力高于固体酸。

(2) 随着闭合压力的增加，两种酸液刻蚀裂缝导流能力均显著降低。

(3) 单独使用固体酸酸化，存在单位长度岩板上导流能力不足的问题，这正好体现了固体酸缓慢释放 H^+ 的特性，由于相同有效酸浓度下，两种酸液体系溶蚀岩石的能力相当，因此固体酸相较于胶凝酸，更有利于将活性酸液携带至裂缝深处，增加酸蚀缝长度。

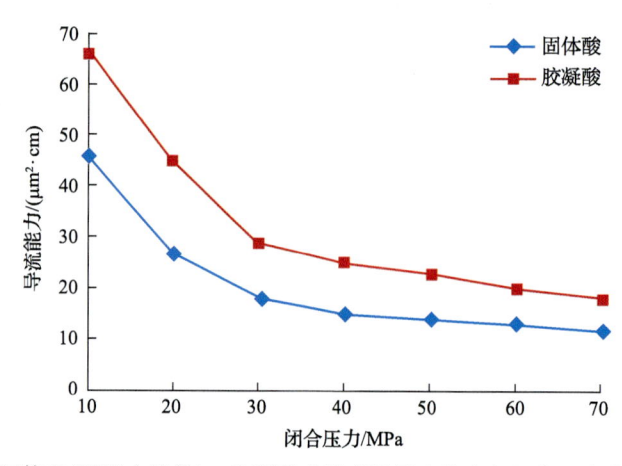

图 2-16　固体酸（滑溜水携带）、胶凝酸酸蚀裂缝导流能力与闭合压力曲线（120℃）

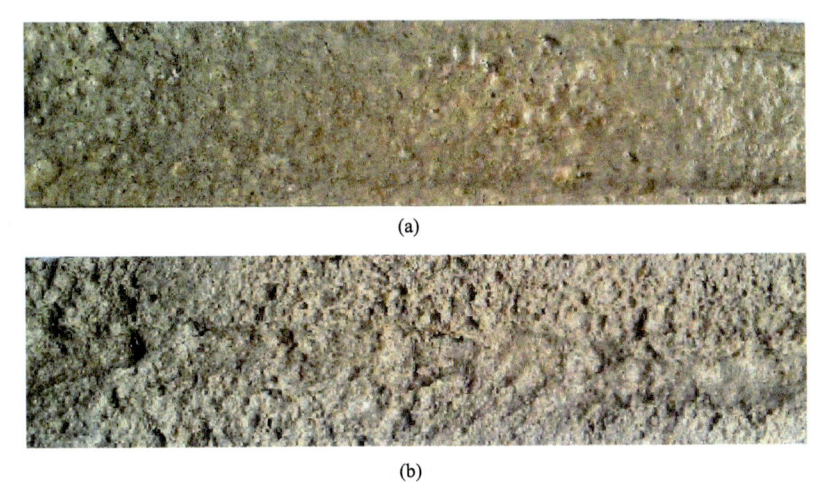

图 2-17　固体酸、胶凝酸酸蚀裂缝导流能力岩心照片(90℃)
(a)固体酸刻蚀；(b)胶凝酸刻蚀

7) 携带液优选

固体酸可采用清水或滑溜水、压裂液、胶凝酸基液等携带泵注入地层裂缝深部，固体酸在不同携带液中会表现出不同的流变、沉降速率及破乳等性能，因此需研究固体酸加入携带液后的综合性能，以推荐较好的携带流体。

(1) 固体酸与携带液的配伍性。

固体酸携带液的流变特性直接影响酸压过程中液体滤失、裂缝宽度等性能，固体酸的加入不应明显影响原有携带液的性能。为此，对比开展了固体酸加入滑溜水、压裂液及胶凝酸基液后，耐温耐剪切能力测试。

实验方法：配制含15%固体酸的滑溜水、压裂液、胶凝酸基液各100mL备用；采用耐酸流变仪测试携带液的耐温耐剪切能力。

胶凝酸基液及压裂液携带液耐温耐剪切曲线分别见图2-18和图2-19。

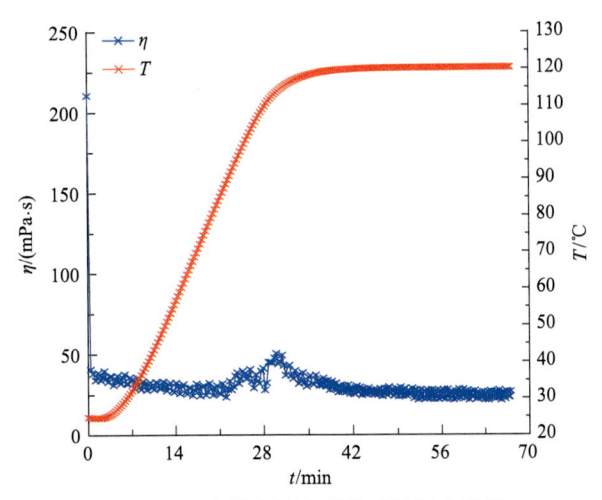

图 2-18　胶凝酸基液耐温耐剪切曲线图

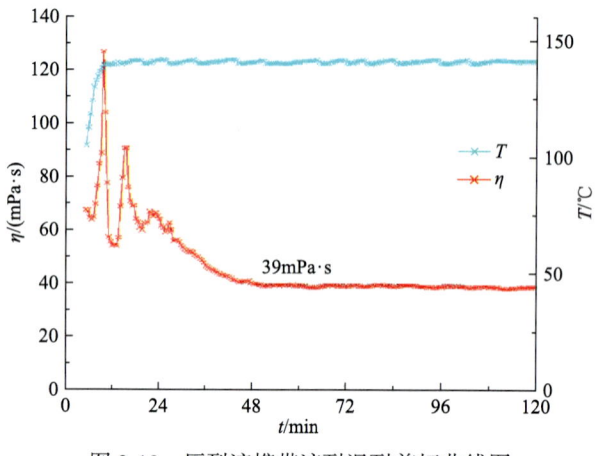

图 2-19 压裂液携带液耐温耐剪切曲线图

从图 2-19 可以看出，固体酸低温下对压裂液黏度影响较小，压裂液具有良好的挑挂性。但温度升高至 90℃后，由于固体酸逐步释放，瓜尔胶压裂液在酸性高温环境中迅速破胶降解，表观黏度从 128mPa·s 急剧下降到 39mPa·s。选用的胶凝酸基液用稠化剂为人工合成的长链阳离子聚合物，在酸性水溶液中具有良好的增稠及耐温能力，胶凝酸基液剪切过程中，表观黏度变化较小，保持在 35~40mPa·s。

(2) 固体酸在携带液中的沉降性能。

对固体酸产品在不同携带液中开展沉降实验测试，并对比酸压用陶粒支撑剂产品沉降实验，确定固体酸在酸压施工过程是否会发生明显沉降现象，影响施工过程顺利进行和降低施工效果等问题。

实验方法：陶粒采用 30/50 目、69MPa 中强高密度陶粒，测试温度为常温。分别配制携带液滑溜水、压裂液、胶凝酸基液 500mL，同时量取 500mL 清水做对比实验，采用六速旋转黏度计测试滑溜水、压裂液及胶凝酸基液表观黏度；将携带液及清水均分倒入多个 250mL 量筒中至满刻度线；在量筒端口加入少量陶粒（10 粒左右），同时开启秒表计时，观察直到有第一颗陶粒沉降至量筒底部后停止计时，读出陶粒的沉降时间；用固体酸代替陶粒进行实验，重复上述步骤。

固体酸及陶粒在不同携带液中的沉降时间实验结果见表 2-17。

表 2-17 固体酸与陶粒在不同携带液中的沉降时间对比

携带液类型	陶粒沉降时间/s	固体酸沉降时间/s
清水	<1	2.2
滑溜水	1.5	85
压裂液	>3600	不沉降
胶凝酸基液	>3600	不沉降

从表 2-17 可以看出，固体酸和陶粒在清水中两者沉降都较快，固体酸即使通过清水携带入地层深部后也会沉降至裂缝底部，不利于整个裂缝壁面的整体刻蚀。固体酸在滑

溜水和压裂液中沉降速度要远低于陶粒,特别是压裂液和胶凝酸基液中几乎观察不到固体酸的沉降。

分别对比了固体酸在清水、滑溜水、压裂液及胶凝酸基液中的耐温耐剪切及沉降性能,综合主要性能对比,推荐采用胶凝酸基液体系作为固体酸携带液。

2.1.3 纳米干液酸

对于塔河油田远井存在弱连通缝洞体的井,胶凝酸和地面交联酸等常规酸液存在滤失量大、酸岩反应快、酸蚀作用距离短的问题,导致酸压难以有效沟通,因此,创新提出了"近井不释放、远井慢生酸"的理念,研发了远距缓释纳米干液酸,与常规乳化型包裹酸相比,体系稳定性好,安全环保;具有十分优良的缓释性能,且辅助组分少,储层伤害小。该体系避免了酸液在近井地带的过度消耗,实现了酸液的远端释放 H^+,大幅提高酸液有效作用距离,构建井筒与远端二套体的有效通道,从而实现远端二套体的高效动用。

纳米干液酸在 2017 年美国得克萨斯州大学奥斯汀分校 Kishore K. Mohanty 教授首次提出,目前该体系主要存在耐温低(60℃)、包酸浓度低(10%)和纳米颗粒用量大(6%)的问题,在国外常用于浅层(3000m)油藏近井酸化解堵[7]。

经过多年的探索与研究,研究形成了耐温 120℃的纳米干液酸体系,配方是:20%(质量分数,余同)盐酸+4.0%纳米颗粒+5.0%高聚物+0.1%交联剂+2%NaCl。

1. 缓速原理

纳米干液酸是在高速搅拌下(图 2-20),将疏水纳米颗粒和有机酸、无机酸液混合,纳米颗粒在酸滴表面聚结,形成一层致密的固体膜,将酸液包裹于其中的新型缓释酸体系(图 2-21)。纳米固体膜在盐水和酸液中均具有很好的稳定性,酸压过程中可以通过携带液将干液体系带入目标位置,在地层长时间高温条件下,包裹材料逐渐被破坏,将酸液释放出,从而实现远距离析酸定点酸压改造的目的。

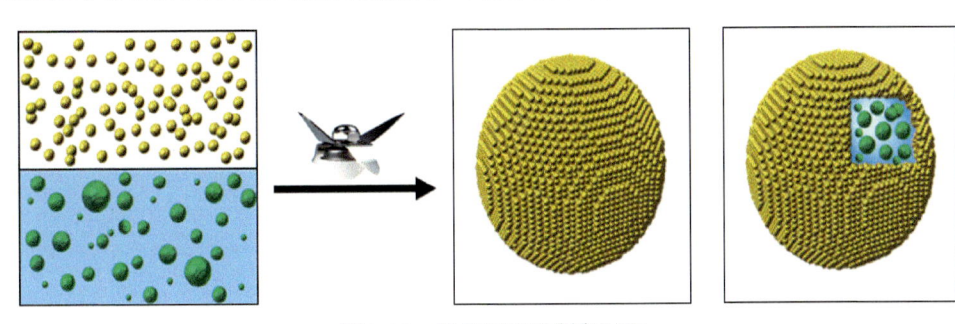

图 2-20 纳米干液酸制备过程

2. 纳米干液酸性能

1)包酸性能评价

将包裹盐酸浓度分别为 31%、28%、25%、22%、20%的纳米干液酸置于 120℃烘箱中 5h，通过静置法，评价了干液酸最大包裹盐酸浓度。从图 2-22 和图 2-23 中可以看出，当盐酸浓度为 31%时，体系的包裹性能较差，静置后约有 75%的酸液析出；随着酸浓度的降低，包裹性能持续提升；当盐酸浓度为 20%时，析酸率仅为 2%，包裹性能好。由此评价出该体系最大包裹盐酸浓度为 20%。

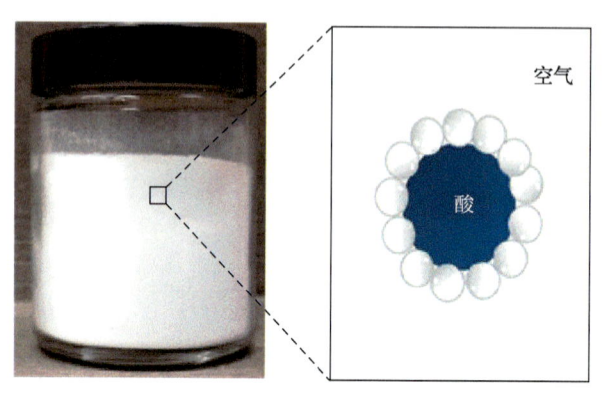

图 2-21　纳米干液酸微观结构示意图

图 2-22　不同盐酸浓度制备产物的形貌

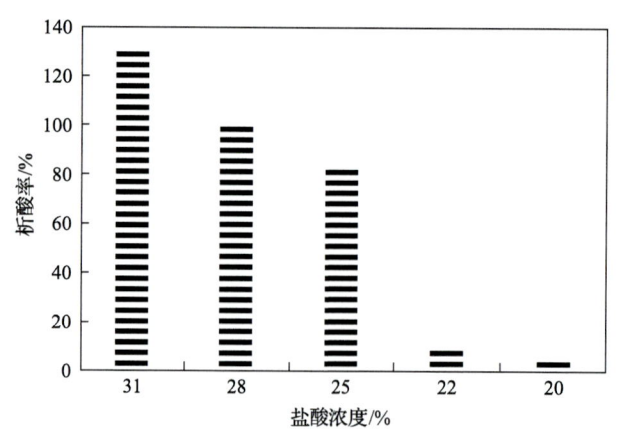

图 2-23　包裹不同盐酸浓度纳米干液酸的析酸率

2）耐温性能评价

将纳米干液酸与现场岩样置于滚子加热炉中老化一定时间，通过岩样老化前后的质量差，计算干液酸的溶蚀量。据此计算干液酸的析酸率和判断纳米干液酸的耐温性能，析酸率高的耐温性较差。从图 2-24 中和表 2-18 可以看出，该酸液在 100℃和 120℃高温下老化 24h 的析酸率分别为 35.4%和 39.7%，均低于 40%，具有较好的耐温性能。在 140℃下老化 6h 的析酸率接近 80%，该酸液结构大部分已破坏。由实验可知研发的干液酸耐温可达 120℃。

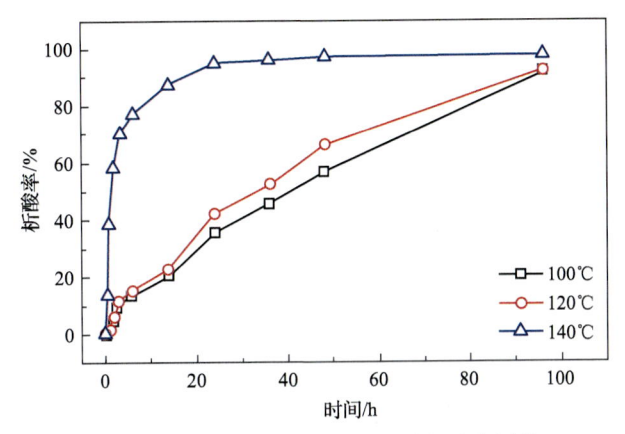

图 2-24　不同温度下纳米干液酸析酸率评价

表 2-18　不同温度下纳米干液酸析酸率实验结果

温度/℃	不同时间下的析酸率/%									
	0.5h	1h	2h	3h	6h	12h	24h	36h	48h	96h
100	0.4	1.1	4.9	9.8	13.7	20.4	35.4	45.6	56.7	91.7
120	0.6	1.4	6.0	11.8	15.3	22.3	39.7	49.6	62.7	92.3
140	13.4	38.9	58.7	70.4	77.6	87.9	95.2	96.1	96.3	97.5

3) 缓速性能评价

将空白酸、交联酸、纳米干液酸分别加入酸岩反应动力学测定仪中，在 120℃下和岩盘反应 10min，通过岩样反应前后的质量差，计算酸液的反应量。据此计算三种酸液的酸岩反应速率和判断酸液的缓速性能，酸岩反应速率高的缓速性能较差。从表 2-19 中可以看出，与空白酸的酸岩反应速率相比，交联酸只能够缓速 3.15 倍，而纳米干液酸可以缓速 87.60 倍。由此可见，纳米干液酸的缓释性能远优于交联酸。

表 2-19　不同酸液的酸岩反应速率实验结果

酸液类型	蚀前质量/g	蚀后质量/g	失重/g	酸岩反应速率/[mol/(cm^2·s)]
空白酸	18.1637	16.3319	1.8318	$3.11×10^{-6}$
交联酸	17.6231	17.0425	0.5806	$9.86×10^{-7}$
纳米干液酸	18.3729	18.3520	0.0209	$3.55×10^{-8}$

4) 残渣伤害性能评价

取适量的纳米干液酸分别与一定浓度的缓蚀剂、铁离子稳定剂、助排剂和防乳破乳剂配制，老化 4d，将酸液过筛，称取筛余物作为酸渣质量，并计算酸渣含量。结果表明，干液酸体系在 100℃和 120℃老化后，酸渣含量很低，对储层的伤害小（表 2-20）。

表 2-20　纳米干液酸伤害性能评价实验

温度/℃	酸渣质量/g	残酸质量/g	酸渣含量/%
100	0.11	50	0.22
120	0.06	50	0.12

5）配伍性评价

取适量的纳米干液酸分别与一定浓度的缓蚀剂、铁离子稳定剂、助排剂和防乳破乳剂配制，置于室温下 7d，观察酸液体系均一，无分层、絮凝现象，配伍性好（图 2-25）。

图 2-25　携带液中纳米干液酸悬浮情况

2.2　裂缝屏蔽高通道酸压技术

酸压过程中的关键指标是酸作用的有效距离，以及产生酸蚀缝的导流能力。同常规水力压裂相比，酸化压裂施工能在碳酸盐岩产层中，产生渗透率足够高的渗流通道，进而获取较为可观的导流能力。若缝壁均匀溶蚀，高闭合压力下裂缝闭合，很难获得高渗通道。塔河油田碳酸盐岩储层埋藏深，裂缝闭合压力高（>40MPa），裂缝闭合，很难获得高的长期酸蚀裂缝导流能力。受此影响，油井产量递减快，表现为供液不足而关停井。因此，增加酸对岩石的非均匀刻蚀并提高裂缝自支撑强度是塔河油田碳酸盐岩油藏酸化压裂后增产的必要手段。

2.2.1　屏蔽高通道酸压机理

高速通道压裂技术是 2010 年出现的非均匀支撑压裂新工艺，其技术原理是通过改变压裂缝内支撑剂的铺置形态，把常规连续铺置变为非均匀的不连续铺置，众多支撑剂团一样的支柱进行支撑，支柱与支柱之间形成畅通的无限导流能力的通道，众多通道相互连通形成立体网络，从而实现大的支撑裂缝内包含众多小通道的形态，极大地提高了油气渗流能力,使油气产量和采收率实现最大化。因塔河油田地层闭合压力大,高速通道压裂形成的支撑剂支柱易垮塌,裂缝的稳定性差,该技术存在很大的局限。

在高速通道压裂技术基础上,结合塔河油田碳酸盐岩储层特点,发展了裂缝屏蔽高通道酸压技术(图 2-26)。该技术主要核心是通过引进裂缝屏蔽遮挡剂,通过特殊的工艺方法,使裂缝屏蔽遮挡剂在酸液与裂缝壁面产生隔挡层,使部分裂缝壁面岩石被保护,被黏附的裂缝壁面不与酸发生反应溶蚀,彻底改变酸蚀裂缝点支撑的现状,转变为面支撑,大幅提高裂缝的支撑强度而实现长期较高的导流能力。

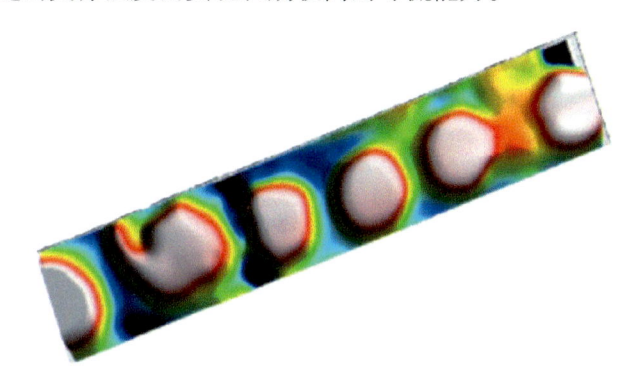

图 2-26 裂缝屏蔽高通道机理示意图

2.2.2 裂缝屏蔽遮挡剂材料

屏蔽遮挡剂常温条件下为淡黄色固体颗粒粉末(图 2-27),耐酸,密度为 0.95~0.98g/cm^3,具有一定的自聚集特征,相互聚集形成保护膜,在 100~120℃时开始软化自聚成团,具有黏附性,黏附在岩石上,不脱落、不溶酸,保护岩石不与酸反应,在 160℃条件下 2h 可完全溶解于油相中。

图 2-27 屏蔽遮挡剂常温下表观图

1. 油溶性能

为防止屏蔽遮挡剂在地层中堵塞通道,影响油气产出,对其进行油溶性能测定。室内测试表明,屏蔽遮挡剂块在刚放入煤油中时呈现为固态;在煤油加热至80~121℃时,屏蔽遮挡剂块软化并开始溶解;在160℃条件下油溶2h后,屏蔽遮挡剂块已经全部溶解(图2-28),溶解率达100%,整个溶液澄清透明,颜色由无色变为橘红色。表明屏蔽遮挡剂块在油相中可完全溶解,在后期油气产出过程中不会堵塞裂缝通道。

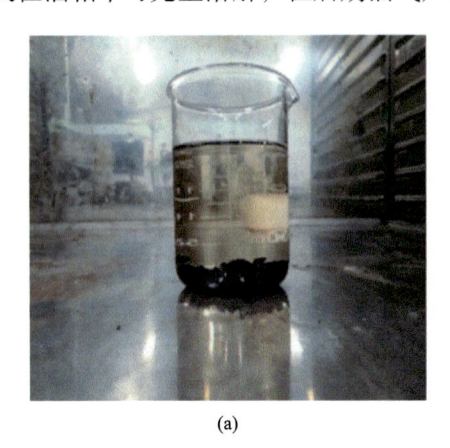

图2-28 屏蔽遮挡剂在160℃煤油中2h前后的油溶状态对比
(a)油溶前表观图;(b)溶解2h后表观图

2. 耐酸性能

屏蔽遮挡剂应具有较强的耐酸性,酸压过程中,当酸液流经屏蔽遮挡剂团时,可以在酸液和岩石壁面之间形成较好的屏蔽。耐酸实验表明(图2-29),测试温度为140℃条件下,实验前后盐酸溶液的颜色并无变化,依然呈澄清状态,表明屏蔽遮挡剂在酸液中并无明显溶解,屏蔽遮挡剂的形态由于高温软化,贴附在了玻璃内壁上,但并未溶解在酸液中。溶解2h实验测试结果显示溶解率仅为3.6%。

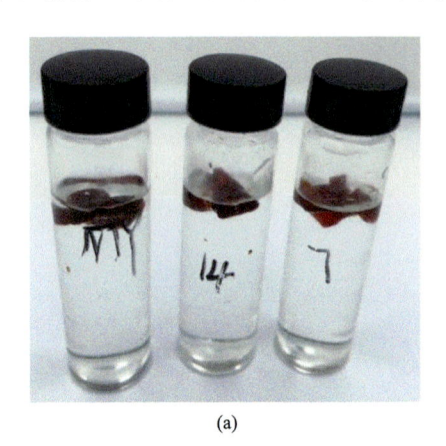

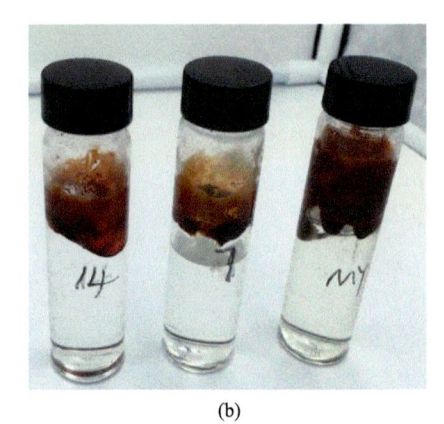

图2-29 屏蔽遮挡剂在140℃酸溶液中2h前后溶解结果对比
(a)酸溶前表观图;(b)溶解2h后表观图

为了更直接地测试屏蔽遮挡剂材料在岩石上对盐酸的屏蔽效果,在140℃时把树脂粉末屏蔽遮挡剂覆盖于岩石表面,然后滴加酸液,观察其直接的屏蔽效果。图 2-30(a)为没有屏蔽遮挡剂的岩石,在其表面滴加酸液后,碳酸钙与盐酸反应,有大量气泡产生;图 2-30(b)是表面覆盖屏蔽遮挡剂的岩石,在其表面滴加酸液均没有产生气泡,即无任何反应的迹象,由此可以判断树脂粉末屏蔽遮挡剂可以完全隔开酸液与岩石,达到了屏蔽的效果。

(a)

(b)

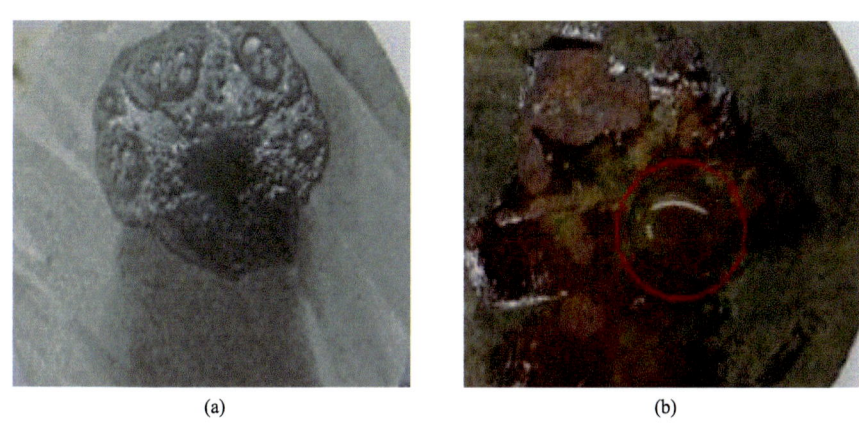

图 2-30 树脂粉末屏蔽遮挡剂对酸岩反应屏蔽效果图
(a)无树脂粉末屏蔽遮挡剂;(b)有树脂粉末屏蔽遮挡剂

3. 自聚性能

自聚性能为表征屏蔽遮挡剂聚集成团的能力,是屏蔽遮挡剂在裂缝中非均匀分布成团柱的首要条件。将屏蔽遮挡剂粉末置于岩石表面加热至120℃,10min 内便完全熔融并自聚在一起,10min 后仍保持原聚集形态,未流散开,自聚率可达到100%(图 2-31)。

(a)

(b)

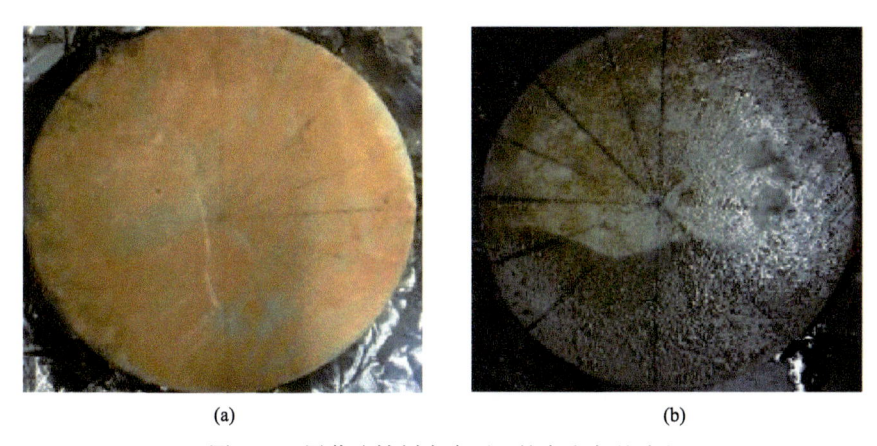

图 2-31 屏蔽遮挡剂在岩石上的自聚表观对比
(a)常温(30℃)下岩石面;(b)加热至120℃下岩石面

4. 黏附性能

黏附性即为屏蔽遮挡剂软化后黏附在岩石表面的能力,不会随流体的冲刷而被从岩石表面剥离，从而实现在岩石表面对酸液的隔离屏蔽。黏附性能测定实验表明（图2-32），对涂满屏蔽遮挡剂并加热至130℃的岩石面进行清水冲刷，岩石表面屏蔽遮挡剂的剥离量仅为2.4%，具有良好的黏附性，且岩石表面过酸后，无明显被酸液刻蚀，显示屏蔽遮挡剂具有良好的屏蔽酸液的效果。若加大注酸量，增加酸液溶蚀量并形成较多的酸蚀孔道，伴有相当可观的支撑面积，最终有助于获取较高的导流能力。

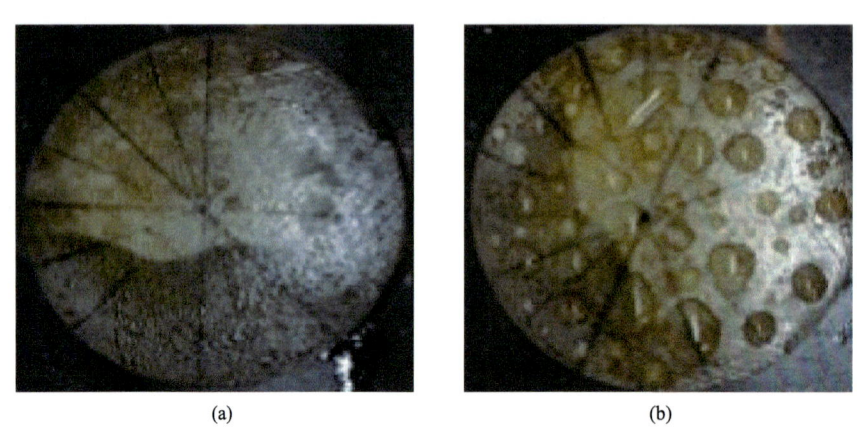

图2-32 屏蔽遮挡剂黏附性测试结果图
(a)加热至130℃后的岩石面；(b)过酸后岩石面

2.2.3 裂缝屏蔽酸压工艺参数优化

1. 段塞时间优化

国内外实践表明，要实现不连续高通道支撑，必须采用脉冲式注入方式（图2-33），来有效建立砂柱和流动通道。

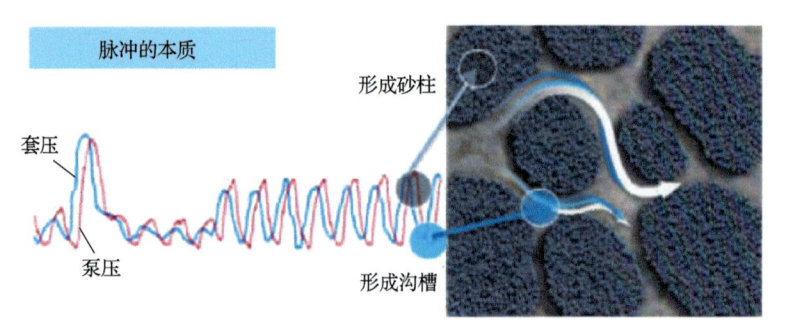

图2-33 脉冲注入的作用示意图

从国外作业经验来看，支撑剂段塞交替时间非常短，一般小于60s，国内由于压裂设备的性能限制，段塞时间一般为2~3min（图2-34）。

考虑实际酸压过程中屏蔽遮挡剂在裂缝面的铺置情况，随着面积比的增加，流速和流量都在逐渐变小，因此支撑面积比不能过大，同时当裂缝内部存在较多分散的支撑点时，会产生绕流线型和涡流区域，增大局部的压力损失，因此应该尽量形成大块且分散的支撑岩石面(图 2-35)。

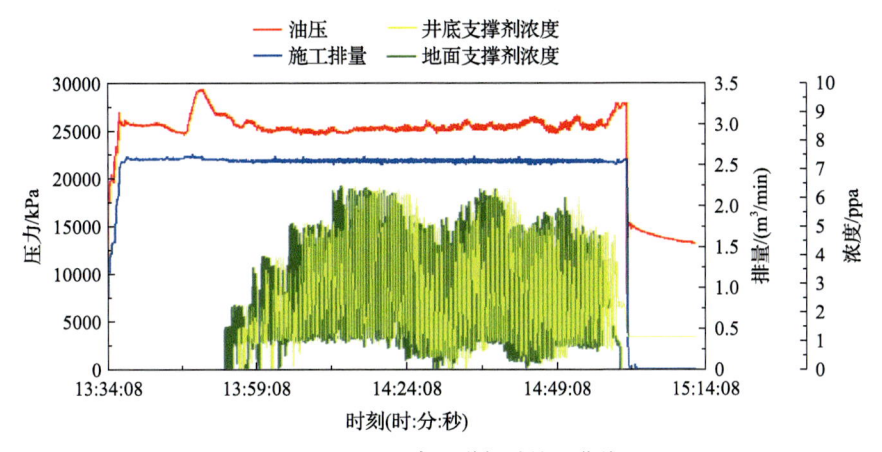

图 2-34 SLB 高通道加砂施工曲线

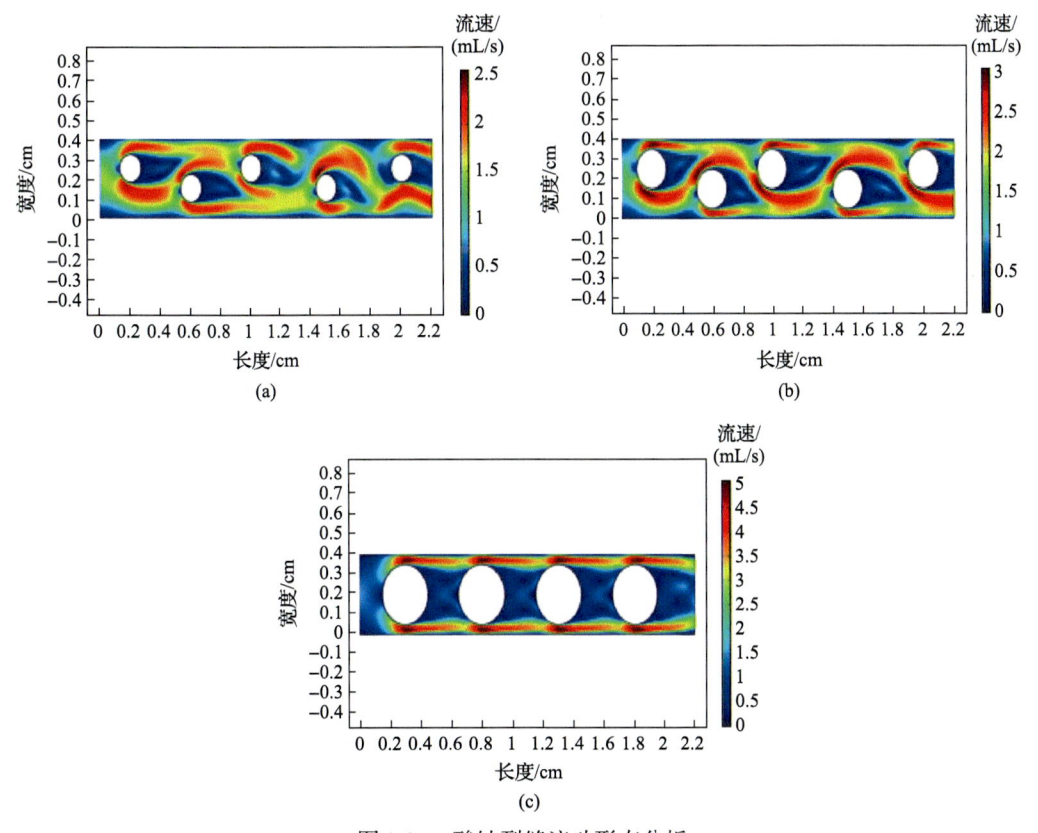

图 2-35 酸蚀裂缝流动形态分析
(a)面积比 0.12；(b)面积比 0.26；(c)面积比 0.52

在总液量和总砂量一致的条件下，模拟不同的段塞间隔时间和注入级数，段塞时间为 1～4min，注入级数 20～80 级，对比支撑剂的铺置形态。数值模拟结果表明(图 2-36)，段塞时间 2min，支撑剖面比较理想，高通道支撑通道比较连续。

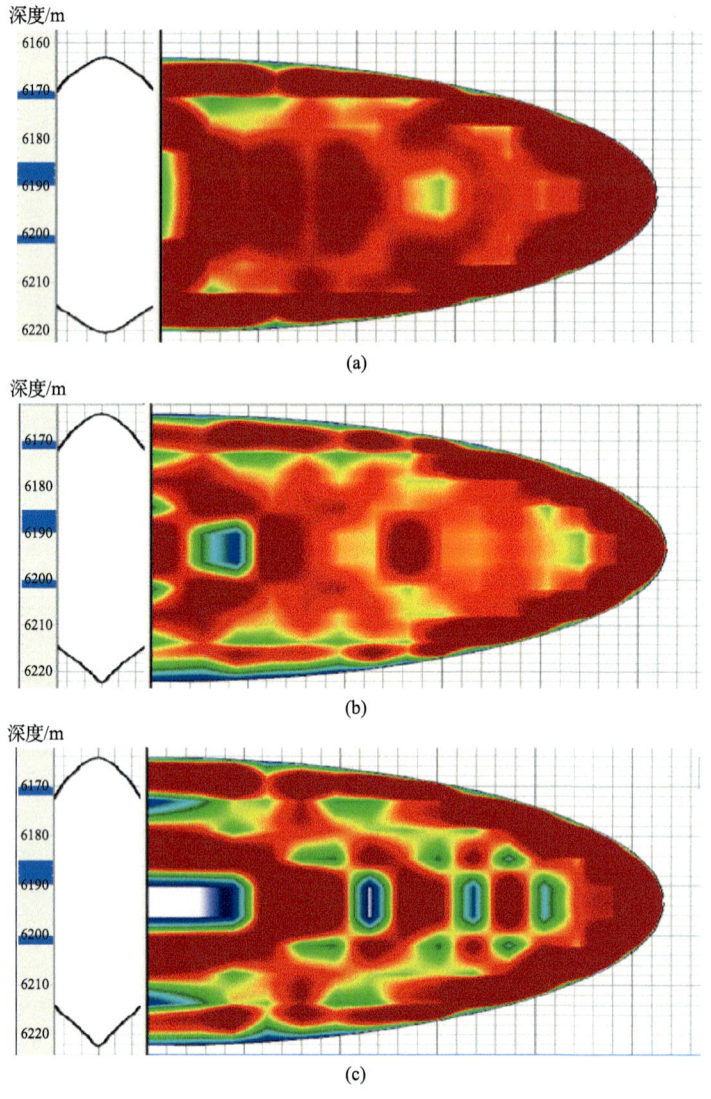

图 2-36 不同段塞长度支撑剖面对比
(a) 段塞时长 1min；(b) 段塞时长 2min；(c) 段塞时长 4min

2. 注入排量优化

在支撑剂不连续铺置设计过程中，排量过低或者过高都不利于支撑剂的不连续铺置（图 2-37）。结合塔河储层特点，施工排量以 5m³/min 左右为宜，具体到施工中需要根据不同的施工参数进行优化。

3. 注入浓度优化

要达到比较理想的覆盖效果，树脂屏蔽遮挡剂颗粒应该以较高的浓度、短时间内注入，随后注入一段基液，冲散树脂段塞，形成零散分布的树脂颗粒团。由于树脂颗粒仅发挥"屏蔽"作用,不是"支撑剂",因此铺置浓度要求较低,根据模拟数值颗粒分散性的结果(图 2-38),推荐屏蔽遮挡剂颗粒加入浓度为 20%~30%,单层铺置,铺置浓度 0.5kg/m²。油溶性树脂颗粒注入后,适当关井 10~15min,等待树脂聚结软化,黏附在裂缝表面。

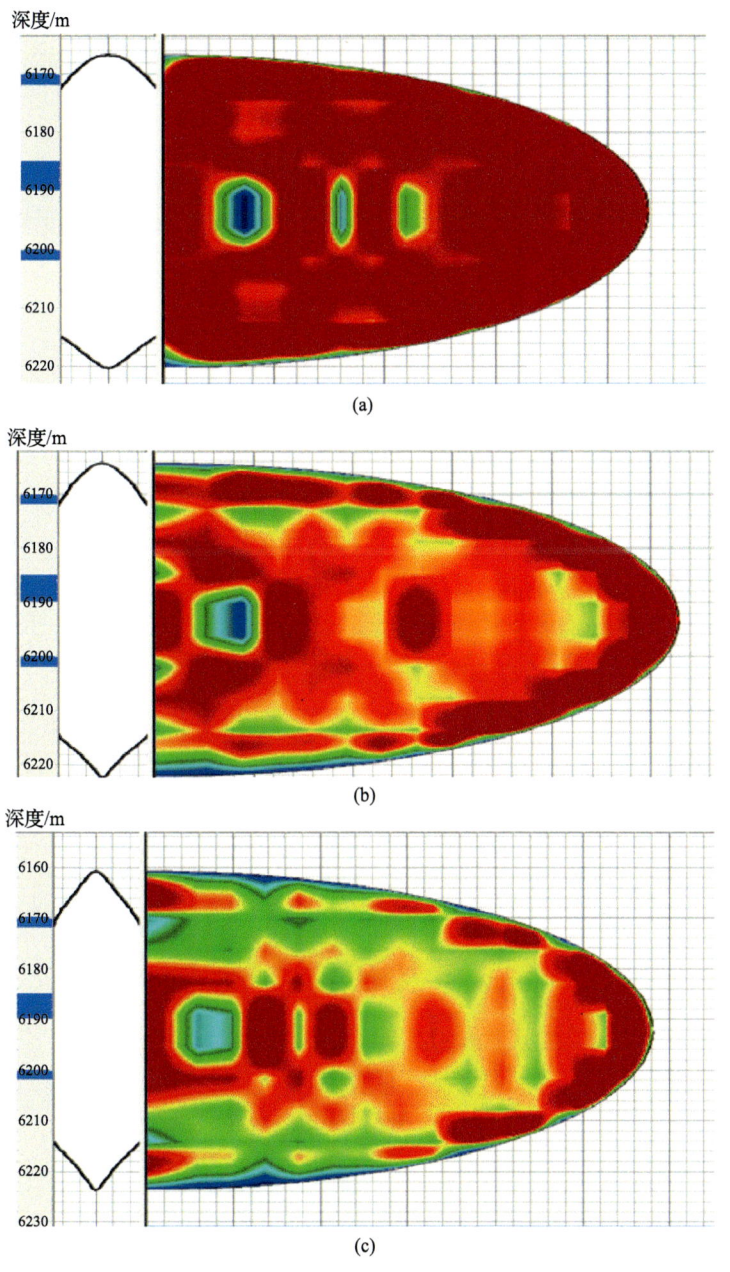

图 2-37 不同注入排量支撑剖面对比

(a)排量 3m³/min;(b)排量 5m³/min;(c)排量 7m³/min

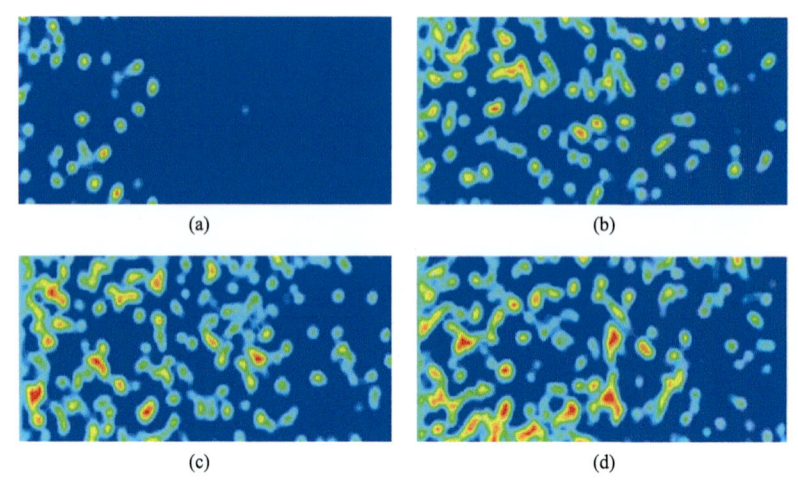

图 2-38 不同树脂颗粒段塞浓度下的缝内分布图
(a)段塞浓度 10%；(b)段塞浓度 20%；(c)段塞浓度 30%；(d)段塞浓度 40%

2.2.4 裂缝部分屏蔽酸蚀导流能力

常规酸蚀裂缝面依靠微凸支撑点，刻蚀高度仅有 605μm，在高应力下支撑点将逐步破碎闭合；自支撑岩石面积较大，支撑高度 3000μm 左右，在高闭合应力下不易破碎，由于地层岩石强度高，裂缝的有效性、稳定性和持久性可得到根本改善[8]。

根据室内物理模拟实验结果，酸岩反应后形成自支撑裂缝，相对酸液酸蚀形成的裂缝，在 90MPa 闭合应力条件下仍能保持支撑强度。在 50MPa 闭合应力下，自支撑导流能力提高 42%；当闭合应力超过 60MPa，自支撑效果优于陶粒支撑(图 2-39)。

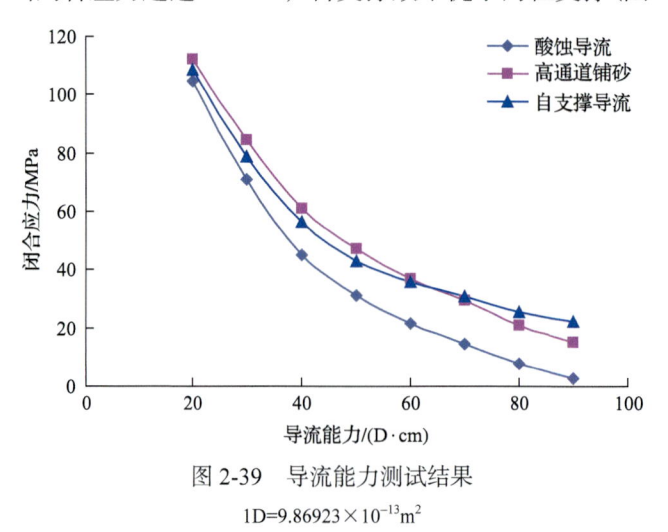

图 2-39 导流能力测试结果
1D=9.86923×10^{-13}m^2

2.3 定点定向喷射酸压技术

通过对缝洞型油藏井身结构及压裂施工参数分析，开展定点定向喷射酸压工具结构设计及优化研究[9-12]，形成了超深井定点、定向喷射酸压工艺技术。

2.3.1 定点定向喷射工具

1. 定点定向喷射工具总体结构

喷射酸压工艺管柱如下：导向头+带孔管+单向阀+扶正器+喷射器+扶正器+滑套+扶正器+定向器+安全接头（图2-40）。

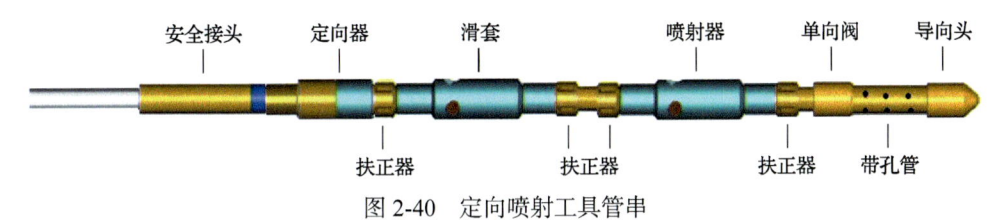

图 2-40 定向喷射工具管串

导向头：位于管柱的最下端，防止管柱底部碰刮井壁，引导工具沿套管顺利下至井底。

带孔管：用于反洗或者采油时井内液体进入管柱，通过管柱到达地面；防止杂物进入单向阀，影响密封性能。

单向阀：管柱中的单向阀，使压裂时管柱内液体不能通过单向阀，只能通过喷射器的喷嘴进入到井内；当进行反洗或者采油气时，液体可从下面通过单向阀进入到管柱内，完成液体的返排或油气的采出。

喷射器：压裂液/酸液通过喷射器的喷嘴，产生高速射流射穿套管、水泥环进入地层延伸扩展裂缝或孔眼，完成酸压增产作业。其中喷嘴的喷砂孔由硬质合金和陶瓷等材料制成，提高了其过流孔的耐冲蚀性能。喷射器上下各安放一扶正器，确保喷射器居中，喷射酸压比较均匀，喷射孔眼大小相同，降低孔眼摩阻。

滑套：如果喷射阶段未能有效沟通储集体，可以打开滑套进行压裂作业，为压裂提供通道。

定向器：为确定喷射器喷嘴喷射方向，首先整个管柱入井，然后在管柱内下入测井管串，测量工具串的方位，再然后通过旋转压裂管柱，使喷射器喷嘴与设计预定的方位保持一致。

安全接头：是连接在井内管柱上的一种易于脱扣、对扣的安全工具。它安装在管柱需要脱开的位置，可同管柱一起传送扭矩和承受各种复合力，井内发生故障时通过井口操作完成作业管柱的脱扣、对扣，为预防及解除井下事故提供保障的工具。

2. 定向喷射工具及配套工具结构设计

1) 喷嘴结构设计

油管内酸液经由水力喷射工具的喷嘴，将高压能量转换成动能，产生高速射流冲击套管或岩石形成一定直径和深度的射孔孔眼。与常规聚能弹射孔相比，水力喷射技术不存在压实带，且射孔孔径大、穿透深，被广泛应用于低孔、低渗油气藏的开采。水力喷射过程中排量、喷嘴尺寸等参数的选择非常重要，其直接影响后续压裂过程中起裂及工具磨损情况，并影响最终改造效果。

水力压裂用喷嘴常用锥直形喷嘴,几何结构如图 2-41 所示。锥直形喷嘴的几何参数主要由圆柱段长度 l、收缩角 α、入口直径 D、出口直径 d 和喷嘴长度 L 组成。这几个主要的喷嘴结构参数是影响水力喷射流场特性的关键,找到最为合适的组合对提高水力喷射性能有决定作用。喷嘴的实物图见图 2-42。

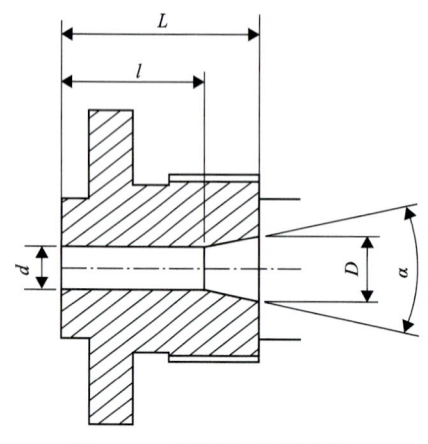

图 2-41 喷嘴的结构示意图

图 2-42 喷嘴的实物图

喷嘴前后压差计算分析:

$$\Delta P = \frac{8Q^2}{\pi^2 \mu^2 g d^4} \tag{2-4}$$

式中,d 为喷嘴内通径,m;Q 为流经每个喷嘴流体流量,m^3/h;μ 为流量系数;g 为重力加速度,m/s^2;ΔP 为喷射工作压力,MPa。

2)喷嘴施工参数优化

油管施工常用排量为 1.5~3.0m^3/h,在该排量下进行喷嘴喷射参数优化。

如图 2-43 所示,6 个 6.0mm 喷嘴在 2.0~2.5m^3/min 排量下的喷嘴射流速度为 198~245m/s,油管排量与喷嘴喷射速度[根据前期项目进行的地面试验结果喷射速度大于 200m/s 即可进行射孔压裂施工]都满足的条件下,建议采用尽量大的喷嘴,喷射效果更佳(图 2-44)。因此建议采用 6mm 喷嘴,施工排量 2.0~2.5m^3/min。

研究喷嘴的长径比 l/d 对射流效果的影响,图 2-45 选择喷嘴直径 d=6mm,l/d 分别取值为 0.5、1、2、3、4、5 进行数值模拟分析。Fluent 模型计算域网格采用结构网格划分,喷嘴的初始条件相同,湍流模型采用 k-ω 模型。入口边界条件:压力入口条件,压力出口条件,入口出口压差为 15MPa;壁面条件:无滑动壁面条件,设置为默认;材料特性设置:水的密度为 998.2kg/m^3,黏度为 0.001003mPa·s,解算器参数设定为非耦合隐式求解,二阶迎风格式,其他参数设置为默认。

通过对图 2-45 中流场图分析可以看出,喷嘴出口的最大速度变化很小,射流的等速核心长度跟喷嘴直径的比值为 8.8 左右,可得出结论为喷嘴出口速度受长径比影响较小,等速核心长度受喷嘴长径比影响较小。这是因为在喷嘴圆柱管段,流体经过此段时

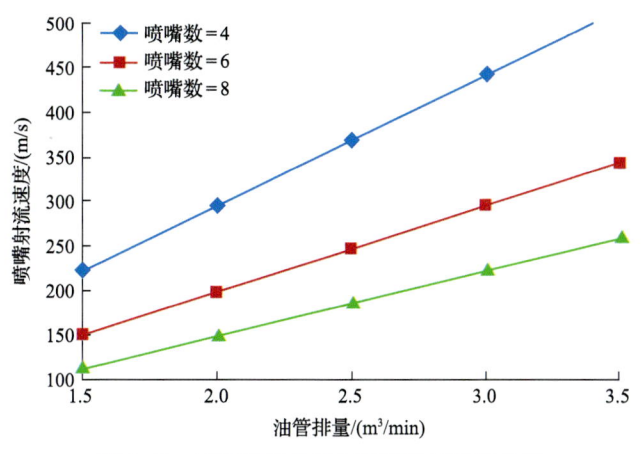

图 2-43　不同油管排量与喷嘴射流速度关系

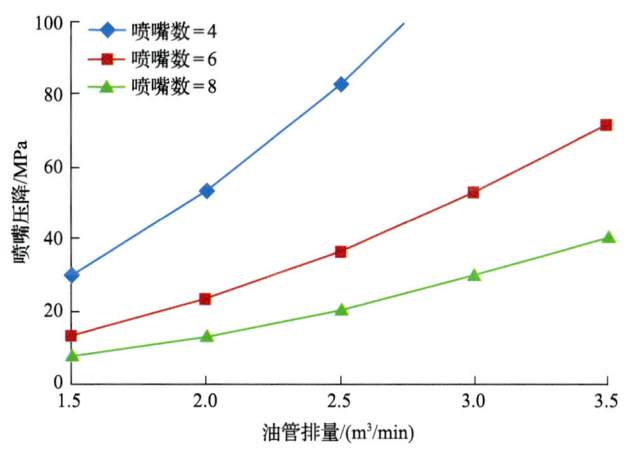

图 2-44　不同油管排量与喷嘴压降关系

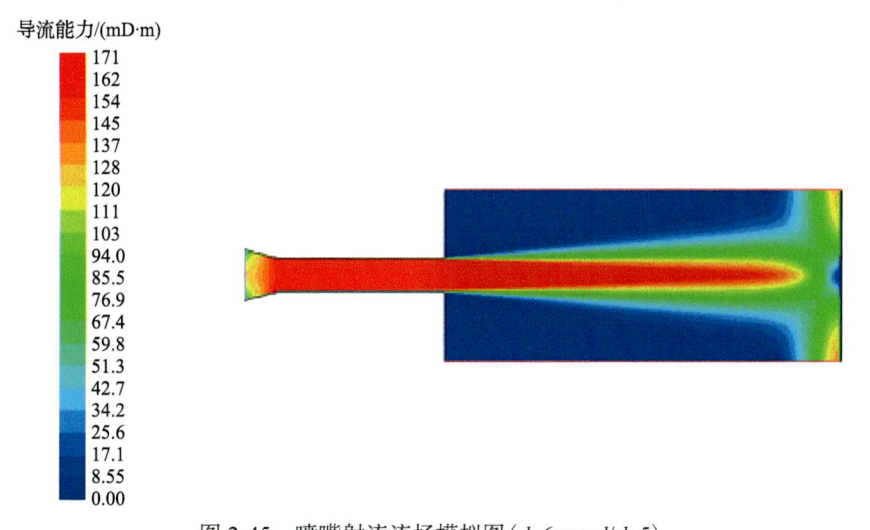

图 2-45　喷嘴射流流场模拟图（d=6mm, l/d=5）

能量损失较小(转化为热能,而非转化为动能部分),因此根据伯努利方程,在喷嘴其他部分相同的情况下,喷嘴长径比与出口速度无关。

通过对图 2-45 喷嘴出口流速图进行综合分析得到,如图 2-46 喷嘴出口处等速核心半径与喷嘴半径比随长径比变化曲线,从曲线上可以看出,当长径比为 $l/d<2$ 时,喷嘴出口处等速核心半径小于喷嘴半径的 2/3,因此通过喷嘴的有效输出功率较小。当 $l/d>3$ 时,喷嘴出口处等速核心半径明显大于喷嘴半径的 2/3,直到喷嘴 $l/d>5$ 以后,变化不明显。考虑到实际喷嘴 l 越长,流体通过 l 时,能量损失也越大。而在井下压裂使用时,喷嘴的长度受限,因此建议 l/d 取 3~5。

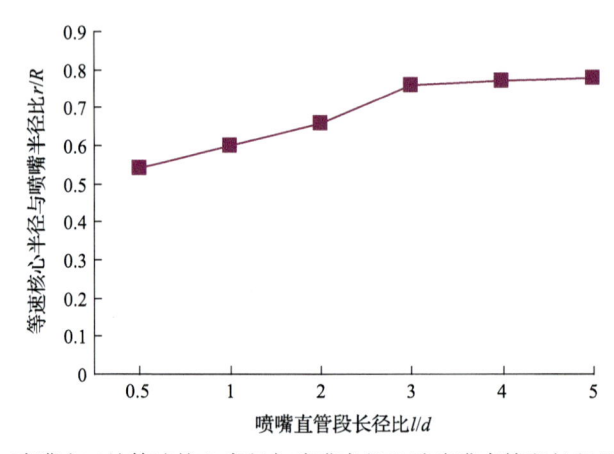

图 2-46 喷嘴出口处等速核心半径与喷嘴半径比随喷嘴直管段长径比变化曲线

图 2-47 在长径比 l/d 取值为 3 时,喷嘴出口处等速核心半径都远超过了 2/3 倍的喷嘴出口半径,验证了在不同喷嘴直径情况下 l/d 取 3~5 都是合理的。

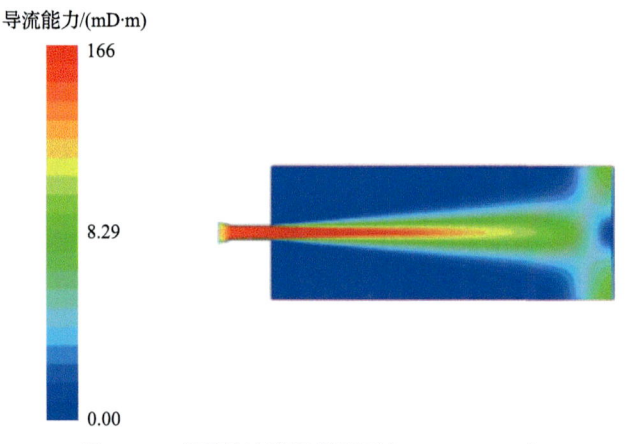

图 2-47 喷嘴射流流场模拟图(d=3mm, l/d=3)

研究喷嘴的收缩角 α_1 对射流效果的影响分析,选择喷嘴直径 d=6mm,长径比取值为 3,α_1 分别取值为 6°、10°、15°、20°、30°、40°、50°、60°进行数值模拟分析。Fluent 模型计算域网格采用结构网格划分,喷嘴的初始条件相同,湍流模型采用 k-ω 模型。入口边界条件：压力入口条件，压力出口条件，压差为15MPa；壁面条件：无滑动壁面条件，设置为默认；材料特性设置：水的密度为998.2kg/m³，黏度为0.001003kg/(m²·s)，解算器参数设定为非耦合隐式求解，二阶迎风格式，其他参数设置为默认。

射流进入喷嘴后加速，水射流在收缩段产生收缩现象，速度开始增大，逐渐过渡到直管段速度达到最大值。从收缩角α_1取6°~40°喷嘴出口射流核心速度呈现增长趋势，从168m/s增加到174m/s。而当收缩角α_1取值大于50°射流核心速度开始减小，从168m/s减小到167m/s。另一现象是当α_1大于50°时，喷嘴内部最大速度出现在收缩角与直管段转折处，高速流体对此处的冲蚀最严重，是喷嘴内部的薄弱点，因此，设计喷嘴时，喷嘴的收缩角尽量小于等于40°，鉴于喷嘴射流核心速度随着收缩角增大，速度增大的规律，因此，建议收缩角取值30°~40°。

为了分析喷嘴扩散角α_2对喷射效果的影响，首先建立一对扩散角α_2取值0°、10°、20°、30°、35°、40°、60°、90°、120°、150°模型，模型喷嘴直径6mm，长径比取值3，收缩角取值30°。喷嘴模型结构和尺寸如图2-48所示，左侧为喷嘴入口，右侧为喷嘴出口。Fluent模型计算域网格采用结构网格划分，喷嘴的初始条件相同，湍流模型采用k-ω模型。入口边界条件：压力入口条件，压力出口条件，压差为15MPa；壁面条件：无滑动壁面条件，设置为默认；材料特性设置：水的密度为998.2kg/m³，黏度为0.001003kg/(m²·s)，解算器参数设定为非耦合隐式求解，二阶迎风格式，其他参数设置为默认。

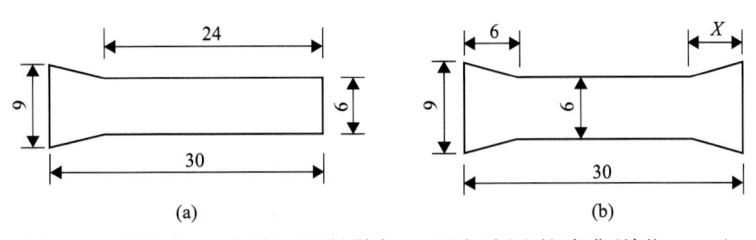

图2-48 扩散角α_2为零(a)和扩散角α_2不为零(b)的喷嘴(单位：mm)

在扩散角为零或扩散角较小时，喷嘴内部速度较小，因为在喷嘴扩散段流体产生一定的附壁现象，有一定程度的扰动，流动的不稳定性增加，能量损耗加大，因此喷嘴内部速度较低；当扩散角为20°~30°时，喷嘴内部流场均匀，内部速度达到最高值，喷嘴空化效果好，有利于射孔和压裂作业；当喷嘴扩散角继续增大，达到30°以上时，由于扩散角较大，流体从喷嘴内到淹没空间的过度加快，造成一定的湍流漩涡，使能量损耗加大，通过分析可得：喷嘴扩散角为20°~30°时，喷嘴射流效果最好。

整体式喷嘴结构设计、喷嘴尺寸参数选取完成后，喷嘴的应用指标设定为耐压50MPa，单嘴过酸量150m³，喷嘴扩径15%以内。

为了增加喷嘴耐用性，喷嘴内壁需覆盖一层强化层，要求该强化层有极强的耐磨性，经过材料性能分析，选用陶瓷合金，该陶瓷合金是由金刚石与立方氮化硼结合的一种复合超级耐磨材料，硬度大于3000HV(维氏硬度)，强度大于1300MPa，密度约为2.8g/cm³。喷嘴本体材质选为钨钴硬质合金，硬度为80~85HRA(洛氏硬度)，强度大于2000MPa，密度为13~14g/cm³，强化层与喷嘴本体之间的黏合剂耐温大于180℃，且耐油、耐酸、耐老化。

3. 喷射器结构设计

根据定向定点喷射的改造要求与前部分喷嘴参数分析得到，喷嘴安装孔数为 6，优化喷嘴布局，180°相位，每侧三个，对向喷射，直井裂缝为垂直缝，沿着最大水平主应力风向延伸，喷射方向与最大水平主应力一致或呈一定角度。喷射器三维图如图 2-49 所示。

图 2-49　喷射器三维图

4. 单向阀结构设计

单向阀设计需考虑要点：中间过流孔面积不能太小，以免后期反洗增加节流压差，故选过流孔为 35mm，尽量减小节流压差。卡簧槽尺寸严格按照国标规定进行设计。单向阀三维图如图 2-50 所示。

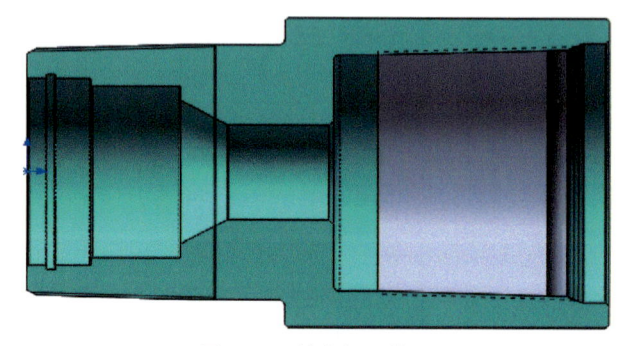

图 2-50　单向阀三维图

5. 坐落短节结构设计

坐落短节的设计用途有三个：承接下移的内滑套，避免内滑套流落到下面管柱内；连接喷射器本体与下部管柱；放置扶正器。基于上述三种用途，设计坐落短节结构，坐落短节的凸起位置要保证内滑套落座后，内滑套上端的双 O 型密封圈处于本体剪切销钉左侧，密封剪钉孔。坐落短节的长度要保证与管柱连接后，有足够的空间放置扶正器。坐落短节三维图如图 2-51 所示。

坐落短节的承接筒部分内径要比滑套外径大 1mm，内滑套容易进入并落座。

图 2-51 坐落短节三维图

6. 扶正器设计

扶正器的扶正凸起部分优化设计为螺旋状，喷射压裂作业过程中，流体流经扶正器时，流经扶正器上螺旋状的沟槽，发生旋转流动，有利于冲砂防止砂堵。扶正器加工材料由原来的钢材优化为碳纤维，强度不降低的情况下，重量大幅度降低。扶正器三维图如图 2-52 所示。

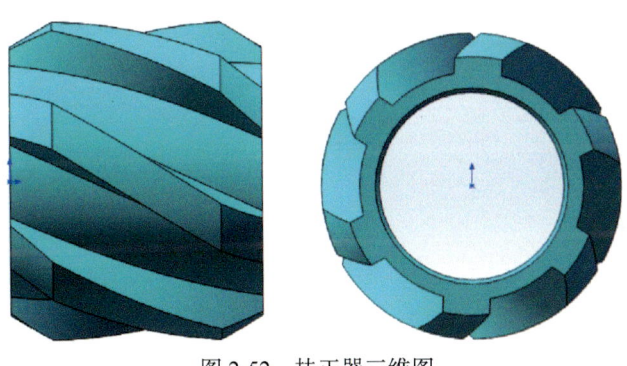

图 2-52 扶正器三维图

7. 剪切销钉结构设计

剪切销钉设计的关键是选材与准确的剪切值，通常需用易剪切的黄铜或者选用45#钢材，这两种材料相对于滑套的合金钢材质强度低，降低了滑套剪切槽的变形而无法剪断剪钉的风险。剪切值要求7～10MPa，通过反复多次试验优化剪切销钉选材以及确定前段剪切部分的尺寸，选材为45#钢材，前段剪切端直径为 7.5mm，单喷射器安装三个销钉。剪切销钉三维图和实物图如图 2-53 所示。

8. 定向器结构设计

定向器装置包括本体部分、定向导向短节及包含定位导向块的定向套等几部分，如图 2-54 所示。

图 2-53 剪切销钉三维图和实物图

定向装置的本体部分包括上接头和下接头两部分，两者通过螺纹连接在一起，在两者连接处设有密封圈，保证连接处在压裂施工时的密封要求。上接头上部为油管母扣，与水力喷射定向压裂管柱中的油管公扣连接；下接头的下部为油管公扣，与水力喷射定向压裂管柱中的定面水力喷射器连接，成为水力喷射定向压裂管柱的一部分，并承受压裂施工的压力。定向导向短节(图 2-55)上部加工有螺纹，用来与测量方位的陀螺仪下端进行连接；定向短节下部加工有导向面和定位槽，定位槽和定向套上的定位导向块相配合。定向套安装于定向装置本体上接头内，通过两个定位销钉和定向装置本体上接头固定在一起，定向套上部加工了位于同一平面内的两个定位导向块，这样由定位导向块的方位就可以确定喷射器喷嘴所在的方位，电缆带着底部连接定向短节的陀螺仪通过油管入井，定向短节在导向面的引导下定位槽和定向套上的定位导向块相配合，这样陀螺仪测出定位导向块的方位，从而确定定面水力喷射器的喷嘴所在方位，通过调整管柱，使水力喷射器喷嘴的方位处于压裂设计所要求的方位，即可进行水力喷射压裂施工。

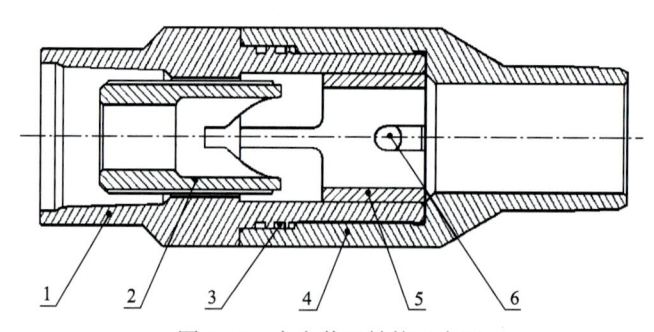

图 2-54　定向装置结构示意图

1-本体上接头；2-定向短节；3-密封圈；4-本体下接头；5-导向套；6-定位销钉

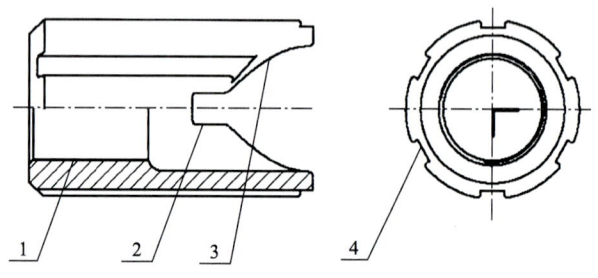

图 2-55　定向导向短节结构示意图

1~4 含义同图 2-54

2.3.2　碳酸盐岩喷酸穿透能力实验

1. 实验目的

开展定点喷射碳酸盐岩地面测试，测试喷射造孔性能，为现场试验提供数据支持。

2. 实验步骤

(1)准备实验材料，将实验设备连接好，安装岩样、喷嘴、加热带等，清水试压。

(2)将小苏打铺到反应罐底部，将储水罐加满水，储酸罐加入 3200L 自来水，800L 盐酸(盐酸浓度 20%)，利用加热器加热至 60℃。

(3)启动加热带,升温至 350℃,启动高压泵,冲蚀碳酸盐岩 2~3min,记录泵压和喷嘴压力,再用清水循环 15min。

(4)利用喷射工具喷射碳酸盐岩岩块。

(5)待反应罐中的盐酸与碳酸氢钠完全反应后,测量反应罐内 pH 为 6.5~7.5 时,测量并记录造孔孔径和喷射距离。

该实验的流程和参数表分别如图 2-56 和表 2-21 所示。

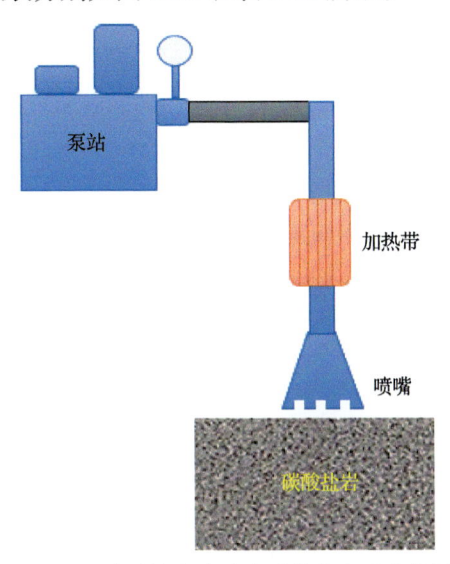

图 2-56 碳酸盐岩喷酸穿透能力实验流程图

表 2-21 碳酸盐岩喷酸穿透能力实验参数表

序号	参数类型	参数值
1	岩石类型及岩样尺寸/m	碳酸盐岩岩样,1.92×0.98×0.32
2	盐酸类型	分析纯盐酸
3	盐酸浓度/%	20
4	加热带温度/℃	350
5	喷嘴直径/mm	6
6	喷嘴速度/(m/s)	180~200
7	泵注压力/MPa	20~25

3. 实验结果

实验排量为 320L/min,折算酸液喷射速度为 180m/s,1.92m 碳酸盐岩样品被穿透,实验表明喷射工艺对碳酸盐岩有较好的穿透作用(图 2-57、图 2-58)。

2.3.3 定点定向喷射酸压工艺及应用

1. 定向喷射酸压工艺流程

(1)地面按照施工设计要求进行管柱串连接,连接管柱时将定向器主体与定向喷射器

图 2-57 碳酸盐岩喷酸穿透能力实验用岩样

图 2-58 喷射形成的通道

对接，定向喷射器射孔相位要与定向器定方位键之间的相位应锁定在同一个相位点上。

（2）用油管连接工具管柱入井，喷射器下入到预定位置附近。

（3）用深度测量系统进行喷射器深度测量校正，通过调节管柱将工具定位在射孔井段。

（4）用测向系统进行喷射器方位确定，通过井口转动调节油管柱，将射孔器射孔方位调整到设计要求方向。

（5）提出测量工具串。

（6）安装酸压用井口。

（7）进行本段目的层定点定向喷射作业，若无明显沟通显示，则投球打开滑套进行酸压作业。

2. 定向喷射酸压工艺现场应用

1）改造思路

（1）针对该井下部水体发育，常规改造沟通底水风险较高，本次施工采用胶凝酸定点喷射施工工艺，实现准确定点定向改造，沟通井筒特定方向的储集体，达到措施增油的目的。

(2) 为了保证较好的喷射效果，同时达到定点喷射的作用，采用较高的喷射速度，选用 6 孔×6.0mm 喷嘴组合，施工排量为 2.3～2.6m³/min，喷速为 210～237m/s，施工压力为 60～80MPa。

(3) 考虑到喷射形成的有效扩散范围，考虑喷嘴间距 50mm、180°对称排列，喷嘴对准井周角度(165°)。

(4) 结合储集体发育情况，同时尽量避开下部水层，将喷射点精确定位在储层段(喷射点 5681m)进行喷射酸化施工作业(图 2-59)。

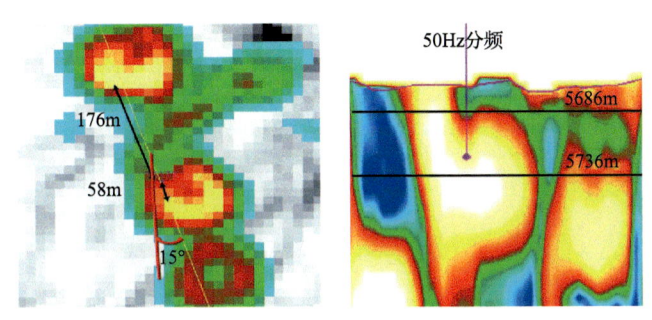

图 2-59　TH100 井储集体展布情况

(5) 本次施工采用 28% HCl 浓度的胶凝酸，降低酸液反应速率，同时在改造期间进行环空补液，提高酸液作用距离。

(6) 改造前打塞至 5686.00m。

2) 实施情况

该井喷射采用胶凝酸 75m³，初期将酸液正替至改造层段附近，在限压条件下低排量注酸刻蚀近井裂缝，解除打塞造成的井壁污染，污染解除后提高排量进行喷射酸化，喷酸后期套压出现明显降落，沟通目标储集体。TH100 井喷射酸压施工曲线如图 2-60 所示。

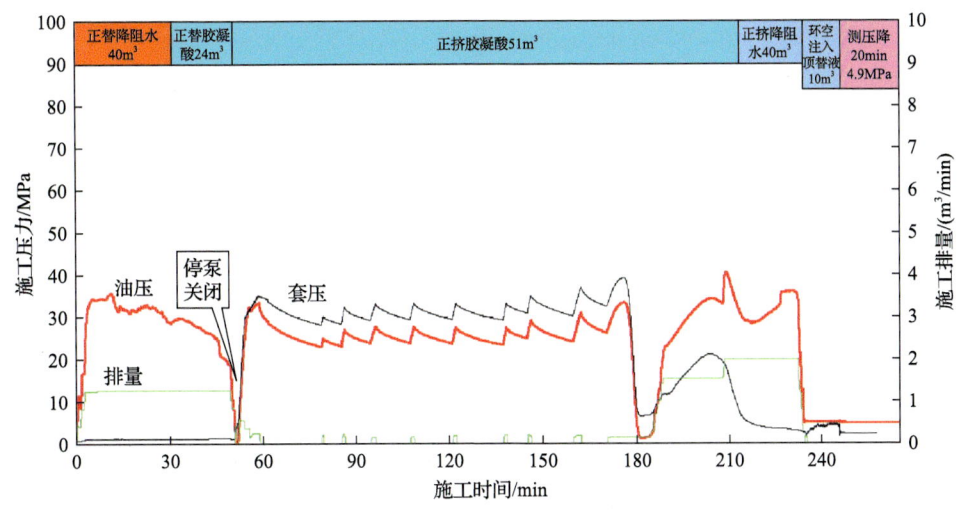

图 2-60　TH100 井喷射酸压施工曲线图

3）生产情况

喷射改造前下部井段生产，日均产液 84.0t，日均产油 2.4t，平均含水率为 97.2%；改造后日均产液 21.2t，日均产油 18.4t，平均含水率为 13.8%累计增油 7152.3t（图 2-61）。喷射酸压工艺定点定向改造效果明显。

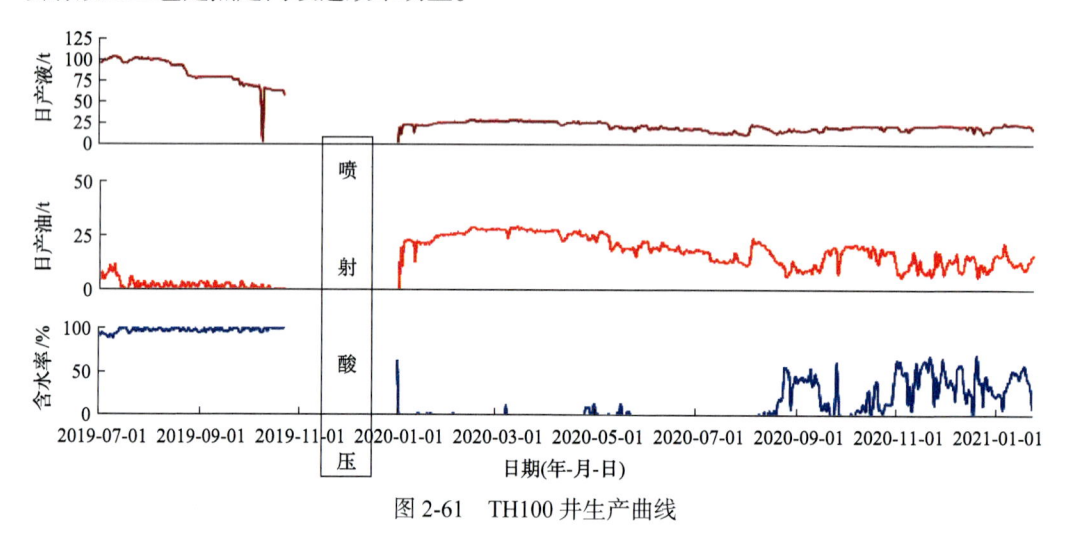

图 2-61 TH100 井生产曲线

参 考 文 献

[1] 蒋廷学, 周珺, 贾文峰, 等. 顺北油气田超深碳酸盐岩储层深穿透酸压技术[J]. 石油钻探技术, 2019, 47(3)：140-147.
[2] 祝琦, 蒋官澄, 兰夕堂, 等. 固体硝酸 CA-1 的性能实验研究[J]. 钻井液与完井液, 2013, 30(3)：70-72.
[3] 赵立强, 刘欣, 刘平礼, 等. 新型碳酸盐岩油气层酸压技术：固体酸酸压技术[J]. 天然气工业, 2004, 24(10)：96-98.
[4] 李峰, 赵海龙, 梅玉芬. 固体有机酸–潜伏酸酸化用于稠油井解堵[J]. 油田化学, 1999, 16(2)：113-115.
[5] 杨军征, 王北芳, 王满学, 等. 乍得砂岩油藏固体酸酸化解堵配方优化[J]. 石油钻采工艺, 2014, 36(2)：96-100.
[6] 李楠, 罗志锋, 鄢宇杰, 等. 智能控制固体酸 SRA-1 释放研究[J]. 石油与天然气化工, 2019, 48(1)：86-90.
[7] Singh R, Tong S Y, Panthi K, et al. Nanoparticle-encapsulated acids for stimulation of calcite-rich shales[C]//SPE/AAPG/SEG Unconventional Resources Technology Conference, Houston, 2018.
[8] 王明星, 吴亚红, 孙海洋, 等. 酸液对酸蚀裂缝导流能力影响的研究[J]. 特种油气藏, 2019, 26(5)：153-158.
[9] 周林波, 刘红磊, 解皓楠, 等. 超深碳酸盐岩水平井水力喷射定点深度酸化压裂技术[J]. 特种油气藏, 2019, 26(3)：158-162.
[10] 田守嶒, 李根生, 黄中伟, 等. 水力喷射压裂机理与技术研究进展[J]. 石油钻采工艺, 2008, 30(1)：58-62.
[11] 李根生, 夏强, 黄中伟, 等. 深井水力喷射压裂可行性分析及设计计算[J]. 石油钻探技术, 2011, 39(5)：58-62.
[12] 周后俊, 程智远, 杨晓勇, 等. 水力喷射压裂工具问题分析及工艺优化[J]. 石油矿场机械, 2019, 48(1)：56-59.

第3章 缝洞型油藏堵水新技术

随着油田开发过程中地层水或注入水的不断推进，油井含水率快速上升，使储层过早水淹。针对这一问题，目前油田广泛应用的措施是堵水，而面对超深碳酸盐岩缝洞型油藏非均质性强、通道尺寸跨度大、连通复杂、高温高矿化度等特点，常规堵水技术存在堵剂无选择性、有效期短、作业成本高、效益低的问题，需探索新材料、新工艺，发展缝洞型油藏高效堵水技术，实现油井长效稳油控水。

3.1 功能型堵水技术

缝洞型油藏发育不同尺度的裂缝通道，导致油井出现油水同出、屏蔽产出的现象。针对这类油井出水问题，目前主要使用冻胶、体膨颗粒对优势裂缝进行堆积封堵，但存在稳定性差、选择性不足、卡堵强度低、封堵深度浅等问题。因此，需要寻求可深部注入、油水选择性强的功能型堵剂及配套体系，实现深部选择性封堵，高效启动次级通道剩余油。本节介绍的三维(3D)疏水颗粒、形状记忆材料均具备该方向的应用潜力。

3.1.1 3D疏水颗粒堵水技术

缝洞型油藏中，裂缝既是流体运移的通道，又是流体储集的空间。裂缝的存在使油藏开采后期会出现裂缝屏蔽现象，当不同尺度裂缝同时存在时，前期各级裂缝同时流动，待大裂缝、优势裂缝贯通后，会屏蔽小裂缝，使小裂缝停止流动。针对这个现象，目前采用不同类型的颗粒堵剂对大裂缝进行复合封堵，释放次级裂缝通道潜力，但这仅是对不同裂缝尺度的一种选择。对于同尺度缝网结构或油水同出的优势通道，如果颗粒在通道中具有一定的油水选择性，才能保持优势通道的产油潜力。3D疏水颗粒堵剂是一种三维立体结构的大尺度微孔材料：一方面可以将管流通道分隔为微观流道，与普通一维或二维材料相比具有更大的疏水毛管力，控水能力更强；另一方面材料自身具有高孔隙、高通量、自吸油特性，不影响原油产出，可以适用于同尺度缝网结构或油水同出的优势通道。

1. 疏水材料

近年来，水体中油类污染物和石油泄漏问题日益突出，对人类健康、水环境及生态环境平衡造成了严重危害。油污染水源已经成为全球亟须解决的重要环境问题之一，为了快速高效地对油污染水源进行油水分离，各类油水分离材料的研究相继展开。

油水分离材料即疏水材料，由于油与水的表面张力相差较大，所以油水分离材料需对油相或水相进行选择性润湿，而对另一相排斥，从而将油水混合物有效地分离。由此制备出多种类型的特异浸润型油水分离材料，如超疏水超亲油材料。目前根据不同超疏水超亲油油水分离材料的形态，分为粒子或者粉体的一维油水分离材料、网状或者膜状的二维油水分离材料和柱状的三维油水分离材料。

1) 一维油水分离材料

当只有少量的油平铺分散在水面上时，油膜的厚度很小，寻常的油水分离材料较难做到油水的有效分离，因为这需要吸收材料可以在油水界面上进行原位吸收。当把吸收材料的大小也降低到和油膜相当的尺寸，例如做成粒子或者粉体状的一维油水分离材料，此时吸收材料的超疏水/超亲油表面可以在油水界面上进行原位吸收，实现有效的油水分离。这种可以在油水界面进行原位吸收的特性，就是粒子或粉体一维油水分离材料的优点，是其他形式油水分离材料较难做到的。

相比于二维和三维材料，一维材料研究者相对较少，主要是因为一维基体材料呈粒状，在收集方面没有二维或三维材料简洁方便。一维疏水材料的研究主要集中在磁性纳米颗粒[1]方面，通过表面修饰得到疏水的磁性纳米颗粒材料，粒子或粉体状的一维油水分离材料有其本身独特的优点，就是可以在油水界面上进行原位吸收，特别是能实现油膜厚度较小时的油水分离。但是也有一些缺陷，例如较难收集、吸收容量低、循环利用效果差和无法应对大量的油泄漏事故，这些缺陷成了一维疏水材料在实际的油水分离应用中的阻碍。

2) 二维油水分离材料

网状或者多孔膜材料在过滤分离中有着广阔的应用，如果要应用于油水这两种互不相溶液体的分离时，网状或膜状材料需要有特殊的表面润湿性。根据材料的表面润湿性理论，要实现对油水混合物的分离，需要材料对两种液体具有相反的润湿性。因此，各种表面改性的网状或膜状的二维材料被成功地开发并应用于油水分离。

二维疏水材料主要包括织物、滤纸和金属网材料[2-4]，通过表面改性可以得到疏水的材料。针对网状或膜状的二维材料进行表面改性，可以得到超疏水/超亲油的油水分离材料。通常而言，这些材料均可以用来分离油水混合物，并表现出很好的分离效率。然而，二维油水分离材料在制备和使用的过程中也有一些不足之处：在制备过程中用到的氟类改性剂，很容易造成二次污染；在使用过程中，二维材料实现油水分离的方式较为单一，需要先收集被污染的水，再进行过滤，在实际油水分离操作中不够便利。

3) 三维油水分离材料

相比于一维、二维材料(表 3-1)，三维材料具有较大的比表面积和存储空间，作为吸附材料存储被吸附物具有较大的优势，吸附倍率高，所以对超疏水亲油三维材料研究越来越多[5]。

三维多孔材料具有丰富的孔道和较高的比表面积，使其具有作为油水分离用吸附剂材料的基本特征，其稳定、互通的孔道结构及较高的表面化学活性，更有利于材料在油水分离过程中循环使用。

(1) 金属泡沫材料。

金属泡沫材料由于有连通的气孔结构和高的气孔率，具有高通气性、高比表面积和毛细管力，多作为功能材料，用于制作流体过滤器、催化器和电磁屏蔽材料等。在油水

表 3-1 不同维度油水分离材料性能特点

性能	材料类型		
	一维油水分离材料	二维油水分离材料	三维油水分离材料
吸附性能	中等	低	高
使用方便性	困难(粉末)	容易	容易
提取方式	不可能	过滤	挤压或抽滤
吸收质的复原	不可能	可以	可以
吸附剂的回收	不可能	可以	可以
环境安全性	部分安全	危害未知	安全
成本	低	高	较高
具体种类	磁性纳米颗粒、碳酸钙颗粒	布、滤纸、金属网	石墨烯/碳纳米管泡沫、生物质碳海绵、泡沫铜/镍、密胺/聚氨酯、硅氧烷海绵等

分离领域，镍、铝、铜等具有较高强度的金属适合用作油水分离的基体材料，据此可进一步利用多孔金属(如泡沫镍[6]、泡沫铜[7])的三维网状结构充当超疏水超亲油材料的新型基体材料。

(2)碳基三维多孔油水分离材料。

碳基三维多孔材料，具有互通网络结构，展现出低密度、高孔隙率、大比表面积、优异的电化学性质和良好的化学惰性[8]。大部分的碳基多孔材料具有疏水特性，这也使它们可以成为一种油的吸收剂来实现油水分离。碳基多孔三维油水分离材料主要包括碳纳米管海绵、石墨烯海绵和生物质碳海绵三大类碳基材料。

①碳纳米管海绵。碳纳米管海绵是由碳纳米管组装而成的具有互通网络结构的海绵状三维材料[9]，这种材料具有超低密度和高孔隙率，对水和油有相反的润湿特性，可以有效地实现油水分离。同时，其最大的饱和吸收容量高达 180 倍自身重量，是一种非常优异的三维多孔油水分离材料。

②石墨烯海绵。在氧化石墨烯的水分散液中加入乙二胺，然后通过水热反应制备得到石墨烯水凝胶，经过冷冻干燥后，可以得到石墨烯气凝胶材料[10]。这种由化学还原得到的石墨烯气凝胶，具有超疏水/超亲油的表面，可以选择性吸收油水混合物中的油，有效实现油水分离。石墨烯材料还体现出阻燃性和弹性，保证了吸满油后的石墨烯气凝胶可以通过吸收/蒸馏、吸收/燃烧和吸收/挤压三种方法进行对油和材料本身的循环回收。这种通过溶胶-凝胶法制备的石墨烯气凝胶是一种良好的三维多孔油水分离材料。

③生物质碳海绵。生物质碳海绵是利用已有的生物质材料，如棉花、竹子等通过碳化处理最终得到。考虑细菌纤维素的成本较高，分别选择了棉花和废纸作为原料，得到了高性能的碳纤维气凝胶[11,12]，棉花和废纸来源丰富、无毒，制备工艺简单环保，同时对废纸的有效利用还降低了对城市的污染，节约了大量能源。这两种超轻海绵都具有很强的吸附能力，可以吸附自重 50~190 倍的有机液体污染物。同时，通过蒸馏、挤压、燃烧等方法可以对两种海绵进行循环再利用，被吸附的污染物可以依据自身价值实现再

次回收利用或集中处理。

碳基三维多孔油水分离材料还可以通过多种方法进行制备,如模板法、热裂解法,而且得到的材料对油水混合物中的油具有非常好的选择性吸收的功能,是一种优异的油水分离材料。但是,仍有一些因素限制了其广泛应用,例如所需的仪器昂贵复杂、制备过程烦琐、热裂解耗能耗时和无法大块大批量制备等。

(3)改性超疏水/超亲油高分子泡沫。

泡沫或者海绵是一种廉价的、商业化的、本体可被润湿的多孔材料,常见的泡沫有聚氨酯泡沫和密胺泡沫。通常而言,它们可以吸收各种液体,包括水和各种有机溶剂,但它们对油水没有选择性吸收的能力,所以无法从油水混合物中做到油水分离。但可以通过有目的性地构建材料表面的形貌和引进低表面能物质来提高材料的表面疏水性,赋予材料高的选择吸收性能,这也是制备油水分离材料的一个很好的途径。目前制备超疏水-超亲油高分子泡沫的方法有热裂解法、表面引进低表面能基团和增大表面粗糙度的方法。

①密胺海绵。利用热裂解法制备多孔材料时要求热裂解前驱物具有较高的碳含量和较强的热稳定性,这样才能保证材料的多孔性能和足够的碳残余。密胺海绵由于其主链结构为三嗪环结构,同时有丰富的氮,因而有很强的热稳定性。

②聚氨酯海绵。在聚氨酯海绵上覆盖一层丙烯酸铁,并在400℃下热裂解得到碳沫,然后通过溶液浸泡法用一甲基三氯硅烷疏水改性可以得到一种磁性泡沫[13]。该泡沫具有超低密度($3.3mg/cm^3$),其微观结构是由纳米级壁厚的中空管道搭建而成,其中壁厚是由它表面接枝的聚电解质层的成分和构造决定的,而这些成分和构造是可以通过调节丙烯酸和金属盐类的浓度得到。经过低表面能的一甲基三氯硅烷改性后,泡沫展现出超疏水特性,可以选择性吸收油水混合物中的油,在磁场的作用下从水面上快速移动和分离,有效地实现油水分离。采用不同密度的油进行实验分析,改性泡沫的饱和吸收容量分布在61~102倍自身重量。这种制备磁性超疏水三维多孔油水分离材料的方法,具有原材料易得和操作过程简单的优点,在实际油水分离中有着巨大的潜在应用前景。

③硅氧烷海绵。硅氧烷高分子具有很多独特的性能,如耐高低温、耐老化、电气绝缘、耐臭氧、憎水、难燃、生理惰性等。硅氧烷产品的这些优异性能是其他有机高分子材料所不能比拟和替代的,利用已有的硅氧烷化合物已经制备出了多种不同类型的硅氧烷海绵[14]。由于硅氧烷海绵表面具有大量疏水的烷基,材料表现出具有一定的疏水性,因而这类海绵材料在油水分离领域也有应用前景。

④纤维素海绵。利用环境友好的材料来制备特殊润湿性吸油材料也吸引了大量的关注,纳米纤维素就是一种有吸引力的材料,它的优点是可再生、可生物降解、成本低。

相对于一维材料存在自身难收集、二维材料需要转移污水的难题,三维疏水材料可以在事故发生点原地进行油水分离,并且容易收集,因此利用三维多孔材料的物理吸收作用来实现油水分离是比较合理而便利的方法(表3-2)。但是想要将三维多孔材料应用于油田堵水技术中,利用此类材料的超疏水亲油特性,实现裂缝中堵水不堵油、释放剩余油潜力的目的,还需要进行具有大尺度孔隙结构的材料筛选,并通过改性研究使其具备超疏水亲油性能。

表 3-2　不同三维材料性能特点比较

性能	材料分类		
	金属泡沫	碳材料	高分子海绵
特点	强度较高、工艺耗时	比表面积大、性能优异	效率较高、易自动化
适用性	工业污水处理	海洋漏油回收	海洋漏油回收
抗压性	高	低	中
使用成本	成本较高，泡沫铜：50万元/m³	成本较高，石墨烯海绵：2.5亿元/m³	成本较低，密胺海绵：300万元/m³

2. 3D 疏水颗粒的研制

对于裂缝中 3D 疏水材料的研究，我们以密胺海绵为原材料，进行超疏水改性，在保证其基本性能的前提下，将其粉碎成颗粒状，便得到 3D 疏水颗粒。

密胺海绵是以三聚氰胺甲醛树脂为基体，经过特殊发泡工艺制得的一种本征型阻燃泡沫塑料。材料本身具有三维孔状结构，网格的长径比为 10～20，孔隙率高达 99%，密度为 10mg/cm³ 左右，属于超轻材料。密胺海绵具有优异的吸声性、阻燃性、隔热性、耐湿热性、卫生安全性和良好的二次加工性，已经广泛应用于阻燃、吸声、缓冲等领域，具有广阔的市场应用前景。

工业级密胺海绵的制备过程如图 3-1 所示，其制备材料主要由碳、氮、氧等元素组成，分子结构中除含有大量 C—N 弱极性键外，还含有羟基、氨基等极性官能团，因此

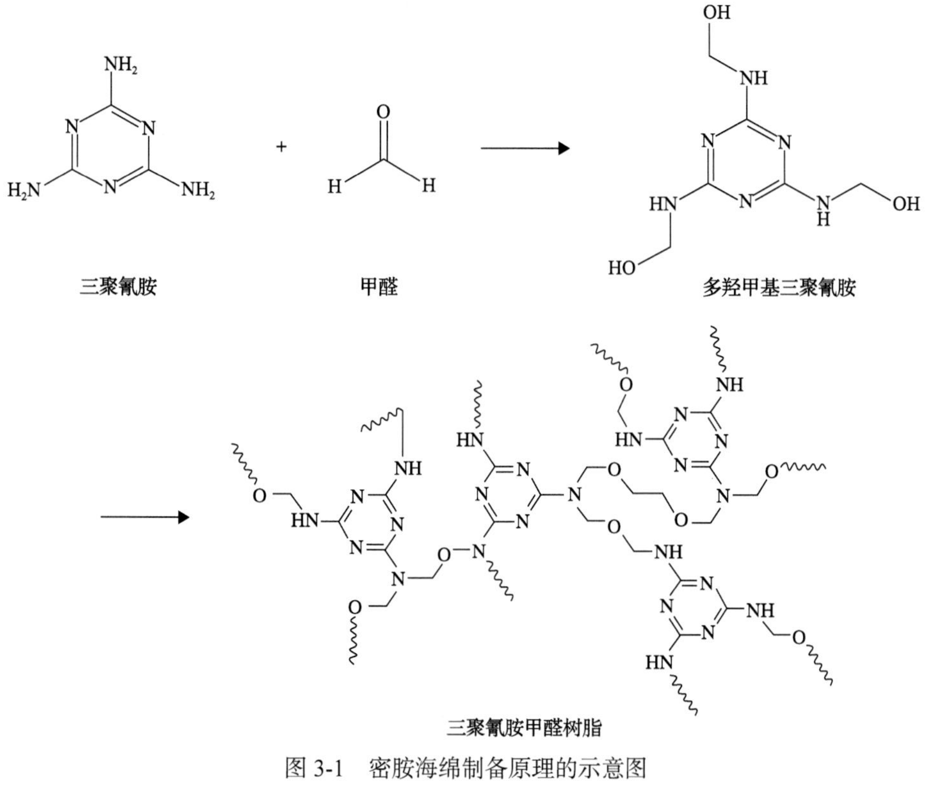

图 3-1　密胺海绵制备原理的示意图

材料均能吸收油类化合物和水,对油水混合物的吸附选择性较差。

密胺海绵优异的孔结构及成本低廉等优点使其成为油水分离领域的优选材料。将密胺海绵转化成为具有超疏水、超亲油性能的材料有多种方法,如直接将密胺海绵高温碳化、使用全氟硅氧烷表面改性、表面涂覆聚二甲基硅氧烷(PDMS)疏水材料等。但这几种方法在实际应用过程中均具有一定的局限性:如高温碳化处理密胺海绵会降低海绵的力学性能;全氟硅氧烷处理成本较高,且改性工艺较复杂;聚二甲基硅氧烷改性的材料在使用过程中会面临有机溶剂的溶解/溶胀作用,使材料的稳定性能降低。因此,开展对密胺海绵的表面疏水亲油改性研究是实现材料规模化应用的基础。

1) 密胺海绵的改性

密胺海绵表面富含大量羟基、氨基等功能性反应基团,因此可以采用硅氧烷来对密胺海绵进行改性研究。硅氧烷一般包括水解基团和非水解基团两部分,其中非水解基团决定了硅氧烷的化学性质,水解基团水解后可以产生大量硅羟基,硅羟基可以与密胺海绵表面的功能基团发生缩合反应。

甲基三甲氧基硅烷(MTMS)和四乙氧基硅烷(TEOS)是两种简单、廉价的硅氧烷,可以对密胺海绵进行表面改性。密胺海绵的硅氧烷改性过程如图 3-2 所示:首先取甲基三甲氧基硅烷和四乙氧基硅烷的质量比 8:1 加入到一定量的乙醇水溶液中(乙醇和水的质量比为 9:1),并在室温水解 24h;将清洗干净的 50mm×50mm×50mm 密胺海绵块浸入到水解体系中 0.5h;然后将密胺海绵取出,挤压排出水解液,把海绵置于 125℃烘箱中处理 1h,即可得到硅氧烷改性剂改性的超疏水密胺海绵。

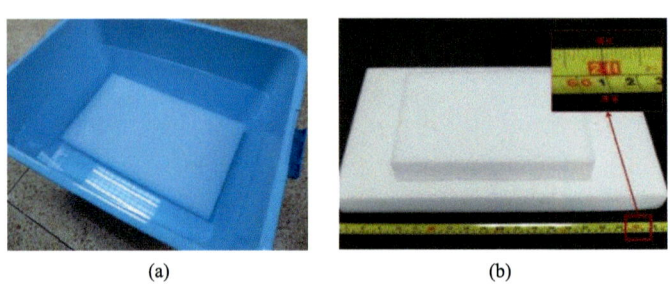

图 3-2 硅氧烷溶液对密胺海绵改性过程
(a)浸渍过程;(b)改性后的密胺海绵

2) 密胺海绵的基础性能

(1)密度。

如表 3-3 所示是密胺海绵在硅氧烷改性前后密度数据,可以看到经过改性后密胺海绵的密度略有增加,这是由表面的硅氧烷改性剂引起的。

表 3-3 密胺海绵改性前后的密度

样品	密度/(mg/cm^3)
密胺海绵	7.38±0.28
改性密胺海绵	8.25±0.13

(2)热稳定性。

图 3-3 是密胺海绵改性前后的热重分析结果，可以看出改性前和改性后的密胺海绵在 373℃时均出现明显失重，升温到 400℃之后，密胺海绵的失重逐渐趋于平衡。密胺海绵的分解温度较高，这是因为高含氮量环状结构赋予其很好的热稳定性能。在 1000℃时密胺海绵的质量残留率为 37.62%，而经硅氧烷改性剂修饰的密胺海绵的质量残留率为 41.93%，是由于硅氧烷体系的引入抑制了密胺海绵的热分解，从而使残留量增加，该结果也与密胺改性前后密度的变化是一致的。

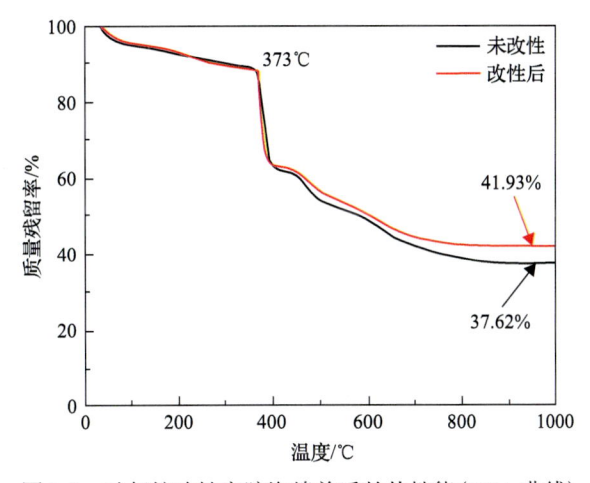

图 3-3 硅氧烷改性密胺海绵前后的热性能(TGA 曲线)

(3)表面官能团。

采用傅里叶变换衰减全反射红外光谱法(ATR-FT-IR)对改性前后密胺海绵进行了表征，结果如图 3-4 所示。经过硅氧烷处理后密胺海绵在 1076cm^{-1} 处出现了一个强峰，这是由低聚环状聚硅氧烷 Si—O—Si 的不对称伸缩振动所引起的；在 2975cm^{-1} 和 2895cm^{-1} 位置出现了两个清晰的谱带，这是由甲基上的 C—H 不对称伸缩振动和对称伸缩振动所

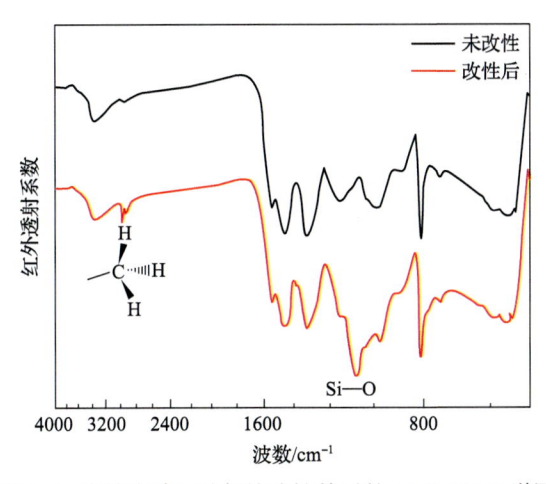

图 3-4 密胺海绵经硅氧烷改性前后的 ATR-FT-IR 谱图

引起的。由于未经硅氧烷改性剂改性的密胺海绵的红外谱图中不含这三个谱带，说明带来这三处峰的官能团是由硅氧烷改性剂引入的，这也证明了密胺海绵表面已被硅氧烷改性剂改性。两种密胺海绵在红外光谱中具有的相同波峰主要有 3300cm^{-1} 处的仲胺 N—H 伸缩振动峰、2929cm^{-1} 处的亚甲基不对称伸缩振动峰、1460cm^{-1} 和 1330cm^{-1} 处的甲基或亚甲基的 C—H 不对称弯曲振动峰和对称弯曲振动峰及 810cm^{-1} 处的 C—H 变形振动峰。

(4) 微观形貌。

图 3-5 是不同条件下得到的密胺海绵的微观结构形貌。未改性密胺海绵和改性密胺海绵结构网格中最基本的结构单元都是不规则形状的孔，孔的尺寸大部分为 100～200μm，构成孔的骨架的长径比超过 10[图 3-5(a)、(c)]。未改性的密胺海绵其网格结构基本上是完全贯通的[图 3-5(a)]，而经过硅氧烷改性后的密胺海绵，其网格结构中存在个别小尺寸多元环没有贯通[图 3-5(c)]，这是由于在密胺海绵内部网格结构中有些地方聚集了一些过量的硅氧烷改性剂，然后经过固化过程生成硅氧烷凝胶而造成的。

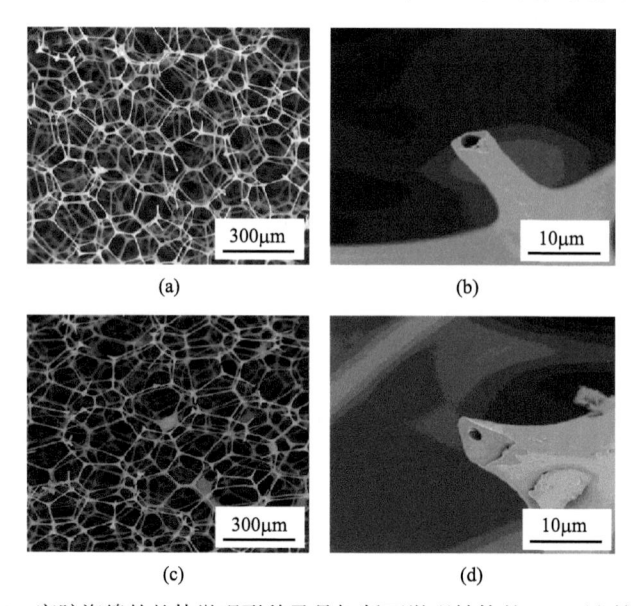

图 3-5　密胺海绵的整体微观形貌及骨架断面微观结构的 SEM（电镜扫描）

图 3-5(a)、(b) 为未经硅氧烷改性剂改性的密胺海绵，图 3-5(c)、(d) 为经硅氧烷改性剂改性的密胺海绵。对改性前后密胺海绵骨架断面进行分析，发现二者存在显著差异：未经硅氧烷改性的密胺海绵，骨架断面的断口周围干净[图 3-5(b)]；而经硅氧烷改性的密胺海绵，骨架断面的断口周围出现层状结构，密胺海绵骨架被层状物质所包裹，层状结构的厚度为 100～190nm[图 3-5(d)]。改性密胺海绵结构骨架表面上出现的层状物质为硅氧烷改性剂经水解、固化后生成的硅氧烷凝胶，这种硅氧烷凝胶均匀涂覆在密胺海绵结构骨架表面。

(5) 力学性能。

图 3-6 是密胺海绵进行单轴循环压缩实验的照片。可以看到，经过压缩实验的密胺海绵仍然可以恢复到初始形状及尺寸，说明密胺海绵具有优异的弹性和韧性。图 3-7 是

不同密胺海绵在不同循环压缩次数时的应力-应变曲线，可以看到未改性密胺海绵和改性密胺海绵多次循环压缩的应力-应变曲线具有基本相同的变化趋势，这说明材料的力学性能主要是由密胺海绵骨架的性能决定，表面改性不影响其力学性能。

图 3-6　密胺海绵单轴循环压缩实验

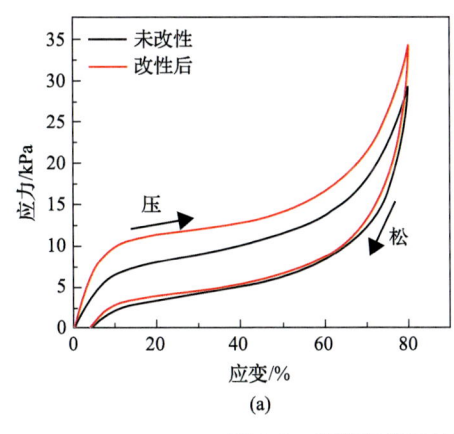

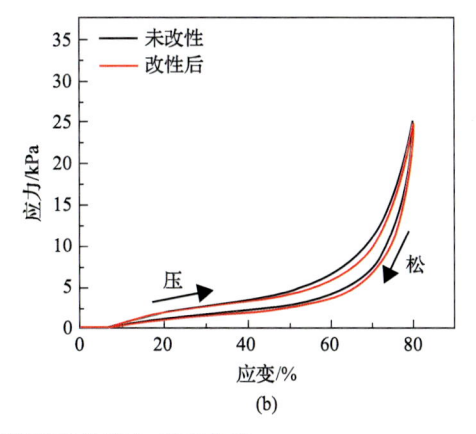

图 3-7　密胺海绵经过循环压缩的应力-应变曲线
(a)压缩 1 次；(b)压缩 5000 次

密胺海绵在首次单轴压缩时呈现出明显的三个特征：压缩初始阶段的线弹性、屈服阶段的弹塑性阶段和压实强化阶段的高弹性。密胺海绵的线弹性区间比较小(应变为 0~0.08)，而弹塑性区间(应变为 0.08~0.6)和压实强化区间(应变为 0.6~0.8)比较大。密胺海绵在应变较小时表现出较好的弹性特征；随着压缩负荷的增加，密胺海绵发生的塑性变形增加，曲线呈现出一条较长的平滑阶段；随着应变继续增加，密胺海绵的结构持续塌陷，材料内部空隙逐渐被压实，应力也随之急剧上升。密胺海绵的这三个阶段划分明显，说明密胺海绵的几何结构对其力学性能有很大影响。在线弹性阶段，改性密胺海绵比未改性密胺海绵具有更大的弹性系数，即曲线更陡，说明经硅氧烷改性剂改性过的密胺海绵可以获得更大的初始弹性模量；在压实强化阶段，改性密胺海绵比未改性密胺海绵的强度也有显著增加。

经过 5000 次循环压缩后，密胺海绵在压缩初始阶段的线弹性基本消失，在弹性屈服阶段和压实强化阶段基本合为一体，说明海绵内部结构塌陷、破坏过程已经基本趋于平稳，继续循环压缩不会再引起显著的结构塌陷、破坏。

图 3-8 是密胺海绵经过循环压缩后的微观形貌图，可以看出两种海绵在经过 5000 次压缩后，内部有少量多元环骨架出现断裂，但是海绵整体的骨架结构仍很完整。造成密胺海绵内部骨架出现断裂的主要原因是材料在周期性负载条件下发生破坏，从而出现断裂现象。

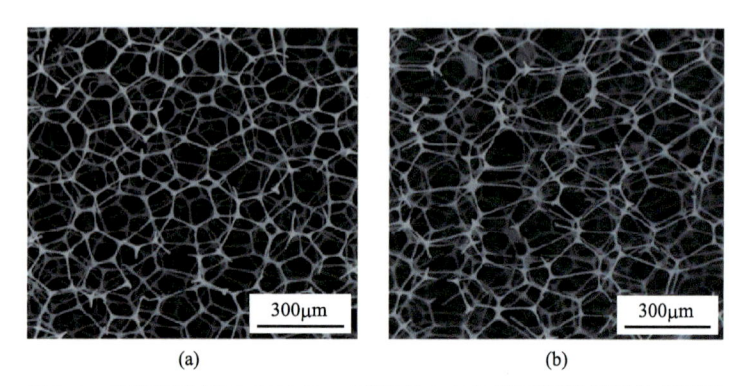

图 3-8 密胺海绵经过 5000 次、压缩率 80%的循环压缩后的微观形貌
(a)未改性的密胺海绵；(b)改性的密胺海绵

未改性和改性密胺海绵经多次单轴循环压缩的强度变化趋势如图 3-9 所示。经硅氧烷改性密胺海绵的初始强度与未经硅氧烷改性密胺海绵相比增加了 16.8%；经过多次循环压缩，两者强度的变化趋势一致，且强度均达到稳定状态。在前 500 次循环压缩过程中，未改性和改性密胺海绵的强度均急剧下降，其中前者下降至 90.2%，后者则下降至 78.1%，说明经过 500 次循环压缩的改性密胺海绵的表面改性层已经被严重破坏。继续循环压缩直至循环压缩 5000 次，未改性和改性密胺海绵的强度已经分别降到 85.5%和 72.4%。虽然二者强度的保持率差别很大，但是它们强度的大小基本相当。上述结果表明，

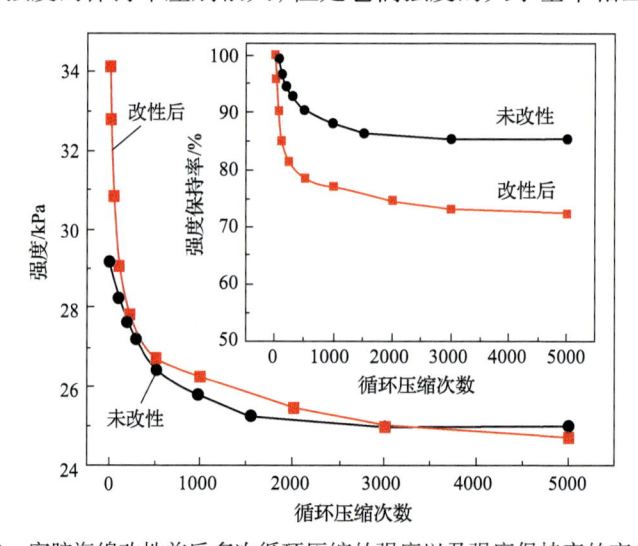

图 3-9 密胺海绵改性前后多次循环压缩的强度以及强度保持率的变化趋势

密胺海绵经多次循环压缩后的力学性能主要是由密胺海绵基体的性能决定，硅氧烷改性剂只对密胺海绵的表面进行改性，对密胺海绵的基体性能没有影响。

(6)海绵的表面润湿性。

如图 3-10 所示是对经硅氧烷改性前后的密胺海绵进行的疏水性测试。取切成小块的未改性密胺海绵和改性密胺海绵一起放入水中，改性密胺海绵漂浮在水面上，而未改性密胺海绵吸满水后落入水中(图 3-10)；将改性密胺海绵浸入水中，则在改性密胺海绵表面出现疏水的银镜现象。在未改性密胺海绵和改性密胺海绵的表面分别滴数滴正十六烷(染成红色的油)和水(染成蓝色的水)液滴，可以看出未经改性的密胺海绵将油和水全部吸收，没有选择性[图 3-11(a)]；而改性的密胺海绵仅对油有吸收作用、对水表现出疏水特性[图 3-11(b)]，表明材料具有优异的油、水选择性。改性密胺海绵对水的接触角为 156.4°±1.9°，属于超疏水材料。

图 3-10 改性前后密胺海绵的疏水性测试(烧杯中上部为改性前密胺海绵)

为了研究海绵在压缩方向和垂直压缩方向上的受力差异性对材料润湿性的影响，分别对改性密胺海绵经过 5000 次循环压缩后的接触角进行了测定分析，经过 5000 次循环压缩后的改性海绵在压缩方向和垂直压缩方向上仍然具有优异的疏水性能，这两个方向的接触角分别是 153.0°±3.2°、150.2°±2.1°，仍然属于超疏水材料。上述结果表明，密胺海绵经过硅氧烷改性，其润湿性得到了显著的改善，材料具有出色的超疏水超亲油特性。

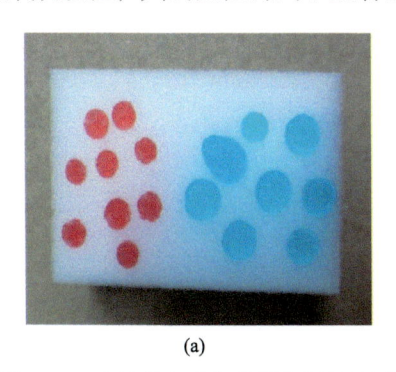

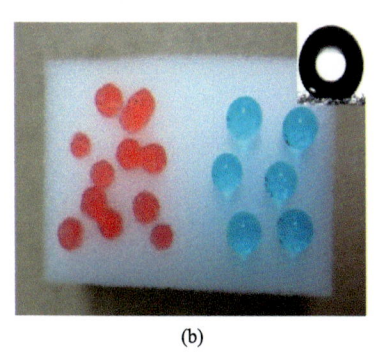

图 3-11 改性前密胺海绵的润湿性测试(a)和改性后密胺海绵的润湿性测试(b)

(7) 粉碎方法。

对改性后密胺海绵的粉碎，分别采用了粉碎法和球磨法进行处理。首先利用粉碎机进行处理，处理后得到了块状海绵(图 3-12)，切块后的改性密胺海绵保持了海绵本身具有的三维多孔结构。利用球磨机进行处理后，得到了类似粉末的材料(图 3-13)。进一步通过扫描电镜(SEM)分析，可以看出海绵本身的三维多孔结构被完全破坏，只留下了粉碎的骨架，孔结构完全消失。通过两种粉碎方法的对比可以看出，粉碎法相比于球磨法，更能够保持海绵原有的三维多孔结构，更有利于在油中的携带应用。

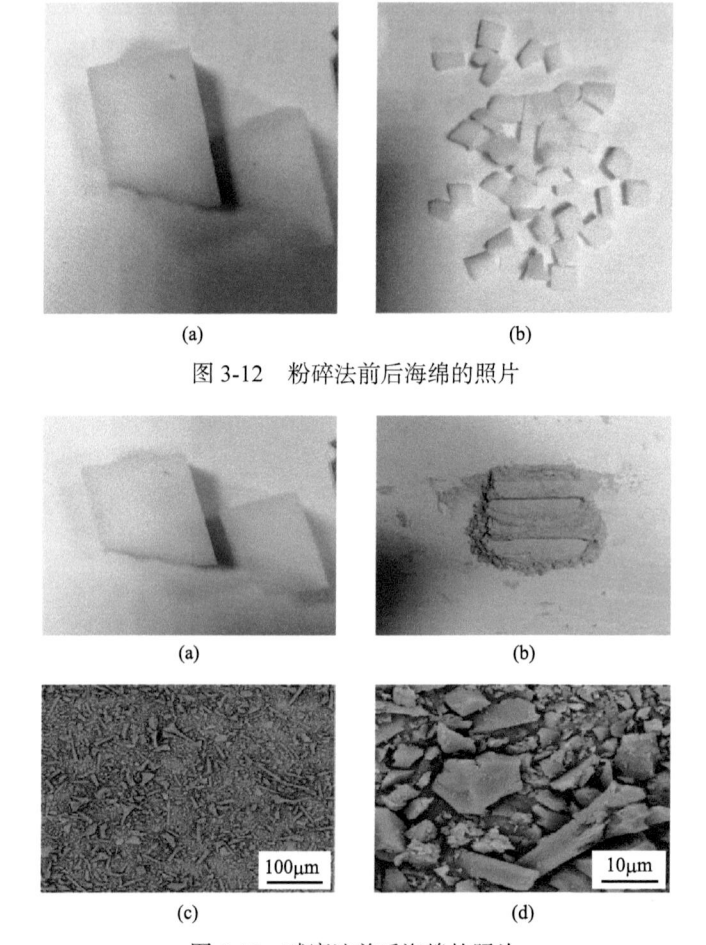

图 3-12 粉碎法前后海绵的照片

图 3-13 球磨法前后海绵的照片

3. 3D 疏水颗粒堵水性能

1) 吸附性能

改性密胺海绵对油的吸附能力，以数十种常见的有机溶剂和商品油作为测试液体，可以通过循环压缩条件下材料的吸附倍率体现，如图 3-14 所示。

改性密胺海绵对常见有机溶剂和商品油均有出色的吸收能力，具有超高的吸附倍率。

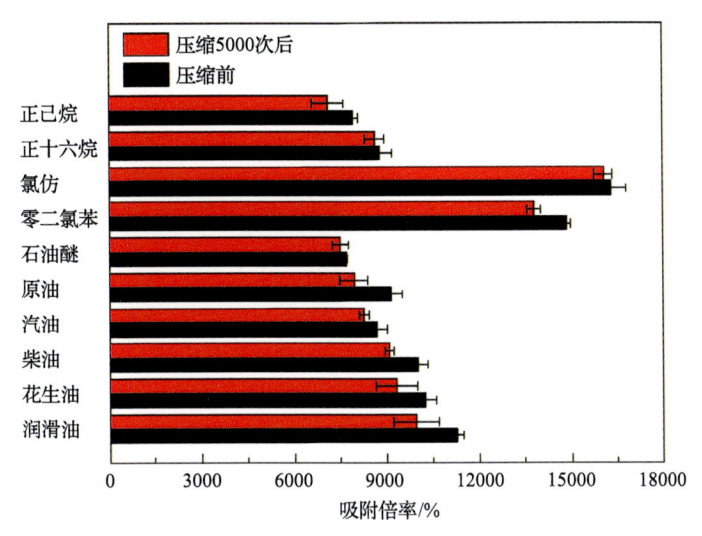

图 3-14 改性密胺海绵经 5000 次循环压缩前后对各种有机物的吸附倍率

这主要是由于密胺海绵是大孔、多孔材料，孔隙率高达 99% 以上，且密胺海绵的密度低于 10mg/cm³，当海绵吸满油时，材料的质量会发生显著变化。改性密胺海绵循环压缩前后的吸附倍率相差不大，例如，未经循环压缩的改性密胺海绵吸附倍率最高可达 163 倍（氯仿），最低为 77 倍（石油醚）；当经过循环压缩处理后，改性密胺海绵对同样两种油品的吸附倍率仍分别高达 160 倍，最低为 75 倍。由此可见，机械循环压缩对改性密胺海绵的吸油性能影响不大，即改性密胺海绵具有稳定的超高吸油性能。

通过对不同大小的改性密胺海绵（成块的海绵和切割后的海绵）在柴油中的亲油性能和悬浮状态进行研究（图 3-15、图 3-16）。可以看出，成块的海绵（3cm×3cm）由于密度小，填充在海绵内部的空气无法快速排出，需要较长时间或者外力才能快速吸油，最终沉入杯底。而当海绵切割成小块后（1～3mm），与油的接触面积增大，放入油中会快速吸附然后沉入杯底中。切割后的小块海绵可以快速沉入底部，这也为用油携带将其注入地层奠定了基础。

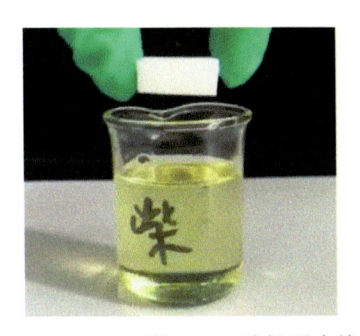

图 3-15 改性后大块海绵在柴油中的情况

2) 通量性能

改性密胺海绵对不同油品的通量性能用公式 (3-1) 表示：

$$\text{Flux}=V/(St) \tag{3-1}$$

式中，Flux 为流通量，L/(m²·h)；V 为滤液通过膜材料的体积，L；S 为过滤器的有效过滤面积，m²；t 为油水混合物通过膜材料所用的时间，h。

图 3-16 改性后小块海绵在柴油中的情况

由图 3-17 可以看出，对于汽油、柴油、原油和正辛烷来说，改性密胺海绵对汽油的通量最大[1100L/(m²·h)]，而对原油的通量最小[320L/(m²·h)]。这主要与油的黏度有关，若黏度小，则通量大；若黏度大，则通量相对较小。

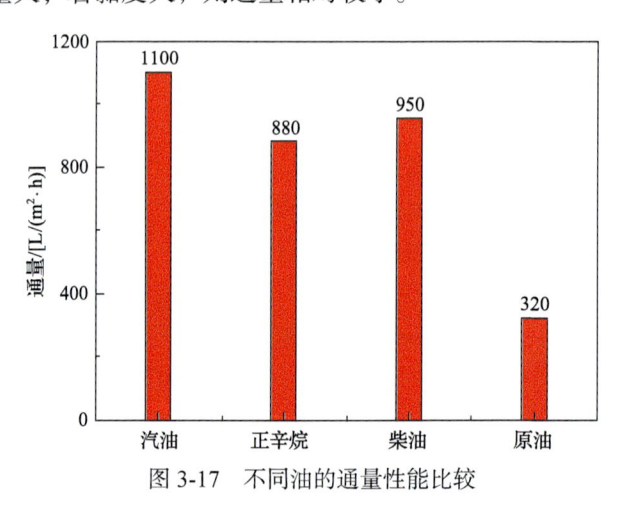

图 3-17 不同油的通量性能比较

3) 阻水性能

对不同厚度改性密胺海绵的阻水性能进行了研究分析。从图 3-18 的结果可以看出，阻水的高度随着海绵厚度的增加而增大，这主要与材料的厚度及其材料的孔隙率有关。

4) 稳定性能

对改性海绵在高温下的疏水稳定性能进行研究。从图 3-19 的结果可以看出，材料的表面疏水性能随着温度的升高而有所下降，这主要与材料表面的疏水涂层有关，但在 130℃时其接触角仍能保持在 120°。

5) 改性密胺海绵的驱替性能

对于改性密胺海绵在裂缝中的堵水性能，采用缝板模型，使用缝洞型储层驱替实验

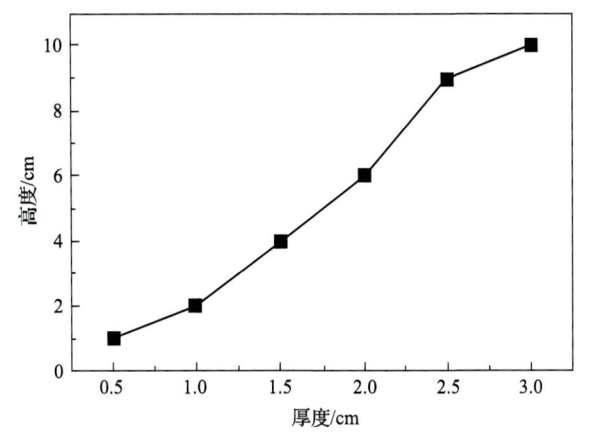

图 3-18 不同厚度改性海绵的阻水性能分析

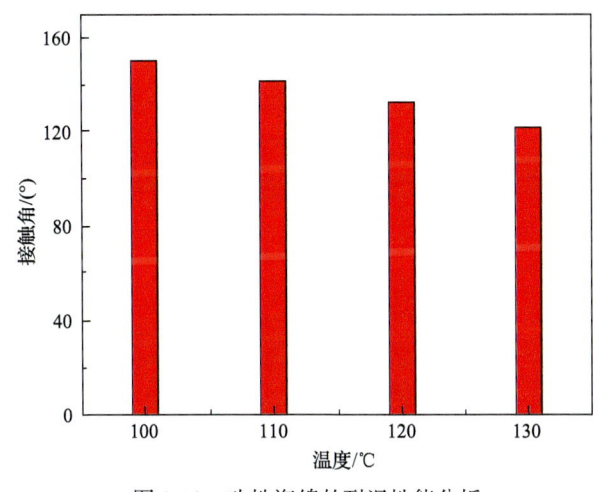

图 3-19 改性海绵的耐温性能分析

设备进行水驱模拟实验。使用的缝板模型长度为 40cm、直径为 5cm，分别对整条的改性密胺海绵与碎块状的改性密胺海绵进行封堵后驱替实验。驱替过程中，分别采用水驱和油驱对材料进行了实验，水和油的注入速度均为 3mL/min。通过实验前后的照片可以看出，实验前后材料外观没有发生明显的变化（图 3-20）。碎块状海绵水驱突破压力为 0.08MPa，整条状海绵水驱突破压力为 0.19MPa，由于材料具有三维开孔结构，无论何种形状，水驱突破压力都比较小。由此分析对本身具有孔结构的密胺海绵进行表面的疏水改性后，只对其表面结构进行了改性，孔隙的通道依旧存在。

4. 3D 疏水颗粒的堵水前景

改性密胺海绵材料作为 3D 疏水颗粒堵剂，具有优异特性：①具有很好的亲油性能；②通过切割粉碎后，可以悬浮在油中，具备了用油携带进入地层的条件；③材料长时间吸油后，仍然保持了三维多孔结构，可以保持油流的高通量；④海绵材料自身孔结构比较大（大于 50μm），通过切割粉碎后，在保持原有三维多孔结构的同时，通过提高加入块状海绵的量，利用海绵的弹性，块状海绵之间相互挤压可以形成更加密实丰富的孔道结构。

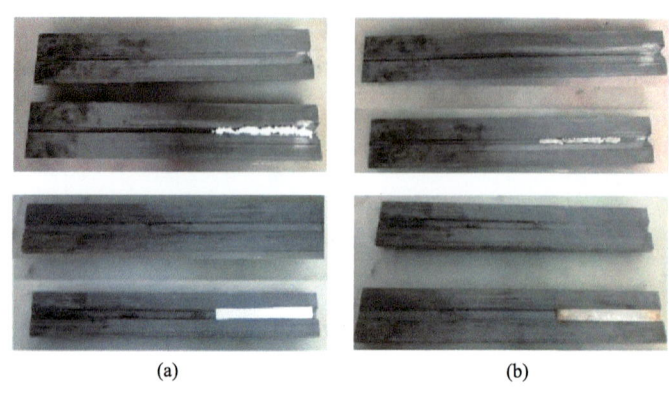

图 3-20 水驱前后材料对比图
(a)水驱前；(b)水驱后

3D 疏水颗粒作为堵剂材料具有其独特的优势，对油藏开发后期油水同出的问题具有针对性、前沿性的控水思路。通过水驱实验总结，因其高孔隙的结构特性，其阻水性能较弱，若要用于封堵裂缝出水，需要进行两方面改进：一是提高其自身强度及对地层条件的配伍性；二是可配合其他堵剂进行复合封堵，在碳酸盐岩储层裂缝系统中体现其优异的疏水亲油作用的同时，实现对优势出水通道的高效封堵。

3.1.2 形状记忆材料堵水技术

油藏开发进入高—特高含水期阶段后，储层经过长期的水驱冲刷，主流线上的渗透率显著提高，注入水或底水沿高渗通道突进使油井发生水窜或水淹，从而严重影响油井产能。针对该问题，研发了一种功能性记忆高分子聚合物。在注入生产井之前，对其进行加工以赋予一定的形状。当该聚合物达储层后，利用其对油藏温度的记忆特性，在井底的高温环境下，堵剂可自动恢复原状，从而有望对高含水油藏进行卡堵。

1. 形状记忆材料应用领域

形状记忆堵剂采用的基础原料是热致型形状记忆聚合物(SMPs)，SMPs 作为一种高性能智能材料[15]，由于质轻、高应变的形状恢复能力及易加工的特性被应用到不同的领域。在医学领域，利用 SMPs 聚氨酯的生物相容性将由其制备的临床器械的部件植入人体当中[16]；在纺织领域，传统纤维制成的衣服在经过水洗或者穿着后会变形，通过特殊设计纱线编织成的 SMPs 纺织物具有形状记忆功能[17]，通过调整织物转变温度，衣服在水洗后经过烘干或熨烫也能恢复原样；在材料领域，将 SMPs 聚氨酯应用在包装材料上，先将其制成初始模型，将材料包装在产品外面，通过加热使其变形、压缩在产品外面；在油田开发领域，SMPs 聚氨酯材料在油田封隔器中得到应用，该类封隔器结构紧凑、坐封可控，在裸眼井中适应性好，同时可满足不同井况复杂结构井完井需求，但在油田堵水方面，形状记忆材料还未有应用。

2. 形状记忆堵剂材料作用机理

形状记忆基础原料是热致型形状记忆聚合物(SMPs)，该类聚合物是典型的可对外界环境刺激做出形状响应的功能高分子材料。该材料本身具备一定的固有形状，在被加工成其他一种或者多种形状后，在加热或者其他条件刺激下可以变形为临时形状，这一临时形状可以在外力作用下被保留下来，当再次受到特定的外界环境刺激时，又可迅速地恢复到原来的固定形状，这一形状恢复过程即为形状记忆效应[18]。

热致型形状记忆聚合物的记忆机理，目前普遍接受的观点是由日本的石田正雄在1989年所提出的观点[19]。他认为聚合物材料之所以具有形状记忆行为，是因为材料中具备两相，分别是记忆材料原始形状的固定相(fixed phase)，以及随着温度或者其他外界环境刺激的变化发生可逆变化的可逆相(reversible phase)。固定相可以由聚合物中的交联结构、部分结晶区域或分子链之间的物理缠结等结构组成，可逆相为聚合物中的结晶态或者无定形玻璃态的物理交联结构组成。

若将形状记忆材料作为堵水用剂原材料，即要采用SMPs材料"记忆起始态—固定变形态—恢复起始态"的循环，具有良好的形状记忆功能。图3-21表示的是SMPs堵剂材料的加工和形状恢复过程。

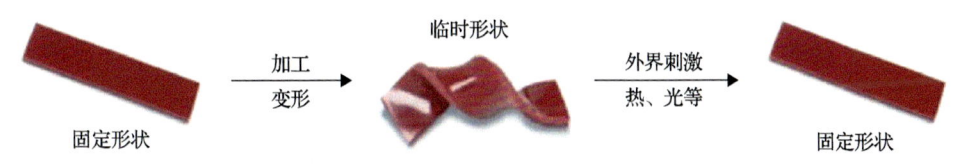

图3-21 SMPs堵剂材料的加工和形状恢复过程

3. 形状记忆材料堵剂体系研发

形状记忆材料堵剂制备是将热致型聚合物与交联剂反应，形成能够在地层温度下恢复形状的记忆材料。物理交联和化学交联是固定相的两种常见形式。物理交联的交联点连接方式是超高分子链缠结结构，部分结晶结构在一定的条件下容易发生溶解或熔化再成型，被称为热塑性SMPs[20]，如图3-22(a)所示；化学交联的交联点连接方式是化学共价键连接，交联结构不能被普通的物理手段打断，无法熔融再成型或溶解于溶液，被称为热固性SMPs[21]，如图3-22(b)所示。热塑性SMPS可实现熔融再成型，有望经过改性提升体系形状恢复性能，以应用于碳酸盐岩油藏堵水。

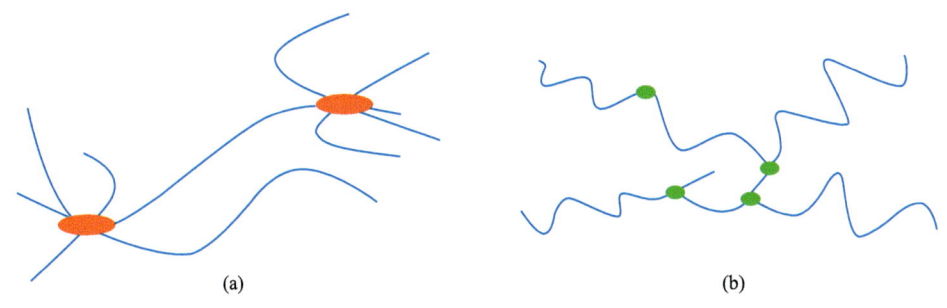

图3-22 固定相的分子网络结构示意图
(a)物理交联网络；(b)化学交联网络

从微观结构上来看，形状记忆恢复过程本质上是热力学的自发过程。当温度高于可逆相的转变温度(transition temperature，变量表示为 T_{trans})时，SMPs 的可逆相分子链运动容易，施加外力使之发生弹性形变；保持应力同时将温度降到 T_{trans} 以下，可逆相的分子链段被冻结，材料的临时形状被固定下来，固定相处于高应力状态；当温度恢复到 T_{trans} 以上时，在固定相解应力的作用下，可逆相恢复到初始形状。

T_{trans} 大体上可以分为两类：一种是玻璃化转变温度(glass transition temperature，变量表示为 T_g)；另一种是熔融温度(crystal melting temperature，变量表示为 T_m)。当无定型态作为可逆相时，材料的转变温度为 T_g，此时材料往往具有较高的储能模量和较宽的转变温度区域；当结晶态作为可逆相时，材料的转变温度为 T_m，此时材料的储能模量较低，转变温度区域较窄。

优选热塑性 SMPs 中的甲基丙烯酸甲酯(MMA)作为聚合物材料，在引发剂偶氮二异丁腈的引发下进行自由基聚合，得到聚甲基丙烯酸甲酯(PMMA)，如图 3-23 所示。

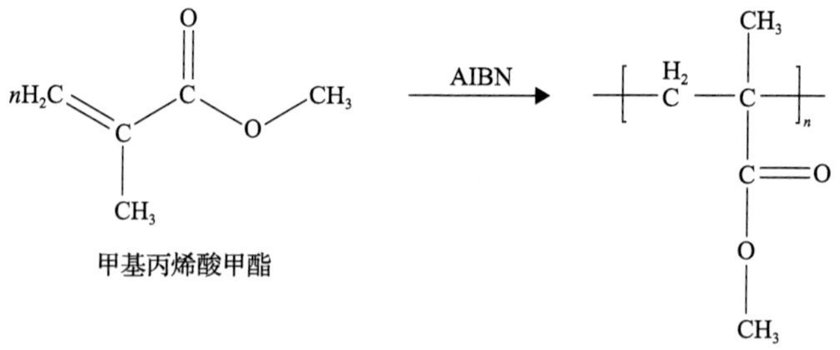

图 3-23　聚甲基丙烯酸甲酯的合成

加入交联剂聚乙二醇二丙烯酸酯，使聚甲基丙烯酸甲酯的分子链可以交联，得到交联的聚甲基丙烯酸甲酯，如图 3-24 所示。

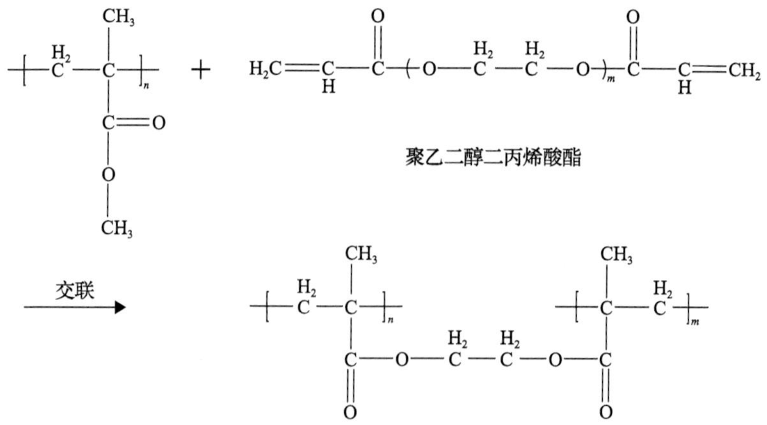

图 3-24　聚甲基丙烯酸甲酯的交联

通过改变交联剂浓度，依次得到四个聚丙酯体系：PMMA-1、PMMA-2、PMMA-3、PMMA-4。

4. 形状记忆堵剂材料评价

1) 形状记忆材料热分解温度评价

利用热重分析法(thermogravimetric analysis，TGA)测定聚甲基丙烯酸甲酯的热分解温度。TGA是在程序控温下，测量物质的质量与温度关系的一种技术。现代热重分析仪一般由四部分组成，分别是电子天平、加热炉、程序控温系统和数据处理系统(微计算机)。通常，TGA谱图是由试样的质量残余率$Y(\%)$对温度T的曲线(称为热重曲线，TG)或试样的质量残余率$Y(\%)$随时间的变化率$dY/dt(\%/min)$对温度T的曲线(称为微商热重法，DTG)组成。

交联度不同的聚甲基丙烯酸甲酯的TGA曲线如图3-25所示。

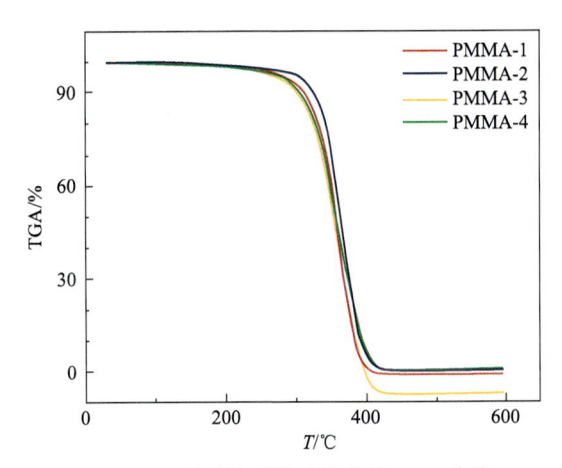

图3-25 聚甲基丙烯酸甲酯的TGA曲线

根据聚甲基丙烯酸甲酯的TGA曲线，可分析得到不同交联度的聚甲基丙烯酸甲酯的热分解温度，如表3-4所示。

表3-4 聚甲基丙烯酸甲酯的热分解温度

样本	交联剂质量分数/%	起始分解温度/℃	终止分解温度/℃	峰值/℃
PMMA-1	5	328.3	386.5	362.5
PMMA-2	10	335.3	391.4	363.7
PMMA-3	15	322.6	389.8	359.6
PMMA-4	20	322.0	394.6	369.5

从TGA曲线可以看出，所制备的聚甲基丙烯酸甲酯的热分解起始温度都在320℃以上，峰值温度都在360℃左右，说明其耐高温性较好，完全满足目标油藏的使用温度，从分解温度来看，交联剂质量分数对其热分解温度没有明显的影响。

2) 形状记忆材料热转变温度评价

形状记忆材料的热转变温度通常为其玻璃化转变温度。在玻璃化转变温度以上时，对形状记忆聚合物进行赋形、降温，使赋形后的形状被固定；当温度再次升高到玻璃化转变温度以上时，形状记忆聚合物的形状则可以恢复初始形状。因此，形状记忆聚合物的玻璃化转变温度是形状记忆材料的关键性能参数。

利用差示扫描量热法（differential scanning calorimeter，DSC）测定聚合物材料的玻璃化转变温度。DSC 是指在程序控温下，测量单位时间内输入到样品和参比物之间的能量差（或功率差）随温度变化的一种技术。该热流差能反映样品随温度变化所发生的焓变：当样品吸收热量时，焓变为吸热；当样品释放能量时，焓变为放热。

在 DSC 曲线中，对玻璃化转变的比热容变化呈台阶形；对熔融、结晶、固固相转变和化学反应等反应的热效应呈峰形。

对交联度不同的聚甲基丙烯酸甲酯进行 DSC 测试，得到不同样本的玻璃化转变曲线，如图 3-26 所示。

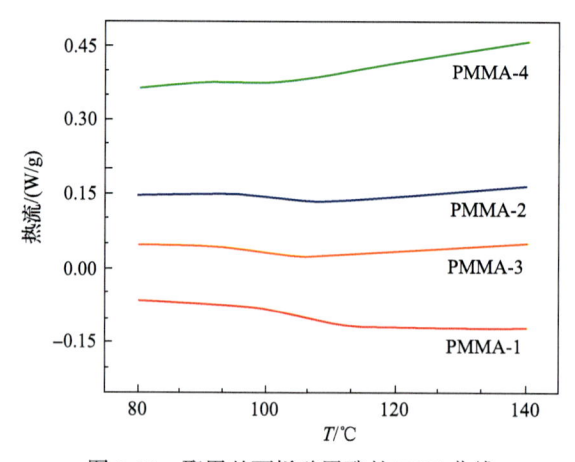

图 3-26 聚甲基丙烯酸甲酯的 DSC 曲线

对样本的 DSC 曲线进行分析，得到对应的玻璃化转变温度，结果如表 3-5 所示。

表 3-5 聚甲基丙烯酸甲酯的玻璃化转变温度

样本	玻璃化转变温度/℃
PMMA-1	101.43
PMMA-2	106.45
PMMA-3	105.99
PMMA-4	108.74

从表 3-5 可知，对于交联度不同的聚甲基丙烯酸甲酯，其玻璃化转变温度都在 100～110℃，并且随着交联剂质量分数的增加，玻璃化转变温度略有增加，增加交联程度，可以增加材料的玻璃化转变温度。

3）形状记忆材料热机械性能评价

为了探索形状记忆聚合物在高温下是否具备一定的力学性能，能够经受住地下油藏环境的复杂性，所以需要测试形状记忆聚合物在高温下的机械性能。

使用带有烘箱的万能材料试验机测试，测试样条的尺寸为 40mm×10mm×1mm，测试的拉伸速率为 10mm/min，万能拉伸试验机的传感器为 1kN。根据不同聚合物的玻璃化转变温度设置不同的温度进行测试，测试数据中断裂伸长率记录的是材料在橡胶态时的最大应变。

聚甲基丙烯酸甲酯的玻璃化转变温度在 100~110℃，分别选择在玻璃化转变温度以上的 120℃和在玻璃化转变温度以下的 100℃测量该聚合在高温下的力学性能。图 3-27 是不同交联度的聚甲基丙烯酸甲酯在 120℃下的拉伸曲线，对该图进行分析，得到相应的弹性模量和拉伸应变，列于表 3-6 中。在 120℃条件下，该聚合物体系表现为高弹态，显示出较大的弹性。随着交联剂质量分数的增加，体系的弹性模量随之减小。当交联剂质量分数为 5%~15%时，随着交联剂质量分数的增加，聚合物的交联度增加，体系中的三维网络结构在拉伸过程中阻碍了高分子链段之间的滑动，因此拉伸应变随之减小；当交联剂质量分数大于 15%时，断裂伸长率反而有所增加，这是由于交联剂质量分数过高，反而使聚合物体系的结晶度下降，取向度降低，因此断裂伸长率略有增加。从上述测试结果可知，对于聚甲基丙烯酸甲酯材料而言，交联度越低，材料的韧性越强，高温下的力学强度和断裂伸长率越好。

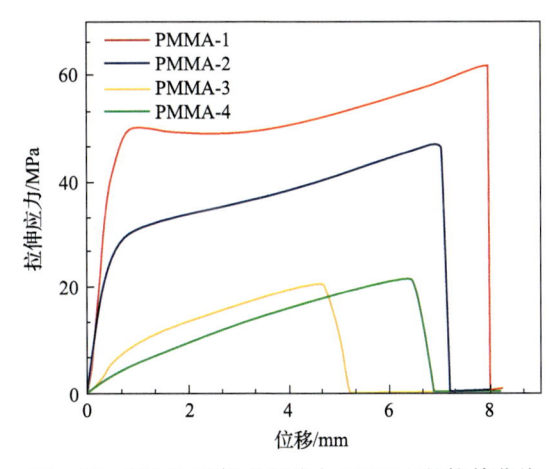

图 3-27 聚甲基丙烯酸甲酯在 120℃下的拉伸曲线

表 3-6 聚甲基丙烯酸甲酯在 120℃下的力学参数

样本	弹性模量/MPa	拉伸应变/%	屈服点的拉伸应力/MPa	断裂点的拉伸应力/MPa
PMMA-1	136.10	196.11	5.92	8.04
PMMA-2	105.15	99.61	6.64	6.64
PMMA-3	13.95	79.49	2.44	2.44
PMMA-4	5.69	118.98	2.15	2.15

在井下实际环境中，封堵材料必须要能够承受高温和高压。因此，形状记忆材料需要在高温下具有较好的力学强度才能满足油藏需求。图 3-27 中的 PMMA-1 和 PMMA-2 样品，在 120℃下的弹性模量均在 100MPa 以上，具有潜在的应用价值。

另外，选择低于玻璃化转变温度的 100℃，测量聚合物在玻璃态下的力学性能。图 3-28 为交联度不同的聚甲基丙烯酸甲酯在 100℃下的拉伸曲线，对该图进行分析，得到相应的弹性模量和拉伸应变列于表 3-7 中。与图 3-27 不同的是，此时测试温度在聚合物的玻璃化转变温度以下，材料处于玻璃态，因此断裂伸长率略微增加（表 3-7）。

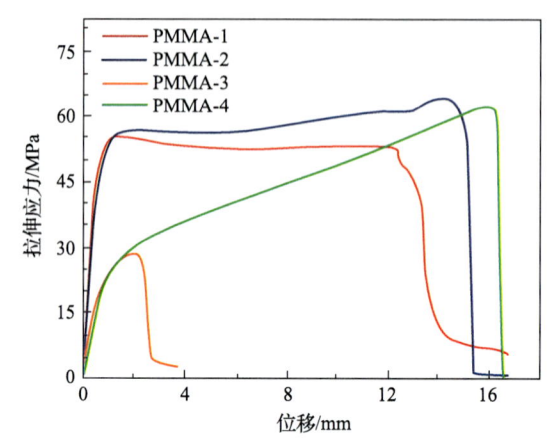

图 3-28 聚甲基丙烯酸甲酯在 100℃下的拉伸曲线

表 3-7 聚甲基丙烯酸甲酯在 100℃下的力学参数

样品	弹性模量/MPa	拉伸应变/%	屈服点的拉伸应力/MPa	断裂点的拉伸应力/MPa
PMMA-1	106.26	254.48	5.34	5.34
PMMA-2	91.95	194.15	5.58	6.31
PMMA-3	32.88	131.31	2.29	2.29
PMMA-4	25.52	198.98	5.80	5.80

对比交联度不同的聚甲基丙烯酸甲酯在 100℃和 120℃的拉伸曲线，发现其在玻璃化转变温度以下时，聚合物处于玻璃态，断裂伸长率要更高一些，模量也要稍微高一些；在玻璃化转变温度以上时，聚合物处于高弹态，仍然具备一定的力学强度。此外，在 100℃和 120℃时，PMMA-1 和 PMMA-2 样品都具有良好的拉伸应变，说明其具有良好的韧性。综上分析，聚甲基丙烯酸甲酯体系，可应用于碳酸盐岩裂缝型油藏卡堵。

4）形状记忆材料形状恢复性能评价

形状记忆聚合物的形状恢复性能是评价其使用性能的重要指标，使用热台、高温油浴、烘箱等加热手段，对形状恢复性能进行测定。将具有特定形状的形状记忆聚合物加热到其玻璃化转变温度以上，为了使其受热均匀，采用高温油浴的加热方式在高温下对具有原始形状的形状记忆聚合物[原始尺寸为 40mm×10mm×0.5mm，如图 3-29（a）所示]进行赋形，赋形后的形状如图 3-29（b）所示。

对聚甲基丙烯酸甲酯进行高温下的形状恢复实验，记录其在不同温度下的形状恢复时间和形状恢复效率。表 3-8、表 3-9 分别总结了交联度不同的 4 种聚甲基丙烯酸甲酯在不同温度下的形状恢复时间和恢复效率。从表 3-8 和表 3-9 中可以看出，聚甲基丙烯酸甲酯在其玻璃化转变温度（100～110℃）以上时，不仅可以快速地恢复到其原始形状，还可以 100%地恢复；但在其玻璃化转变温度以下时，难以完全地恢复原始形状，并且形状恢复时间会明显延长。

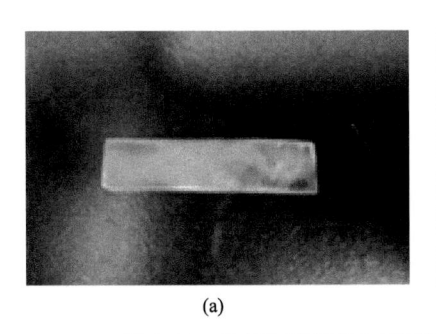

图 3-29 具有原始形状(a)和赋形后(b)的聚甲基丙烯酸甲酯

表 3-8 交联度不同的聚甲基丙烯酸甲酯在不同温度下的形状恢复时间 （单位：s）

样本	100℃	110℃	120℃
PMMA-1	624	146	55
PMMA-2	412	82	30
PMMA-3	268	53	33
PMMA-4	176	60	38

表 3-9 交联度不同的聚甲基丙烯酸甲酯在不同温度下的形状恢复效率 （单位：%）

样本	100℃	110℃	120℃
PMMA-1	50	100	100
PMMA-2	50	100	100
PMMA-3	50	100	100
PMMA-4	50	100	100

当温度高于聚甲基丙烯酸甲酯玻璃化转变温度时，聚合物的分子链很容易滑动，聚合物处于橡胶态，此刻容易改变其形状；通过外界施加应力将聚合物的形状改变，然后将温度骤然冷却到其玻璃化转变温度以下，由于骤然冷却，聚合物来不及通过分子链的运动来恢复到原来的形状，因此材料形状被固定。当再次升温到其玻璃化转变温度以上时，聚合物的主链和侧链已可以运动，使材料慢慢恢复到原来的形状，即为高分子材料的应力松弛过程。

图 3-30 是聚甲基丙烯酸甲酯在 120℃时缓慢地发生形状恢复，在 120℃时材料处于橡胶态，因此材料形状可以完全恢复，此时聚合物分子链滑动更容易，因此 120℃时聚合物的恢复更快。根据聚合物的时温等效原理，同一聚合物的力学松弛现象可以在较高温度下利用较短时间观察到，也可以在较低温度下和较长时间内观察到，故而升高温度

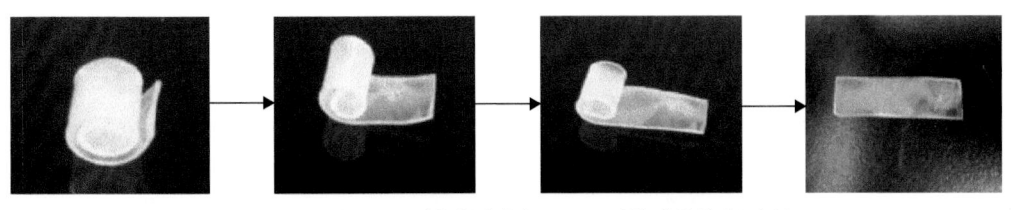

图 3-30 聚甲基丙烯酸甲酯在 120℃下的形状恢复过程

和延长时间对分子运动是等效的。

5）小结

聚甲基丙烯酸甲酯的热降解温度在 300℃以上，在高温下均具备良好的热稳定性能，其玻璃化转变温度在 100～110℃，可满足碳酸盐岩油藏的堵水需求。通过在高温下的热机械性能测试，聚甲基丙烯酸甲酯在 120℃时的弹性模量仍然可以达到 100MPa 以上，形状恢复实验表明，聚甲基丙烯酸甲酯在 100℃时的形状恢复速度较慢（图 3-31），需要在 10h 以上才能完全发生形状恢复，但在 110℃和 120℃时的形状恢复时间仅在 10min 以内。

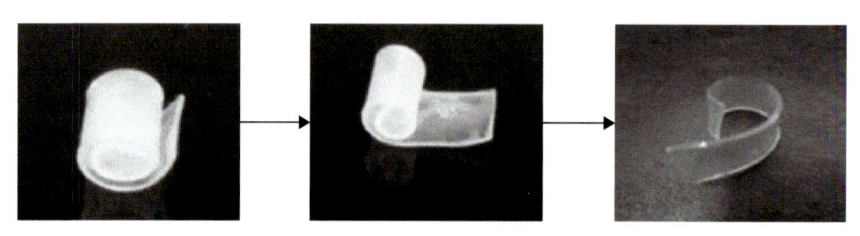

图 3-31　聚甲基丙烯酸甲酯在 100℃下的形状恢复过程

研究表明，聚甲基丙烯酸甲酯作为形状记忆堵剂，具有优异的热稳定性和机械性能，可通过控制形状恢复性能用于碳酸盐岩油藏堵水。

5. 形状记忆材料堵剂应用展望

形状记忆材料作为一种新型的功能高分子材料，具有鲜明的形状记忆特点。虽然目前形状记忆材料仍然以基础研究为主，实际应用较少，但随着技术的进步和需求的多元化，形状记忆材料终将从实验室走向市场得到更多的应用。形状记忆材料堵剂依托形状记忆聚合物良好的温敏应变特性和形状恢复能力，有望成为具有优异的热稳定性和机械性能的耐高温堵剂，用于碳酸盐岩油藏堵水。目前该类堵剂尚处于前沿研究阶段，还需继续将堵剂形状变化特性、力学及机械特性与油田堵水技术高度结合，进一步研发价格低廉、高温高盐条件下形状恢复时间可控、油藏条件下体系稳定性强等综合性能优异的形状记忆堵剂，从而应用于高温高盐油藏高含水井治理，实现该类堵水材料在碳酸盐岩油田的突破。

3.2　低成本堵水技术

缝洞型油藏暴性水淹井往往发育大型溶洞或深大断裂，该类型油井治水需要堵剂进入储集体内部出水通道沉底固化或进入深部通道源头节流，降低底水水侵强度，提高剩余油动用。目前常规凝胶类、颗粒类堵剂因为成本限制，用量较少，无法形成有效深部封堵。因此，从提升封堵规模角度，需要建立低成本堵剂体系，常用的方法有堵剂原料低成本替代、本地化加工生产等。

3.2.1 低成本矿粉凝胶堵水技术

碳酸盐岩油藏溶洞型储层主要以不同发育尺度的溶蚀孔、洞为主。油水主要赋存在溶蚀孔、洞内部，底水沿溶蚀孔洞整体抬升[22]，前期采用水泥或者固化颗粒堵水，存在堵剂漏失量大，漏失速度高，堵剂难以有效驻留，堵剂成本高难以规模封堵等不足[23]。为了提升溶洞型储层底水抬升后堵水有效率，研制了一种高温、高强度的低成本矿粉凝胶新型堵剂，该堵剂以粉煤灰为主剂，形成的低成本矿粉凝胶堵剂具有密度小、黏度低、封堵强度高的特点，有望实现对溶洞型储层水淹井的高效治理。

1. 低成本粉煤灰的基本性质与应用

矿粉凝胶新型堵剂是以低成本粉煤灰为主剂，添加固化剂、悬浮剂及其他助剂作用，得到的一种耐高温、高强度无机凝胶堵剂。主剂粉煤灰是煤粉在燃煤锅炉高温燃烧，发生一系列物理化学变化释放热量后，收集到的以玻璃相为主的细分散状固体废弃物[24]。狭义上讲，粉煤灰就是指锅炉燃烧时，烟气中带出的粉状残留物，简称飞灰；广义上讲，它还包括锅炉底部排出的炉底渣，简称炉渣。一般而言，飞灰占总的灰渣量在80%，对于燃煤电厂的粉煤灰利用，主要指的是烟气经过尾部除尘器收集到的飞灰颗粒。

1) 粉煤灰的物理、化学性质

粉煤灰是微球形的固体粉状颗粒，外观近似于水泥，其颜色是介于白色到黑色之间。粉煤灰的颜色也是一项重要的质量指标，它可以反映出粉煤灰的含碳量。粉煤灰是一种工业过程产生的固体废物，具有细分散相。在粉煤灰的形成过程中，由于粉煤灰颗粒表面张力作用的影响，在粉煤灰形成过程中所产生的微粒大部分是空心的，微球粒径不均匀、表面凹凸不平、微孔小；它们中的一些是在熔融状态下的碰撞后连接在一起，并变成具有粗糙表面和较多棱角的蜂窝状颗粒。

粉煤灰的粒径相对较小，其中占比80%以上粒径分布在0.001~0.1mm，密度介于1.7~2.4g/cm³，小于土壤颗粒，体积密度在0.5~1.0cm³，比表面积在2000~4000cm²/g，孔隙率一般为60%~70%。由于表面的多孔结构和较大的比表面积，粉煤灰表面上的原子力都处于未饱和状态，所以粉煤灰的表面活性很高。另外，粉煤灰中富含的硅、铝、钙等元素的氧化物及含有的少量活性炭、沸石等具有交换特性的微粒使粉煤灰的物理吸附性能和化学吸附性能变得更强。

2) 粉煤灰的组成与分类

作为一种电厂锅炉收集到的混合颗粒，粉煤灰的组成和性质受燃料种类、燃烧方式、收集方式等多种条件影响。但整体上，粉煤灰的化学成分和矿物组成是相似的。其中，粉煤灰的化学成分主要包括SiO_2、Al_2O_3、CaO、Fe_2O_3等（表3-10），而矿物组合主要以多相集合体的形式存在，大部分是SiO_2和Al_2O_3的固熔体，另有α-石英、方解石、钙长石、赤铁矿、磁铁矿及莫来石等。粉煤灰组分的含量从高到低依次是硅盐、铝复合盐、铁氧化物、氧化钙及少量的MgO等氧化物。粉煤灰中有用成分主要是玻璃体二氧化硅等氧化物。

表 3-10　部分电厂粉煤灰化学成分波动范围(质量分数)

参数	SiO_2	Al_2O_3	Fe_2O_3	CaO	MgO	SO_3	Na_2O	K_2O
范围/%	34.30~65.76	14.59~40.12	1.50~16.22	0.44~16.80	0.20~3.72	0.00~6.00	0.10~4.23	0.02~2.14
平均值/%	50.8	28.1	6.2	3.7	1.2	0.8	1.2	0.6

粉煤灰的颗粒组成按照粉煤灰颗粒形貌，可分为玻璃微珠、海绵状玻璃体/炭粒等。我国电厂产出的主要是颗粒分布不均的海绵状玻璃体含量较高的粉煤灰，必须经过机械打磨，破碎，增加表面活性，提高它的性能。

为了更好进行粉煤灰综合利用，根据粉煤灰成分的不同，粉煤灰有不同的分类。ASTM C618-05(Standard Specification for Coal Fly Ash and Raw or Calcined Natural Pozzolan for Use in Concrete)根据粉煤灰中的 CaO 含量将粉煤灰分为高钙 C 类粉煤灰和低钙的 F 类粉煤灰：

C 类粉煤灰：褐煤或亚烟煤的粉煤灰，$w_{SiO_2}+w_{Al_2O_3}+w_{Fe_2O_3} \geqslant 50\%$。

F 类粉煤灰：无烟煤或烟煤的粉煤灰，$w_{SiO_2}+w_{Al_2O_3}+w_{Fe_2O_3} \geqslant 70\%$。

我国的国家标准《用于水泥和混凝土中的粉煤灰》(GB1596—2017)也主要根据粉煤灰的细度和烧失量将作为混凝土和砂浆掺和料的粉煤灰分为三个等级：

Ⅰ级粉煤灰：45μm 方孔筛余小于 12%，烧失量小于 5%。

Ⅱ级粉煤灰：45μm 方孔筛余小于 20%，烧失量小于 8%。

Ⅲ级粉煤灰：45μm 方孔筛余小于 45%，烧失量小于 15%。

3) 粉煤灰在油田堵水领域的利用

粉煤灰作为常见的碱激发地质聚合物，含有二氧化硅、氧化钙等活性成分，在碱性条件下可反应生成具有水硬胶凝性能的化合物，且该类胶凝材料具有强度高、耐高温、耐久性好的优点[25]。因此，近年来粉煤灰被广泛应用于石油开采行业，其中以调剖堵水为主，形成低成本的无机凝胶堵剂。

1995 年，唐长久等[26]研究了化学成分、粒度和水化特性对粉煤灰活性的影响。在大量实验的基础上，研制出了一种新型的粉煤灰调剖剂。通过 19 井次的现场调剖试验，取得了良好的降水、增油效果。2001 年，张绍东针对孤岛油田中二北 Ng^5 和中二中东 Ng^5 稠油油藏地层压降大，造成边底水或相邻的水井注入水的侵入，部分热采井含水高达 85%以上，严重影响注蒸汽吞吐开发效果这一现象，以粉煤灰作为主要原材料，研究出封堵强度高、耐温性好、封堵能力强、成本低的 DKJ-Ⅱ型高温堵剂，经现场应用，封堵效果好，具有良好的应用前景。

2007 年，刘传武等[27]将粉煤灰和有机交联剂等集合，研制出一种粉煤灰堵剂。该堵剂体系有效地封堵了高渗透储层，改善了剖面动用程度，提高了采收率。2010 年，马道详等[28]通过大量的室内实验，研发出了 CY-GCS 调剖剂，该堵剂以粉煤灰为主剂，封堵性能良好。2012 年，王维波[29]研究了粉煤灰等工业废弃物，通过机械活化理论研究分析了机械活化的时间变化规律以及最佳粒度分布；同时对以粉煤灰作主剂的堵剂体系作了性能评价，结合物理模拟实验结果和油藏特点，将该体系分多次注入的方式施工于某区块，提高采收率效果良好。同年，曹亚明等[30]改进了该体系，使得该体系拥有低成本、非固化、大剂量注入、封堵强度高等优点，以使其适用于冀东油田高浅北区地下大孔道发育的注水井深部调剖。在南堡陆地浅层边底水驱油藏进行了现场试验，施工后，6个月内累计增油1054t。

2. 低成本矿粉凝胶体系组成及作用原理

矿粉凝胶堵剂体系由6部分组成：粉煤灰、激发剂、悬浮分散剂、密度调整剂、缓凝剂、增稠剂（表3-11）。

表3-11 堵剂成分作用原理统计表

矿粉凝胶堵剂组成	各成分作用原理
粉煤灰	粉煤灰含有二氧化硅、氧化钙等活性成分，可作为常见的碱激发地质聚合物，在碱性条件下，可反应生成具有硬胶凝性能的化合物
激发剂	激发剂与粉煤灰中的活性成分发生化学反应，生成一定强度胶凝水化物，实现激发粉煤灰的目的
悬浮分散剂	利用高分子类悬浮分散剂的良好增稠作用，较好地悬浮、分散堵剂体系，使整个堵剂体系密度均匀，不出现分层现象
密度调整剂	密度为0.7g/cm³，粒径为20~200μm。为了使矿粉凝胶体系能较好地进入地层深部，因此必须降低矿粉凝胶体系的密度，加入密度调整剂密度和粒径较小，密度达到0.7g/cm³，从而改变堵剂体系的密度
缓凝剂	缓凝剂可吸附在矿粉凝胶分子颗粒表面，阻碍其与水接触；也可吸附在饱和析出的水化物表面，影响其在固化阶段和硬化阶段形成网络结构的速率，起缓凝作用；同时缓凝剂可与矿粉凝胶中的Ca^{2+}通过螯合作用形成稳定的五元环或六元环结构，从而影响水化物饱和析出的速率，起到缓凝作用，便于现场施工
增稠剂	密度为2.7g/cm³，粒径为0.15~0.20μm。填充于矿粉凝胶堵剂孔隙，增加体系致密性，提高稠度

3. 低成本矿粉凝胶原料组成的优选

1）悬浮分散剂的优选

由于矿粉凝胶堵剂体系为悬浮液状态，体系内的无机颗粒在自身重力和各种相互作用下发生沉降，影响泵送及后期的封堵效率，因此，需要加入悬浮分散剂，提高体系悬浮稳定性。常用悬浮剂一般为高分子聚合物、无机物和复合体系。在文献调研的基础上，选择以下三种悬浮剂：

（1）A类复合体系：复合体系中的B组分对不溶性固体和油滴具有良好的悬浮作用，显示出很强的乳化稳定作用和高悬浮能力。能够调节混合体系的pH，增加悬浮稳定性。

（2）B类无机体系：该类悬浮剂主要由黏土矿物组成，在淡水中水化、膨胀、破碎，容易自然形成稳定的胶体分散系。它本身也是一种颗粒堵剂，与粉煤灰复配后可以起到性能互补的作用。

（3）C类聚合物体系：该类聚合物作为润滑剂、悬浮剂、黏土稳定剂、驱油剂，在钻井、酸化、压裂、堵水、固井及二次采油、三次采油中得到了广泛应用，是一种极为重要的油田化学品。

保持粉煤灰的质量分数为10%～12%，测定不同种类不同加量悬浮剂对堵剂体系稳定性的影响。

从表3-12可以看出，与C类聚合物体系相比，以A类复合体系和B类无机体系作悬浮剂时，堵剂析水体积较小，且以C类聚合物为悬浮剂时，体系黏度较大，长时间放置后出现絮凝现象，堵剂体系不稳定。以A类复合体系为悬浮剂时，随着悬浮剂质量分数的增加，堵剂体系的黏度不断增加，析水体积不断下降，当加量为0.25%/0.4%时，体系稳定性最好，但黏度较大，流动性差，不利于后期堵剂泵送。而B类无机体系作为悬浮剂时，析水体积较小，且黏度适中，以5%加量效果最佳。

表3-12 悬浮剂种类、加量对堵剂析水体积的影响

悬浮剂	加量	不同时间下的析水体积/mL			
		30min	2h	6h	24h
A类复合体系	0.08%/0.4%	8	14	14	14
	0.15%/0.08%	12	17	19	22
	0.15%/0.4%	1	10	11	11
	0.25%/0.08%	3	8	16	18
	0.25%/0.4%	0	0	2	2
B类无机体系	5%	1	3	8	5
	6%	0	2	5	10
C类聚合物体系	0.7%	9	20	21	21

B类无机体系表现出优于其他两者的悬浮性能，其在复杂分散体系中的悬浮机理主要包括两方面：一方面，体系中的矿物组分吸水膨胀，分散体系黏度增大，可以阻碍分散相颗粒沉降；另一方面，由于电吸附层的存在，使分散相颗粒被吸附在矿物表面，而矿物组分吸水不断膨胀形成均匀的网络结构，这样分散相就不会产生集聚。这两方面综合起来，就形成了电吸附网络桥联机理，使堵剂体系趋于稳定。该矿物本身也是一种颗粒堵剂，具有一定膨胀性能，与粉煤灰复配后可以起到性能互补的作用。故优选B类无机体系作为悬浮剂，加量为5%。

2) 激发剂种类及质量分数的优选

粉煤灰通常采用的激发方式包括以机械研磨为主的物理激发，和以氯盐激发、碱激发、硫酸盐激发为主的化学激发。物理激发主要是采用剪切、研磨等机械力作用，使粉煤灰的物理化学性质和内部结构发生改变，提高它的反应活性和反应速度，从而激发和加速化学反应，但粉煤灰中细小颗粒很难被破碎，故物理激发对其活化效果不充分。粉煤灰最基本的激发体系是粉煤灰-碱体系，在常温常压下采用单一碱对粉煤灰进行激发，但其激发效果不太理想，需加入一定量的硫酸盐，使得玻璃体中的SiO_2和Al_2O_3溶出量增多，进一步反应生成水化硫铝酸钙(AFt)，即钙矾石。

以CQ粉煤灰为例，保持粉煤灰的质量分数为10%～12%，悬浮剂质量分数为5%，

选用 KOH、NaOH 为主激发剂、Na$_2$SO$_3$ 为无机助剂，观察不同激发剂及加量下，矿粉凝胶堵剂的固化时间及固化强度，结果如表 3-13 所示。

表 3-13 不同激发剂及加量对堵剂性能的影响

激发剂类型	加量/%	助剂加量/%	固化时间/h 初凝	固化时间/h 终凝	固化强度/MPa
KOH	5		10	—	固结体松散
	6		4	7	固结体松散
NaOH	3	0.5	11	—	部分松散
	4		4	8	0.14
	5		2~3	7	1.21
	6		1~2	4	4.29

注："—"表示未测出，表 3-14 和表 3-15 同。

由实验结果可知，随着激发剂加量的增加，堵剂的固化时间缩短，体系强度不断增加。且相同加量下以 NaOH 为激发剂所得的堵剂固化强度均大于以 KOH 为激发剂的堵剂强度，因此优选 NaOH 为激发剂。

3) 低成本粉煤灰的优选

由粉煤灰的化学组成成分可知，该实验用两种粉煤灰中 SiO$_2$、Al$_2$O$_3$、CaO 等活性成分含量有差异，这可能会影响堵剂的固化时间及固化强度，进而影响后期封堵效率。因此保持两种粉煤灰的质量分数均为 10%~12%，悬浮剂的质量分数为 5%，激发剂为 NaOH，测试不同种类粉煤灰所制堵剂的固化时间与固化强度。

由表 3-14 可以看出，随着激发剂质量分数的增加，两种粉煤灰堵剂均呈现出固化时间缩短、强度增加的趋势。但相比之下，相同激发剂加量，CQ 粉煤灰形成的堵剂固化强度较高。这是因为粉煤灰堵剂的固化主要是通过溶解、扩散、地质聚合三种不同反应机制形成水化硅酸钙、水化铝酸钙等胶凝性材料，Ca^{2+} 的存在会促进上述胶凝材料的生成，进一步提高粉煤灰的自凝性。从两种粉煤灰化学组成可以看出，CQ 粉煤灰中 CaO 的含量较 HB 粉煤灰高，使形成的堵剂固化强度较高，从而使强度增加，证明 CaO 的存在有利于粉煤灰的碱激发活化及强度的发展。故考虑到实际经济效益及现场应用，选择 CQ 粉煤灰为主剂。

4) 缓凝剂的优选

低成本矿粉凝胶堵剂的固化时间和固化强度会影响现场施工泵送和后期的封堵效率，固化时间较短不利于堵剂现场泵送，而固化强度较低会影响封堵效率，二者之间需协调平衡。由上述实验结果可知，在只含有悬浮剂、激发剂时，满足强度要求的矿粉凝胶堵剂的相应固化时间较短，不利于堵剂的运输泵送，且易出现安全问题。因此，在体系中加入一定量的缓凝剂 DRF-2L，以延长堵剂固化时间，满足现场施工要求。

保持粉煤灰的质量分数为 10%~12%，激发剂加量为 5%~6%，悬浮剂质量分数为

5%，探索缓凝剂 DRF-2L 的不同加量对堵剂固化时间及固化强度的影响，结果见表3-15。

表3-14 不同粉煤灰种类对堵剂性能的影响

粉煤灰种类	激发剂加量/%	固化时间/h 初凝	固化时间/h 终凝	固化强度/MPa
HB 粉煤灰	3	11	—	部分松散
HB 粉煤灰	5	4	8	0.14
HB 粉煤灰	8	2~3	7	1.21
HB 粉煤灰	10	1~2	4	4.29
CQ 粉煤灰	3	3	11	4.00
CQ 粉煤灰	5	2	4	4.96

表3-15 缓凝剂加量对堵剂性能的影响

缓凝剂加量[①]/%	黏度/(mPa·s)	固化时间/h 初凝	固化时间/h 终凝	固化强度[②]/MPa
0.5	<100	4	10	1.28
0.75	<100	4	>12	1.12
1	<100	10	>12	0.60
2	<100	12h 未初凝，上下分层		—

①缓凝剂加量是指缓凝剂占粉煤灰的质量分数。
②固化强度是 140℃固化 12h 的强度。

实验结果显示，随着缓凝剂加量的增加，堵剂体系的固化时间延长，但 12h 内的固化强度下降明显。当加量为 0.75%时，终凝时间大于 12h，符合现场施工要求。据研究，缓凝剂的加入大多仅影响胶凝材料的早期强度，对后期强度无明显影响。故确定缓凝剂的加量为 0.5%~1%，具体可根据现场施工要求适当调整。

5）密度调节剂的优选

为了使该体系能在油水界面上形成有效封堵，堵剂体系密度应该大于油而小于水，要求密度在 1.12~1.14g/cm³。

通过密度计测定体系的密度，试验过程为将浆杯中盛满自来水，盖好杯盖，擦净溢出水，放置在支架刀口上，移动游码至 1.0 处，秤臂应成水平，气泡应居中央。如不平衡应进行调整。然后在搅拌过程中依次加入粉煤灰、激发剂、悬浮剂、增稠剂、缓凝剂，待搅拌均匀后加入密度调节剂，继续搅拌至均匀稳定，注入密度计浆杯中，盖上浆杯盖，慢慢向下旋转让多余的水泥浆从杯盖的溢流孔中流出，确保杯盖外缘与浆杯上缘紧密接触后，再用拇指堵住溢流孔，用水清洗掉浆杯外的水泥浆，并擦干，然后进行测量。测量方法与标定相同，游码所指示的数值，即为该浆体的密度。其中粉煤灰、激发剂、缓凝剂、增稠剂、悬浮剂、密度调节剂的质量分数均指占浆体质量的百分数。

密度调节剂自身密度为 0.7g/cm³，粒径为 20~200μm。为了使矿粉凝胶堵剂体系能

第 3 章 缝洞型油藏堵水新技术

较好地进入地层深部,因此必须降低堵剂的密度,加入密度调整剂,密度调整剂密度和粒径较小,从而改变堵剂体系的密度(表 3-16)。

表 3-16 不同配方对体系密度的影响

序号	粉煤灰/%	碱激发剂/%	悬浮分散剂/%	缓凝剂/%	增稠剂/%	密度调整剂/%	体系密度/(g/cm³)
1	10	5	5	0.5	3	0.2	1.121
2	12	5	5	0.5	3	0.1	1.139
3	10	6	5	0.5	3	0.2	1.136
4	12	6	5	0.5	3	0.1	1.141

由表 3-16 中数据可知,密度调整剂可降低体系的密度,如要调整体系的密度可通过调整密度调整剂的加量来实现。

综上所述,体系组成的要求水固比小于 2.76,增稠剂的含量在 3.0%左右,密度调节剂含量为 0.1%~0.2%时满足要求,考虑经济成本,优选密度调节剂加量为 0.1%,可通过调节密度调整剂的含量调整体系的密度。

4. 低成本矿粉凝胶主要性能评价

1)堵剂初始黏度测定

采用 Typ006-2805 型 HAAKE Viscotester iQ Air 流变仪(图 3-32)对堵剂黏度进行测试。

图 3-32 Typ006-2805 型 HAAKE Viscotester iQ Air 流变仪

实验结果显示,堵剂配方:粉煤灰 10%~12%+B 类悬浮剂 5%+激发剂 5%~6%+缓凝剂 0.5%+增稠剂 3%+密度调节剂 0.1%。采用 Typ006-2805 型 HAAKE Viscotester iQ Air 流变仪对堵剂进行黏度测试,该堵剂为非牛顿流体,存在剪切变稀现象,在 $120.0s^{-1}$ 的剪切速率下的表观黏度为 15~20mPa·s。

2)堵剂初始密度测定

堵剂密度测试方法参考了国家标准《石油天然气工业 钻井液现场测试 第一部分:水基钻井液》(GB/T 16783.1—2014)中规定的密度测试方法:

(1)将密度计(图 3-33)底座放置在水平桌面上,将待测钻井液注入洁净、干燥的钻井液杯中，把杯盖放在注满钻井液的杯上，旋转杯盖至盖紧。应确保有一些钻井液从杯盖小孔中溢出，以排出混入钻井液的开孔器或是其他气体。

图 3-33　钻井液密度计实物示意图

(2)将杯盖压紧在钻井液杯上，用一手指堵住杯盖的小孔，将杯和盖子的外部冲洗干净并擦干。

(3)将仪器臂梁放在底座的刀垫上，沿刻度梁移动游码使之平衡。当水准泡位于两条线中间时即达到平衡，直接读取密度值。

测试结果显示，矿粉凝胶堵剂配方为：粉煤灰 10%～12%+B 类悬浮剂 5%+激发剂 5%～6%+缓凝剂 0.5%+增稠剂 3%+密度调节剂 0.1%。

根据国家标准《石油天然气工业　钻井液现场测试　第一部分：水基钻井液》(GB/T 16783.1—2014)中规定的密度测试方法及钻井液密度计测试得矿粉凝胶堵剂的密度为 1.12～1.14g/cm³。

3)堵剂稳定性评价

堵剂体系悬浮性评价方法参考了行业标准《砂型铸造用涂料》(JB/T 9226—2008)，采用相对高度沉降法测定矿粉凝胶堵剂的悬浮稳定性。将配制好的矿粉凝胶堵剂倒入 100mL 量筒中，并在常温下静置 30min、60min、3h、5h、9h、24h 后测量堵剂体系的析水体积。析水体积越小，堵剂的悬浮稳定性越好。

堵剂的稳定性与堵剂的安全泵送和后期有效封堵有密切的关系，投入工程使用的堵剂需具备一定的悬浮稳定性，保证泵送性能和封堵效率。因此，需要对堵剂稳定性进行测试。矿粉凝胶堵剂配方为：粉煤灰 10%～12%+B 类悬浮剂 6%+激发剂 5%～6%+缓凝剂 0.5%+增稠剂 3%+密度调节剂 0.1%。悬浮稳定性测试结果如图 3-34 所示。

从实验结果可以看出，矿粉凝胶堵剂在前 3h 内几乎没有发生析水沉降，9h 后析水体积为 3mL，而 24h 后堵剂析水体积在 3mL 左右，说明该堵剂具有较好的悬浮稳定性，不易发生离析，能够满足泵送要求。

4)堵剂体积收缩率评价

通过测试堵剂在高温密闭反应釜中固化前后的高度变化计算堵剂固化后的体积收缩率(ε_v)：

$$\varepsilon_{\mathrm{v}} = (H_0 - H_{\mathrm{g}})/H_0 \times 100\% \tag{3-2}$$

式中，H_0 为固化前堵剂高度；H_{g} 为固化后堵剂高度。

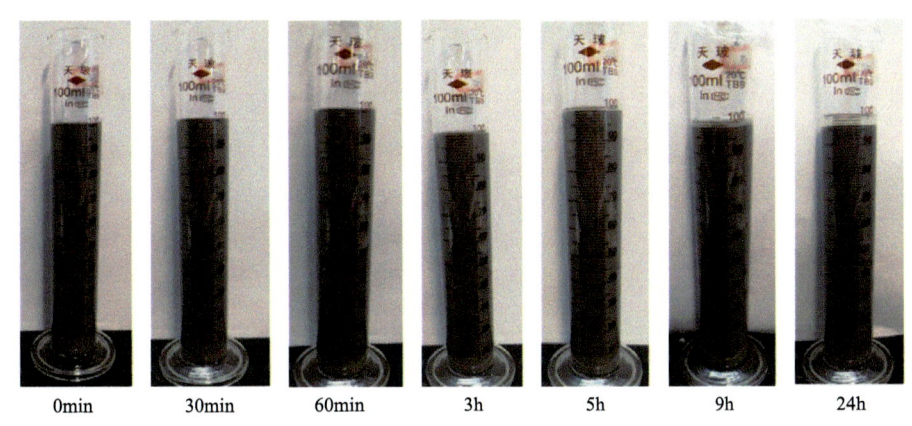

图 3-34 矿粉凝胶堵剂的悬浮稳定性

如图 3-35 和图 3-36 所示为堵剂固化前后的高度变化，由实验结果计算可得，堵剂在 140℃条件下固化后，体积收缩率为 4.41%（＜5%），满足固化类堵剂的体积收缩要求。

图 3-35 粉煤灰堵剂固化前高度

图 3-36 粉煤灰堵剂固化后高度

5）堵剂固化性能评价

把矿粉凝胶堵剂初始溶液置于高温高压反应釜中，设置温度为 140℃、压力为 20MPa，养护 12h 取出，观察固化时间，同时采用 YAW-300D 抗压抗折强度分析仪（耐尔、济南）测定堵剂固结体的固化强度（图 3-37）。

固结体从反应釜中取出，测定矿粉凝胶堵剂的固化强度。

堵剂配方：粉煤灰 10%～12%+B 类悬浮剂 5%+激发剂 5%～6%+缓凝剂 0.5%+增稠剂 3%+密度调节剂 0.1%。

图 3-37　YAW-300D 抗压抗折强度分析仪

实验结果显示，在 140℃条件下，矿粉凝胶堵剂的固化时间为 12h，抗压强度大于 1.28MPa，抗压测试后堵剂状态如图 3-38 所示。

6) 堵剂稠化性能评价

使用美国 CHANDLER 公司生产的 8040D 型高温高压稠化仪(图 3-39)对矿粉凝胶堵剂的稠化性能进行测试，参照《油井水泥试验方法》(GB/T 19139—2012)第 9 节中规定的水泥浆稠化试验测定方法进行。

图 3-38　堵剂固结体压碎后状态 　　　　图 3-39　8040D 型高温高压稠化仪

将配制好的堵剂装入预先装配好的高温高压稠化仪浆杯中，按照正确的操作方法把浆杯放入高温高压稠化仪釜体中，开启马达，拧紧釜盖，插入热电偶，开始进油，然后

依照固井设计中对水泥浆模拟的试验温度和压力条件进行程序设定，待稠化油进满釜体后拧紧螺丝，开始运行程序，打开相应开关按钮，开始水泥浆的稠化试验。稠化时间是自试验开始时至水泥浆稠度达到 100Bc 所需要的时间，其中，15～30min 内记录的最大稠度值为初始稠度，从 40～70Bc 所需的时间为过渡时间。

为了考察堵剂的泵送性能，对其进行了稠化性能测试实验，结果如图 3-40 所示。

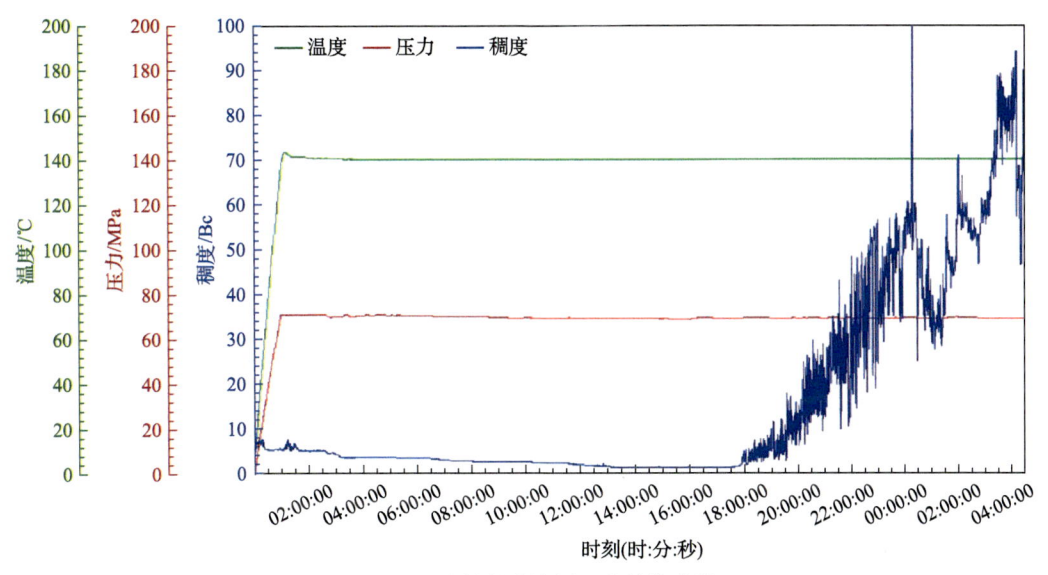

图 3-40　矿粉凝胶堵剂稠化性能曲线

堵剂配方：粉煤灰 10%～12%+B 类悬浮剂 5%+激发剂 5%～6%+缓凝剂 0.5%+增稠剂 3%+密度调节剂 0.1%。

测试条件：温度 140℃、压力 70MPa。

由图 3-40 可知，在 140℃、70MPa 条件下，该堵剂的初始稠度为 8Bc，稠化实验显示，0～18h 稠化曲线平稳，随着稠化时间推移，18h 以后稠度快速上升至 100Bc，浆体变稠，未出现浆体稠化过快或者提前稠化的情况，故矿粉凝胶堵剂稠化时间大于 18h，满足长时间的泵送要求，注入安全性优异。

7) 矿粉凝胶的矿场应用

矿粉凝胶密度为 1.12～1.14g/cm^3，初始黏度为 15～20mPa·s，浆体析液小，堵剂体系利用低成本粉煤灰作为主材料，性能优异，目前已在 TK474 井进行了现场应用，累计增油 960t。

以典型井组 TK474 井堵水为例，TK474 井酸压裂缝沟通溶洞储集体，生产见水后底水逐渐突破酸压大裂缝，抑制上部剩余油产出；前期两次水泥堵水对下部出水通道形成一定封堵效果，两轮次注气启动部分顶部剩余油；该井生产后期底水再次突破，近井水淹程度高。

因此对该井进行低成本矿粉凝胶堵水，施工曲线如图 3-41 所示，对出水通道进行强

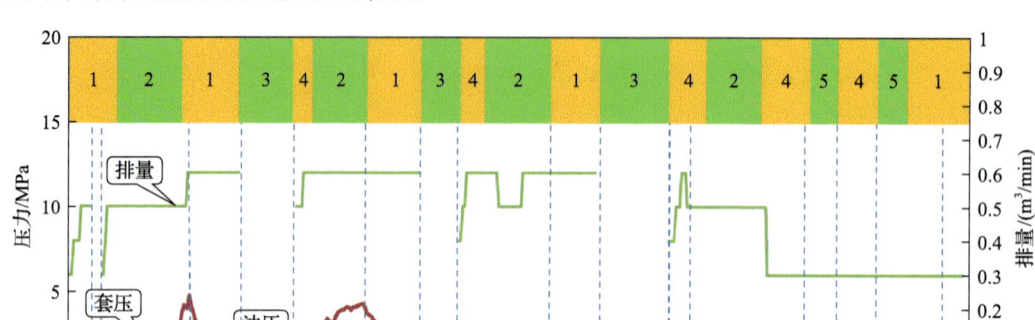

封堵，启动上部及井周次级剩余油。

图 3-41 TK474 井堵水调整施工曲线图
1-油田水；2-矿粉凝胶；3-关井候凝；4-耐温冻胶；5-高温凝胶

该井施工注入矿粉凝胶 800m³，施工时油压最高 2.64MPa，套压最高 4.79MPa。前期反注油田水测吸水时，油压最高 0MPa，套压最高 1.48MPa，整个施工过程泵压力基本稳定在 5MPa，排量为 0.3～0.6m³/min。从评价结果来看，堵水后，阶段增油 960t，提高采收率效果显著。

8）小结

在现有化学堵剂产品优化和评价工作基础上，提出了以低成本粉煤灰为主剂，添加激发剂、悬浮剂、缓凝剂、密度调节剂、增稠剂等助剂研制矿粉凝胶新型堵剂，并对密度、黏度、析液、固化时间、固化强度、稠化时间、体积收缩等指标开展评价，堵剂性能如下：

（1）以低成本粉煤灰为主剂，优选了 B 类无机体系为悬浮剂，NaOH 为激发剂，DRF-2L 为缓凝剂等，得到最佳堵剂配方。

（2）矿粉凝胶密度为 1.12～1.14g/cm³，初始黏度为 15～20mPa·s，浆体析液少，可忽略。

（3）140℃、20MPa 条件下，矿粉凝胶固化时间大于 12h，固化强度大于 1MPa，体积收缩率小于 5%。

（4）140℃、70MPa 条件下，矿粉凝胶稠化时间大于 18h，注入安全性能高，满足塔河现场施工要求。

（5）现场日增油 14t，含水率下降 24%，累计增油 960t，应用效果显著。

5. 矿粉凝胶堵剂体系应用展望

矿粉凝胶是以粉煤灰为主剂、配合其他辅助剂形成的新型堵剂体系。利用低成本粉煤灰作为主材料，与其他同类堵剂相比，堵剂成本大幅降低。室内评价实验结果显示，堵剂性能优异，有望在未来矿场得到应用。但作为一种新型堵剂体系，想要顺利进入矿场，还需与油田地质、油藏等实际状况充分结合，下一步可探索矿粉凝胶在高温高盐碳酸盐油藏及相似油藏的适应性和可行性。我们相信，随着科技的进步，堵水调剖剂的发展及合成工艺的完善，类似于矿粉凝胶这样具有抗高温性、抗高盐性、耐稀释性、长稳定性、注入安全性高，价廉环保优势明显的高效堵水剂很快将呈现在人们的面前，届时，必将大幅提高原油采收率，改善水淹油井的开发效果。

3.2.2 低成本颗粒堵水技术

常用颗粒堵剂包括合成类的体膨颗粒、胶态分散凝胶、聚合物微球等[31]，均需要在地面进行交联合成具有三维网络结构的凝胶，地层条件下存在成胶不易控、稳定性差、成本高等问题；而天然类的橡胶颗粒、棉籽壳、核桃壳等，这些颗粒在地层中很难降解，很容易对储层造成永久性伤害。因此，探索出不受限于地层条件，高效低廉的堵剂材料是未来技术的发展方向。而油脚资源分布广泛，含有可改性利用的组分，且价格仅为400~500元/t，不到常规颗粒的1/5，是重要的低成本颗粒替代材料。

1. 植物油脚资源

油脚和皂脚是油脂精炼加工过程(图3-42)的副产物，是分别在精炼工序的水化脱胶和碱炼脱酸步骤中形成的，具有成本低、不污染储层、可改性加工等特点[32,33]。油脚中的脂肪物包括两部分，磷脂和中性油，脂肪物总含量为20%~40%。皂脚中脂肪物包括肥皂和中性油两部分，其中肥皂含量为30%~48%，中性油含量为8%~25%，总脂肪酸量40%~50%。油脚和皂脚平均总脂肪酸含量可达到30%~40%。我国年食用植物油总产量约为1700万t，精炼油的产量1200万t，我国每年约产生120万t的油脚和皂脚，折合脂肪酸36万~48万t，资源十分丰富。

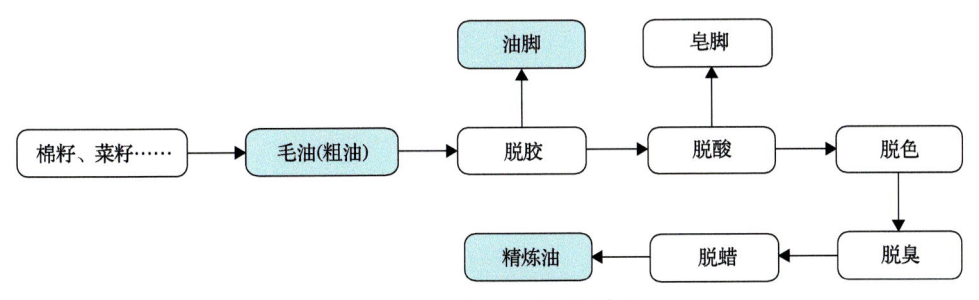

图 3-42　植物油的精炼工序图

长期以来，油脚没有得到很好的利用，大多数油脚被用来生产劣质肥皂或生产质量极差的用于建材脱模剂或低档涂料的粗脂肪酸。部分油脚被用来生产饲料级磷脂或低档的食品级粗磷脂，有些技术落后的地区油脚被当作肥料，甚至当作废物丢弃。近几年，生物柴油的制备由于原料成本较高而难以普及推广使用，而油脚由于价廉、来源广泛而被市场看好，利用油脚制生物柴油成为油脚利用的新的发展方向。目前，国内仅有少数油厂对植物油油脚进行了有效的综合利用，大多数油厂没有很好地利用油脚。因此，根据具体情况选择合适的工艺路线来利用这一廉价而易产生污染的资源，既会起到保护环境的作用,又会给社会带来较大的经济效益。

油脚中主要成分是脂肪酸甘油酯和各类脂肪酸,脂肪酸的羧基与高浓度高价金属离子如 Ca^{2+}、Mg^{2+} 可以配位络合,从而能够聚集析出或絮凝。根据该现象,设计让油脚皂化,令脂肪酸甘油酯水解释放更多脂肪酸,让该水溶液体系与地层高矿化的水混合,脂肪酸与地层水中的 Ca^{2+}、Mg^{2+} 配位络合,产生析出物,最终利用析出物进行堵水。该思路与传统的在地层中反应形成封堵体来堵水的思路一致。

但目前油脂企业将生产的油脚储存在露天水池中堆积(图3-43),低温下这些油脚会稠化,形成固液混合体系,在室温下则以高黏流体的形式存在。因此,将油脚直接注入油井,还是存在黏度高、杂质多导致泵注性差等问题,需要结合缝洞型油藏控水难题,分析不同类型油脚的具体成分,通过改进优化形成颗粒堵剂,满足现场堵水需求。

图3-43 油脂企业的油脚储存池(a)以及样品(b)

2. 油脚颗粒的研制

1) 油脚成分分析

为了便于油脚组分结构的分析,采用已知的纯油酸和亚油酸作为对比样,通过压片法对各样品的红外光谱进行测试。

图3-44为纯油酸、亚油酸和油脚的红外光谱图,分别对上述三种物质的红外光谱特征峰进行划分。整体上三个谱峰信息高度一致,$724cm^{-1}$ 处的峰是连续多个 $-(CH_2)_n-$($n \geqslant 4$)平面摇摆引起的特征振动峰,它的存在表明油脚像纯油酸和亚油酸一样,有多个 $-(CH_2)_n-$ 的存在,即该物质为长碳链结构;通过与已知物 $C=O$ 峰位置的比较,发现油脚中有两种羰基 $C=O$ 峰,分别在 $1746cm^{-1}$、$1710cm^{-1}$ 处。其中纯油酸、纯亚油酸和油脚三者在 $1710cm^{-1}$ 处均有峰,说明该处峰是酸上的 $C=O$ 峰;$1746cm^{-1}$ 处的峰为酯键上的 $C=O$ 峰,三个谱图中只有油脚在 $1166cm^{-1}$ 处有峰,是 $C-O$ 峰。从羰基峰面积大小可以看出,油脚中绝大部分成分是酯(甘油酯),同时含有少量的酸($1706cm^{-1}$ 处峰强度比较弱)。正是由于酸比较少,能够被红外手段检测到单体游离形式的酸,$3475cm^{-1}$ 的特征峰证明有单体酸存在。

从上述分析以及表3-17的解析,可以得到如下结论:油脚中含有不饱和双键,同时含有大量的酯(甘油酯)和少量的脂肪酸。

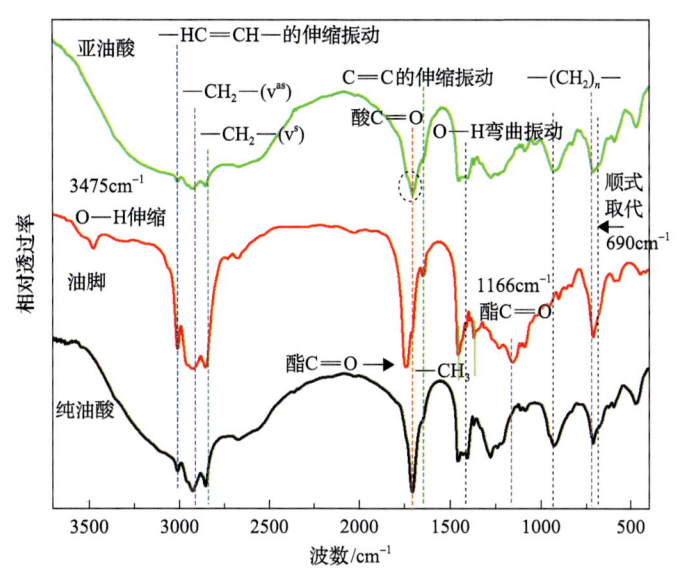

图 3-44 油脚和纯油酸、亚油酸的红外谱图

表 3-17 油酸、亚油酸、油脚特征峰归属表

样品	官能团振动模式及其特征吸收峰位置/cm⁻¹										
	—OH (v)	=CH (v)	—CH$_3$ (v^{as})	—CH$_2$— (v^{as})	—CH$_2$— (v^s)	酯 C=O (v)	酸 C=O (v)	C=C (v)	—CH$_3$ (v面内)	—OH (δ面内)	—OH (δ面外)	—(CH$_2$)$_n$—
油酸	—	3010	2964	2928	2850		1710	1652	1460	1410	937	724
亚油酸	—	3011	2956	2926	2848		1710	1651	1459	1442	940	724
油脚	3475	3010	2956	2926	2849	1746	1710(w)	1650	1460 1375	1415		724

注：v 表示伸缩振动；v^{as} 表示反对称伸缩振动；v^s 表示对称伸缩振动；v面内表示面内伸缩振动；δ面内和 δ面外分别为面内和面外弯曲振动幅。

2）油脚颗粒制备

根据最近发表的文献报道，澳大利亚弗林德斯大学有机化学家 Chalker 团队研制出利用二手食用油和硫磺制备的橡胶，用于捕捉汞金属离子[34]。该研究团队认为，硫磺首先熔化，然后进一步加热至 180℃，使硫磺与自身反应形成长链硫，接着加入二手食用油，这种不饱和油含有碳碳双键，与长硫链的末端交联反应，加热 20~30min 后，反应混合物固化成一种橡胶，然后将橡胶粉碎成所需的粒径，然后用于捕获汞（图 3-45）。

受此启发，油脚与二手食用油组分类似，油脚中含有不饱和双键，通过利用热引发聚合，让双键打开，和硫磺进行交联反应，制备橡胶，通过调整不同配比、反应条件，实现不同形态、性能油脚/硫磺颗粒的制备，用于缝洞型油藏堵水。

3. 油脚颗粒性能评价

经过初步实验表明，油脚/硫磺混合体系在不加入其他助剂的情况下，能够在 130℃以上高温下起反应，随着硫磺含量的增加，体系反应产物黏度逐渐增加，低温时可以形成黏度达到 100000mPa·s 的黏稠流体，高温时该流体黏度依然能够保持在 10000mPa·s 左右，随着硫磺浓度增加最终形成橡胶固体。根据油脚成分不同，体系的橡胶化所需硫磺的最低浓度也不同，如图 3-46 所示。

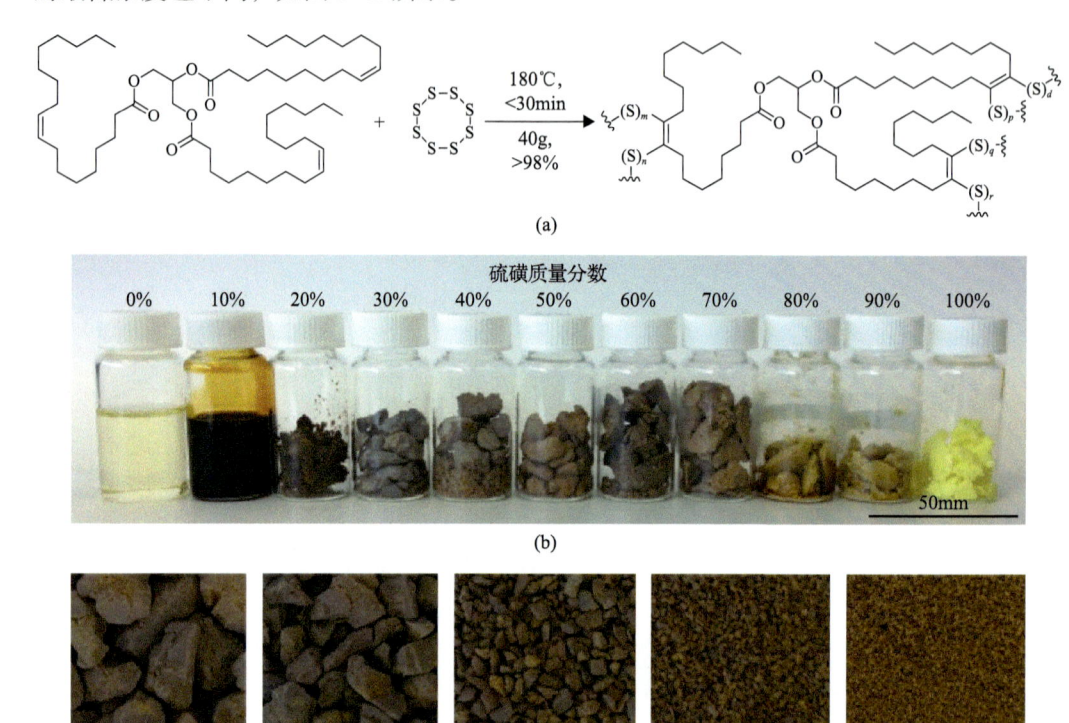

图 3-45 甘油酯与硫磺反应机理图(a)、不同含量的硫磺制备的产物(b)及将含 50%硫磺的橡胶通过粉碎筛选得到的不同粒径的颗粒(c)

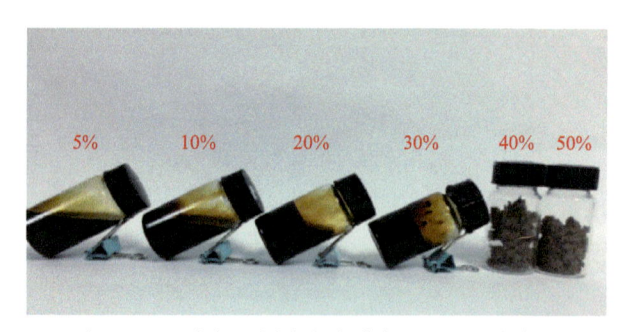

图 3-46 油脚与不同浓度硫磺高温下的反应产物

利用哈克流变仪对分别含 0%、10%、20%、30%硫磺的混合体系在 180℃下反应 4h 后的产物进行黏温性能评价和研究。与此同时，为了研究纯油脚中各种成分在 180℃高温下彼此之间的相互作用对体系黏度的影响，相同条件下对未经过处理的原始油脚也进行黏温性能测试，原始油脚和含 0%硫磺体系的区别是原始油脚未经过 180℃下的加热过程。在该过程中采用两种方式进行测试：其一是在恒定剪切速率为 $10s^{-1}$ 的情况下进行室温到 180℃的温度扫描；其二是恒定体系温度为 180℃情况下进行剪切速率扫描，剪切速率扫描范围为 $1\sim170s^{-1}$。

1) 不同配比时的体系黏度

图 3-47 是系列体系的温度扫描曲线，其中含 30%硫磺体系在低于 80℃下是黏度极其高的黏稠物，超出流变仪的测量范围，加热到 80℃以上后体系黏度变小到流变仪的测量范围内。从图 3-47 中可以看出在低温下，随着硫磺含量的增加，体系黏度增加；随着温度的升高，体系的黏度下降，当硫磺含量小于 30%时，体系黏度随着温度的升高最终黏度趋于一致，180℃时均在 200mPa·s 附近，如图 3-47(a)所示。而含 30%硫磺的体系在 180℃时也能保持 6000mPa·s 的高黏度，而在低温时其黏度能突破 10×10^4mPa·s，如图 3-47(b)。从图 3-47(c)中可以看出，油脚内各组成分在高温下会发生部分反应，但对体系的黏度变化不会起到重大作用，可以排除油脚内各组成分对体系黏度的影响，是硫磺起到了绝对重要作用。

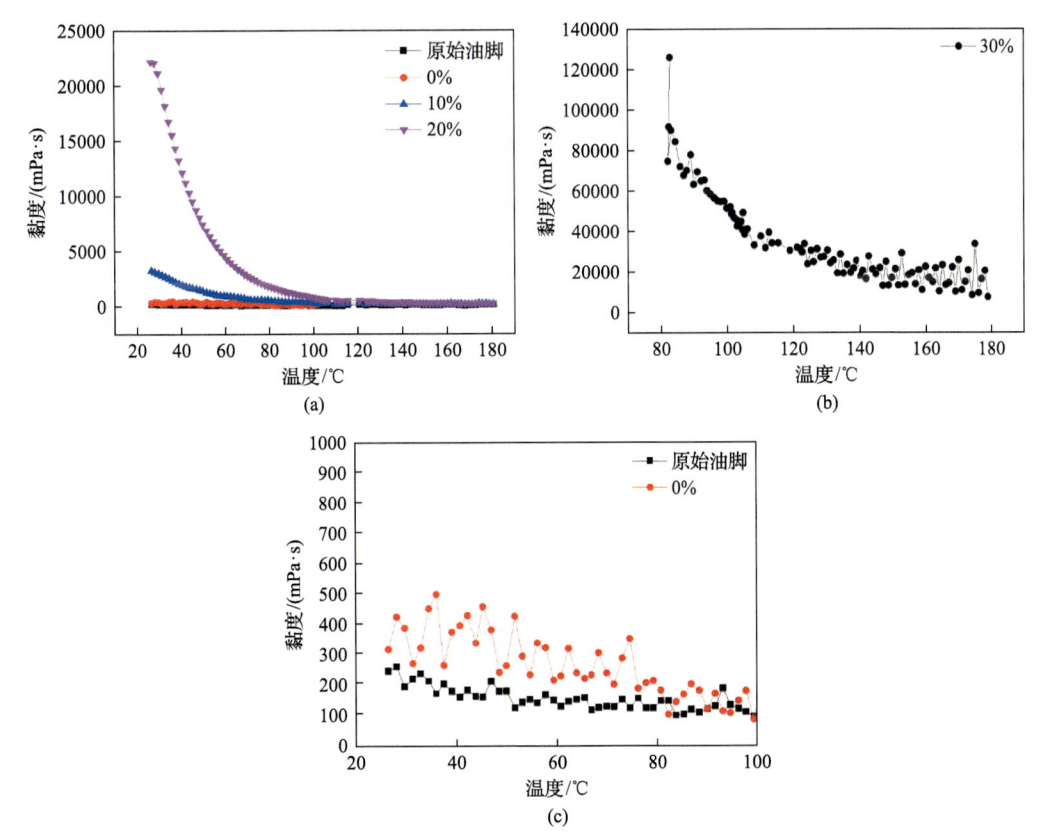

图 3-47 含不同浓度硫磺的油脚体系在 180℃下反应 4h 后的产物在 $10s^{-1}$ 剪切速率下的温度扫描曲线图

2) 体系抗剪切性能

图 3-48 是同样体系在恒定温度为 180℃下的剪切速率扫面曲线图，从图中体系黏度变化可以看出，随着剪切速率的变大，体系的黏度也变小，随着硫磺含量的增加，体系黏度增加。其中 30%的体系黏度依然保持很高值，在 180℃高温下，$1\sim170s^{-1}$ 的剪切速

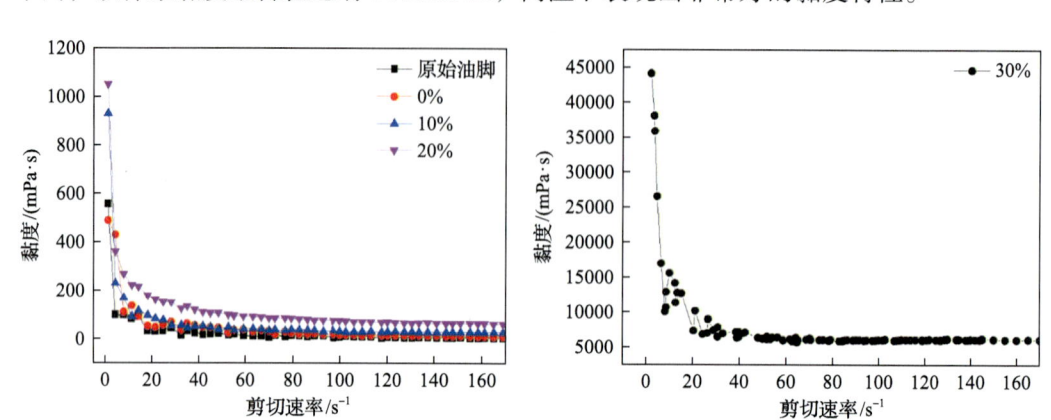

率内，该体系黏度最低值也有 5000mPa·s，高温下表现出非常好的黏度特性。

图 3-48　含不同浓度硫磺的油脚体系在 180℃下反应 4h 的剪切速率扫描曲线图

3）不同条件下体系的固化性能

(1) 纯硫磺含量 50%，制备条件 70MPa 和 150℃。

使用该油脚体系时，当纯硫磺含量达到 50%后的产物是橡胶固体。为研究油脚/硫磺混合体系形成固态橡胶过程，利用稠化仪进行全程跟踪。如图 3-49(a) 为使用的稠化仪设备，图 3-49(b)、(c) 为在 70MPa 和 150℃条件下反应后形成的橡胶固体，该固体具有很好的弹性。

图 3-49　稠化仪设备(a)及纯硫磺含量为 50%的油脚混合体系在 70MPa、
150℃条件下反应制备的橡胶固体[(b)、(c)]

图 3-50 是纯硫磺含量为 50%的油脚混合体系在 70MPa 和 150℃条件下反应过程中的

性能参数变化曲线。其中横坐标是反应时间，纵坐标是体系稠度、压力和温度。从图中可以看出反应 120min 后整个体系的稠度超过 70Bc，即体系已失去流动性，变成固体。

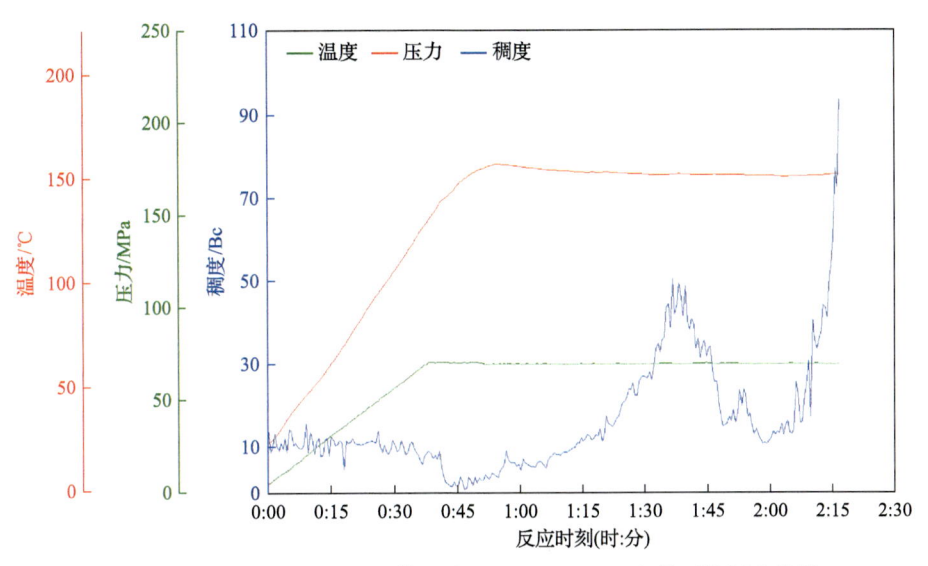

图 3-50　纯硫磺含量为 50%体系在 70MPa 和 150℃条件下的固化曲线

(2)纯硫磺含量为 50%，制备条件为 70MPa 和 140℃。

图 3-51 是含 50%硫磺的混合体系在 70MPa 和 140℃条件下的固化曲线，从图中可知，在反应 3~4h 时有很明显的稠度提高，认为这是由于体系内部纯硫磺与油脚分相析出来导致的结果。在整个反应时间到 5h 后，体系稠度超过 70Bc，成为完全的固体橡胶。在同样体系反应过程中，温度越低时体系固化所需要的时间越长。

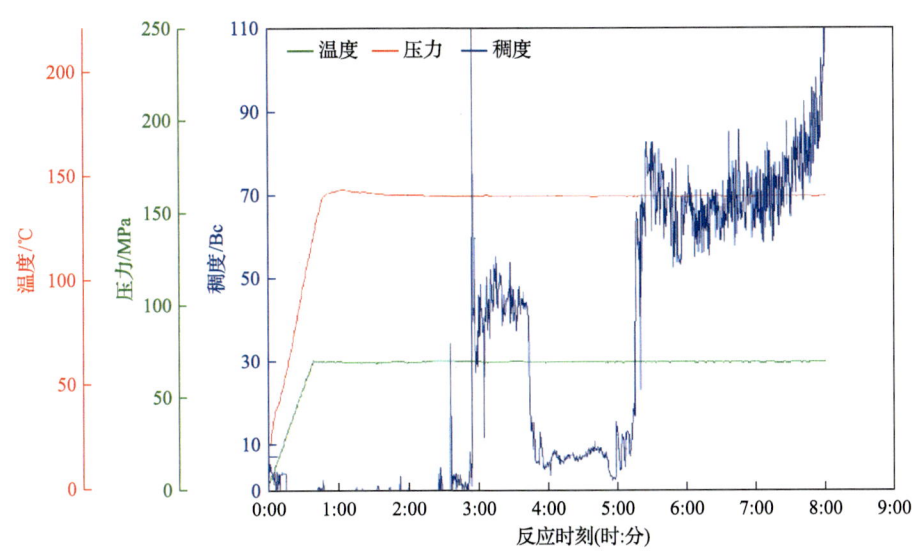

图 3-51　纯硫磺含量为 50%体系在 70MPa 和 140℃条件下的固化曲线

(3) 纯硫磺含量 50%，制备条件 70MPa 和 130℃。

图 3-52 是含 50%纯硫磺在 70MPa 和 130℃条件下的固化曲线。从图 3-52 中可以看出，该条件下纯硫磺体系固化需要超过 9h 的时间。

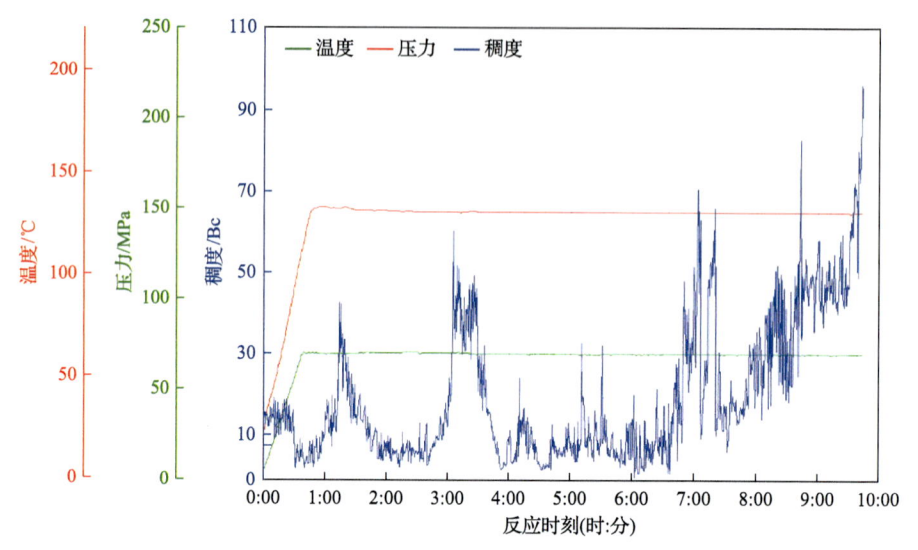

图 3-52　纯硫磺含量 50%体系在 70MPa 和 130℃下的固化曲线

为进一步降低成本，探索工业硫磺与油脚制备颗粒的可行性。

(4) 工业硫磺含量达到 30%，制备条件为 70MPa 和 140℃。

工业硫磺含量为 30%，其余为沙子等杂质，经过烘干除水处理后，用同样的方法和配比与油脚混合，在 140℃和 70MPa 条件下进行固化测试，如图 3-53 所示。从图可知，采用工业硫磺沙子混合物后体系稠度达到 70Bc 所需时间为 150min，而且不像纯硫磺一样在反应过程中出现析出等问题，在油脚中分散性能比硫磺的要出色。

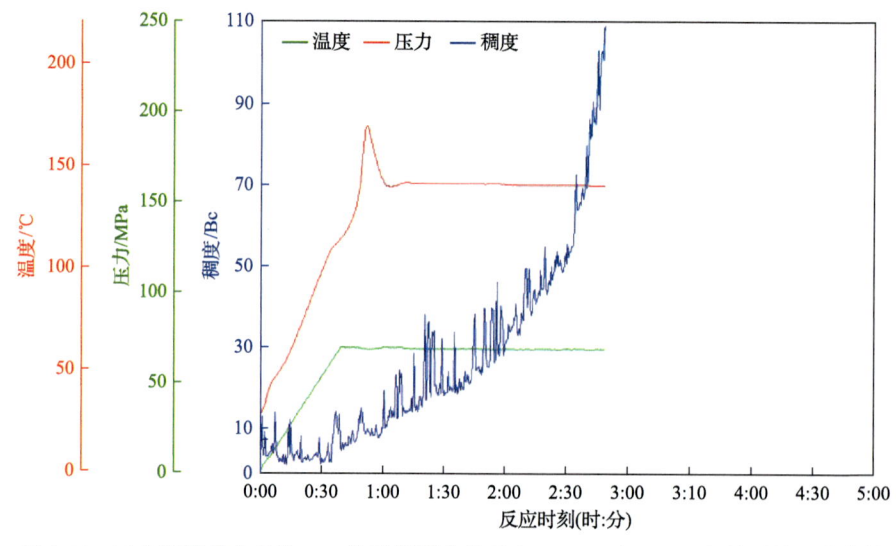

图 3-53　工业硫磺总含量为 30%的油脚混合体系在 70MPa 和 140℃条件下的固化曲线

(5) 工业硫磺含量达到 50%,制备条件为 70MPa 和 130℃。

工业硫磺含量为 50%,其余为沙子等杂质,在 130℃和 70MPa 条件下进行固化测试(图 3-54),需要 5h,而且固化后其稠度出现骤降的情况,认为这是由于在该条件下整个体系是被稠化仪内部的搅拌桨转动,体系与储样罐内壁打滑所致。

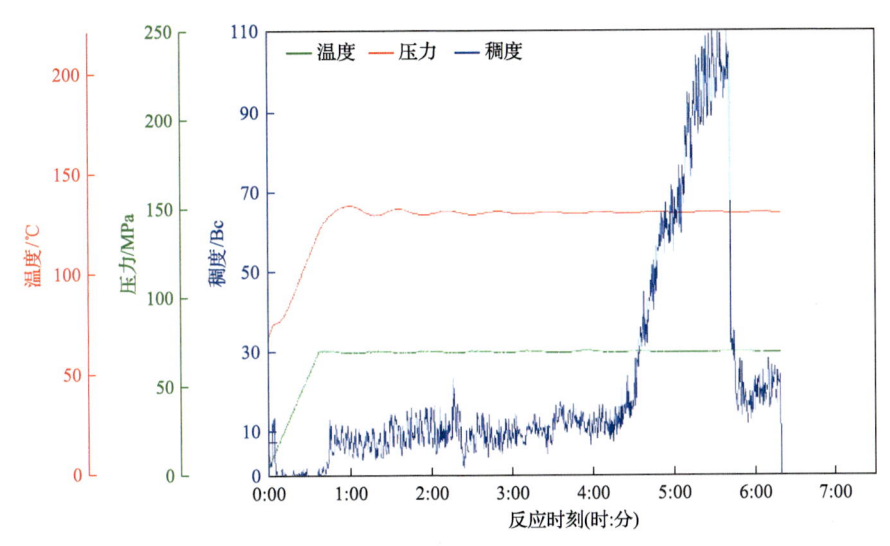

图 3-54 工业硫磺含量为 50%的油脚混合体系在 70MPa 和 130℃条件下固化曲线

通过上述评价可以知道:随着反应温度的提高,体系的稠化时间随之缩短。目前能够成功引发反应的最低温度为 130℃,硫磺固体的融化温度需要 110~120℃,参考橡胶制造业的技术,通过添加适当的催化剂和助剂,有希望能够再降低反应所需温度并且提高硫磺的反应率,最终得到力学性能可调的不同强度橡胶体系。除此之外,体系反应温度和所需时间都可以根据地层条件而进行人为的调整。还发现同样是用 50%的工业硫磺在相同温度下进行反应时所需要的反应时间比纯硫磺的时间要短,分析认为正是那些沙子等杂质作为填充剂而存在,从而提高硫磺的反应效率(图 3-55)。

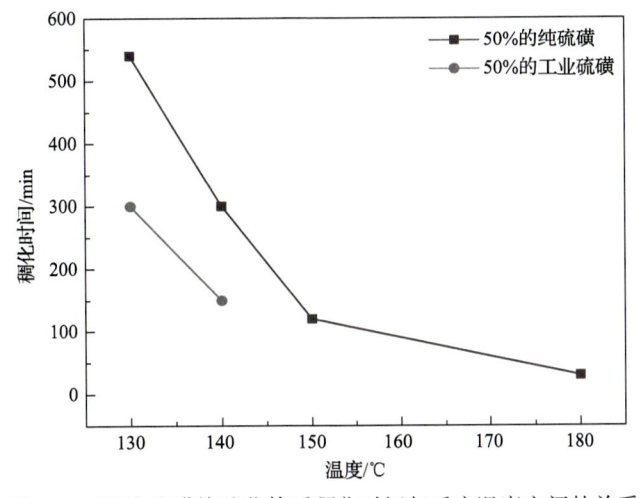

图 3-55 油脚硫磺橡胶化体系稠化时间与反应温度之间的关系

4. 油脚颗粒堵水前景

整体上看，该堵剂体系仍处于室内探索阶段，从目前表现的制备特点，以及可预见的性能特点，油脚颗粒是缝洞油藏低成本颗粒堵水的发展方向。该体系具有原料来源广、成本低、制备工艺简单等优点，形成的颗粒堵剂还具有油水选择性的特点，可用于常规颗粒的有效替代；当前体系较为单一，仍需根据地层条件，继续增加组分、优化配比，丰富完善不同粒径、不同密度、不同强度的颗粒系列；同时发展属地合作厂家，联合攻关中试产品，为现场应用提供支持。

参 考 文 献

[1] Xu L P, Wu X, Meng J, et al. Papilla-like magnetic particles with hierarchical structure for oil removal from water[J]. Chemical Communications, 2013, 49(78): 8752-8754.

[2] Chhatre S S, Tuteja A, Choi W, et al. Thermal annealing treatment to achieve switchable and reversible oleophobicity on fabrics[J]. Langmuir, 2009, 25(23): 13625-13632.

[3] Xue C H, Jia S T, Chen H Z, et al. Superhydrophobic cotton fabrics prepared by sol-gel coating of TiO_2 and surface hydrophobization[J]. Science and Technology of Advanced Materials, 2008, 9(3): 035001.

[4] Zhang X, Geng T, Guo Y, et al. Facile fabrication of stable superhydrophobic SiO_2/polystyrene coating and separation of liquids with different surface tension[J]. Chemical Engineering Journal, 2013, 231: 414-419.

[5] Lei W, Portehault D, Liu D, et al. Porous boron nitride nanosheets for effective water cleaning[J]. Nature communications, 2013, 4: 1777.

[6] An J, Sun H, Cui J, et al. Surface modification of polypyrrole-coated foam for the capture of organic solvents and oils[J]. Journal of Materials Science, 2014, 49(13): 4576-4582.

[7] Zhang J, Ji K, Chen J, et al. A three-dimensional porous metal foam with selective-wettability for oil-water separation[J]. Journal of Materials Science, 2015, 50(16): 5371-5377.

[8] Elkhatat A M, AlMuhtaseb S A. Advances in tailoring resorcinol-formaldehyde organic and carbon gels[J]. Advanced Materials, 2011, 23 (26): 2887-2903.

[9] Wen D, Herrmann A K, Borchardt L, et al. Controlling the growth of palladium aerogels with high-performance toward bioelectrocatalytic oxidation of glucose[J]. Journal of the American Chemical Society, 2014, 136(7): 2727-2730.

[10] Li J, Li J, Meng H, et al. Ultra-light, compressible and fire-resistant graphene aerogel as a highly efficient and recyclable absorbent for organic liquids[J]. Journal of Materials Chemistry A, 2014, 2(9): 2934-2941.

[11] Bi H C, Yin Z Y, Cao X H, et al. Carbon fiber aerogel made from raw cotton: A novel, efficient and recyclable sorbent for oils and organic solvents[J]. Advanced Materials, 2013, 25(41): 5916-5921.

[12] Bi H C, Huang X, Wu, X, et al. Carbon microbelt aerogel prepared by waste paper: An efficient and recyclable sorbent for oils and organic solvents[J]. Small, 2014, 10(17): 3544-3550.

[13] Zhu Q, Pan Q. Mussel-inspired direct immobilization of nanoparticles and application for oil-water separation[J]. ACS Nano, 2014, 8(2): 1402-1409.

[14] Choi S J, Kwon T H, Im H, et al. A polydimethylsiloxane (PDMS) sponge for the selective absorption of oil from water[J]. ACS Applied Materials & Interfaces, 2011, 3(12): 4552-4556.

[15] Sun L, Huang W M, Ding Z, et al. Stimulus-responsive shape memory materials: A review[J]. Materials & Design, 2012, 33: 577-640.

[16] Small W, Singhal P, Wilson T S, et al. Biomedical applications of thermally activated shape memory polymers[J]. Journal of Materials Chemistry, 2010, 20: 3356-3366.

[17] Hu J L. Adaptive and functional shape memory polymers, textiles and their applications[J]. London: Imperial College Press Publisher, 2011: 392.
[18] Xie T. Recent advance in shape memory polymer[J]. Polymer, 2011, 52: 4985-5000.
[19] 石田正雄. 形状記憶樹脂[J]. 配管技術, 1989, 31(8): 112.
[20] Takahashi T, Hayashi N, Hayashi S. Structure and properties of shape-memory polyurethane block copolymers[J]. Journal of Applied Polymer Science, 1996, 60(7): 1061-1069.
[21] Ohki T, Ni Q Q, Ohsako N. Mechanical and shape memory behavior of composites with shape memory polymer[J]. Compos Part A, 2004, 35: 1065-1073.
[22] 陈阳. 几种适用于碳酸盐岩油藏的堵水技术[J]. 云南化工, 2018, 45(12): 95, 96.
[23] 刘景丽, 李立昌, 任强, 等. 堵水堵漏用凝胶水泥的研究[J]. 钻采工艺, 2018, 41(2): 105-107.
[24] 蒋晨, 杨博, 黄友晴, 等. 碳酸盐岩油藏堵水调剖剂的研究进展[J]. 当代化工, 2020, 49(2): 450-453.
[25] 肖红伟, 赵继业, 贺永祥, 等. 封堵水工艺技术研究及应用[J]. 科技资讯, 2012, (13): 59, 61.
[26] 唐长久, 张志远, 黄志华, 等. 粉煤灰调剖剂的室内研究与现场应用[J]. 油气采收率技术, 1995, (2): 33-41.
[27] 刘传武, 王晓东, 程红晓, 等. 选择性调剖堵窜技术在稠油热采井上的应用[J]. 长江大学学报(自科版)理工卷, 2007, (2): 223-225, 348.
[28] 马道详, 强星, 蒋莉, 等. CY/GCS-1粉煤灰调剖剂的研制与应用[J]. 石油地质与工程, 2010, 24(6): 122-124.
[29] 王维波. 低渗-特低渗裂缝性油藏地质聚合物封窜堵漏技术[D]. 西安: 西安石油大学, 2012.
[30] 曹亚明, 郑家朋, 孙桂玲, 等. 非固化粉煤灰调剖体系的研制与应用[J]. 广州化工, 2012, 40(15): 84-85.
[31] 李泽锋, 邵秀丽, 钱涛. 耐酸颗粒堵剂在低渗透油田注水井中的应用[J]. 油田化学, 2019, 36(3): 434-439.
[32] 武德银, 王翔宇, 孔录, 等. 酶法脱胶油脚中大豆磷脂组成及乳化性能研究[J]. 粮食与饲料工业, 2017, (8): 31-33.
[33] 施肖峰. 油脚皂脚利用的实践和探索[J]. 农业机械, 2010, (4): 73-75.
[34] Worthington M J H, Kucera R L, Albuquerque I S, et al. Laying waste to mercury: Inexpensive sorbents made from sulfur and recycled cooking oils[J]. Chemistry, 2017, 23(64): 16219-16230.

第4章 缝洞型油藏流道调整改善水驱新技术

为治理缝洞型油藏单元水驱的低效难题,中国石化西北油田分公司发展了缝洞型油藏流道调整技术,初期实施流道调整工艺,主要采用低成本的中密度弹性颗粒,体系比较单一,现场应用中出现调流颗粒粒径与裂缝尺寸不完全匹配的问题,导致施工过程出现大通道堵不住、小通道进不去、井筒堵塞等异常现象,严重阻碍流道调整工艺技术的规模推进[1-3]。因此,基于对不同类型油藏的出水特征和调流需求,研发了三套增强架桥体系,有效提高调流颗粒架桥卡堵效果。

一是油基树脂增强架桥体系:针对大缝大洞型油藏常规颗粒封堵强度弱的情况,研发了油基树脂固化体系,体系遇水不稀释,130℃温度下固化3~5h,封堵强度大于20MPa,可处理深部通道,同时可实现整体固化,提高体系的封堵效率。

二是软弹体调流颗粒体系:针对表层风化壳类油藏的调流需求,研发了耐温、抗盐、可变形移动的软弹体调流颗粒,利用颗粒的高弹性、拉伸性特征,有效解决常规颗粒封堵强度大的难题,实现对表层风化壳岩溶井组的高效调流。

三是塑弹体调流颗粒体系:针对缝洞型油藏的远井调流、深部调流和定点调流的技术需求,研发了密度可调、粒径可控高温下黏连长大的塑弹体调流颗粒。利用颗粒的密度可调有效解决颗粒近井沉降的难题,可实现远井、定点调流;利用颗粒高温下软化彼此黏连长大的特性,有效增加调流颗粒堆积架桥概率和卡堵强度,实现对裂缝通道的封堵转向。

4.1 油基树脂增强架桥改善水驱技术

4.1.1 油基树脂体系的研发与评价

油基树脂固化形成的树脂有较优的力学性能和固化时间可控性[4-7]。针对调流颗粒架桥难题,基于油基树脂的固化性能,通过引发剂、阻聚剂、其他添加剂的筛选评价制作增强架桥的油基树脂体系,并对其温度敏感性、热稳定性和配伍性等性能进行表征与评价。

1. 油基树脂简介

油基树脂是一种热固性树脂,当其在热或引发剂的作用下,可固化成为一种不溶不融的高分子网状聚合物。油基树脂是指有不饱和双键的高分子化合物,可以加入适当的引发剂引发交联反应而形成一种热固性塑料[8-10]。油基树脂分子在固化前是长链形分子,其相对分子质量一般为100~3000,这种长链形的分子可以与不饱和的单体交联而形成复杂结构的庞大的网状结构。

1) 树脂的交联

油基树脂中含有不饱和双键,这种双键可以和另一种乙烯类单体发生交联,使树脂固化。这种交联固化过程和形成分子链的缩聚反应不同,它属于自由基加聚反应[11-13]。

2) 油基树脂交联的引发过程

自由基加聚反应是链式反应过程。如何能使反应启动是问题的关键。单体一旦被引发,产生自由基,即可迅速增长而形成大分子。在油基树脂固化时,要控制树脂的凝胶和固化,必须选择好引发剂。根据引发剂的性能,控制其分解速度,就可以控制整个凝胶、固化过程。

3) 油基树脂交联的缓聚与稳定

油基树脂与交联单体的混合物,即使不加入引发剂在室温下也会渐渐聚合,失去使用价值。为了克服这一缺点可以加入阻聚剂或者缓聚剂。一般在树脂制造过程中加入浓度 0.01%(质量分数)左右的阻聚剂,树脂的贮存期可达到 3~6 个月。加入缓聚剂的目的是调节树脂的放热性能以满足加工工艺的要求。

实际上,阻聚剂、缓聚剂、稳定剂这三种添加剂都是树脂交联固化反应的抑制剂。其作用原理都是吸收、消灭可以引发树脂交联固化的自由基,或是使自由基的活性减弱。故在使用中往往难以严格区分三种不同的助剂。对于同一种抑制剂,在一种树脂中其消灭自由基能力强,即为阻聚作用;另一种树脂中,只能降低自由基的活性,即为缓聚作用。若能在升温条件下解除阻聚,即表现为常温下的稳定作用。

2. 油基树脂体系的研发

1) 实验方法

(1) 油基树脂成胶液制备方法。

①取一只一次性塑料杯,倒入称取 20g 油基树脂;称取适量质量缓聚剂加入到塑料杯中,使用玻璃棒搅拌至缓聚剂分散均匀且溶液透明澄清;再称取适量质量的引发剂在塑料杯中,用玻璃棒搅拌一段时间至均匀,得到油基树脂成胶液。

②将上述配制好的成胶液倒入 40mL 容量丝口玻璃瓶中,密封好后将其放置于 130℃油浴锅中观察其成胶时间和高温稳定性。

(2) 油基树脂成胶液凝胶时间的确定。

①在树脂中加入缓聚剂、引发剂搅拌均匀后,立即倒入 40mL 丝口玻璃瓶中,拧上盖子密封好后立即放置在 130℃油浴锅中,启动秒表。

②每隔 5min 观察,用玻璃棒试验试样流动情况,直至出现拉丝状态时,记录秒表时间即为试样凝胶时间。

(3) 树脂固化后压缩强度测定。

用万能试验机测试树脂固化后的压缩强度大小来评价树脂的抗压缩性能。

2) 引发剂和阻聚剂的优选

油基树脂的凝胶时间主要是通过引发剂和阻聚剂种类的改变和其质量分数的增减来

进行调控。引发剂和阻聚剂是油基树脂与交联单体进行固化交联反应中一对相反作用的添加剂。引发剂分解产生高度活性的自由基，自由基攻击交联单体和油基树脂分子链中的不饱和双键使之活化，从而发生交联反应。阻聚剂则相反，它能吸收或"中和"掉引发剂分解产生的自由基，阻止树脂的交联固化。

由于在油田中应用时，要保证树脂材料在注入目标层段过程中不能凝胶固化，考虑到塔河油田目标层位 130℃，计算施工时间加上树脂材料在井段运移时间，预期树脂材料凝胶固化时间在 3~5h。

(1) 引发剂筛选。

本节主要是依据热引发原理进行筛选引发剂。根据各种共价键键能不同，筛选出可以裂解共价键所需温度较低的有机过氧化物这一大类引发剂。

引发剂的主要作用是能分解产生自由基以引发交联固化过程。筛选引发剂的依据是其活性大小，表达其活性大小的方法有半衰期、临界温度及活性氧含量（或者叫活性氧比例）。一方面，引发剂的临界温度对不同树脂是不一样的，所以在实际使用中，通常将 10h 半衰期温度加上 5~8℃近似当作引发剂的临界温度；另一方面，由于引发剂活性氧含量指标受引发剂分子量的影响，分子量低其活性氧比例可能较高，但其活性却不一定比其他引发剂高，综上，通常使用半衰期作为评定引发剂活性大小的指标。

半衰期温度是指在特定时间内使引发剂分解 50%（质量分数）所需要的温度，它是引发剂行业中普遍使用的表达引发剂活性的指标。本节以 10 种引发剂为例，查阅资料整理其半衰期温度见表 4-1。

表 4-1 引发剂类型及其半衰期温度

引发剂	半衰期温度/℃		
	半衰期=1h	半衰期=5h	半衰期=10h
过氧化二碳酸-二-(4-叔丁基环己基)酯(TBCP)	59	48	43
过氧化二碳酸二环己酯(DCPD)	60	49	44
过氧化二碳酸二异丙酯(IPP)	61	50	45
过氧化特戊酸叔丁酯(BPP)	78	60	55
过氧化二月桂酰(LPO)	79	67	61
过氧化苯甲酰(BPO)	92	80	72
2,2-(叔丁基过氧)丁烷(DBPB)	122	112	110
过氧化苯甲酸叔丁酯(TBPB)	124	110	105
过氧化甲乙酮(MEKP)	134	122	106
过氧化二叔丁基(DTBP)			126

塔河油田目标地层温度为130℃，对比表4-1中10种引发剂的半衰期温度，初步筛选过氧化甲乙酮和过氧化二叔丁基作为实验引发剂，两种引发剂结构分子式见图4-1。

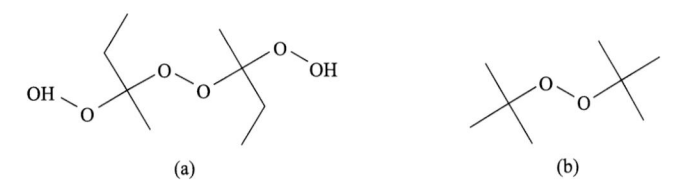

图 4-1　过氧化甲乙酮(a)和过氧化二叔丁基(b)结构分子式

(2)阻聚剂筛选。

油基树脂材料在选择阻聚剂时，一般考虑两方面因素：一是阻聚剂在延长其存放期或保证工艺过程中稳定性方面的效能；二是阻聚剂对树脂固化性能的影响，例如对产品硬度、压缩强度及稳定性的影响。本节调研了四种阻聚剂，分别是对苯二酚(HQ)、对苯醌(PBQ)、氮氧自由基哌啶醇(TBP)、对叔丁基邻苯二酚(TPC)，其化学结构式见图 4-2。

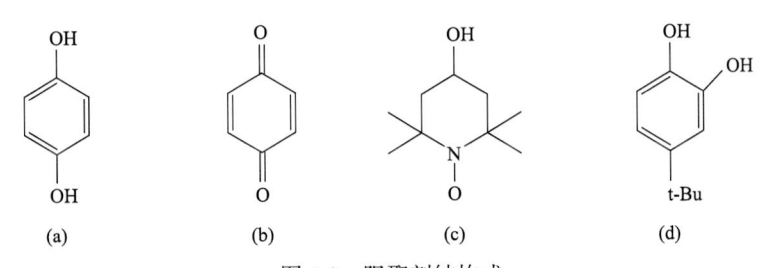

图 4-2　阻聚剂结构式
(a)对苯二酚；(b)对苯醌；(c)氮氧自由基哌啶醇；(d)对叔丁基邻苯二酚

对苯二酚是一种白色晶体，其在油基树脂中较难溶解，另外其遇明火、高热可燃，易被氧化，受高热分解释放出一氧化碳，其难溶性和易燃性导致其不适用于实验室和油田现场应用。

对苯醌是一种具有高毒性的强氧化剂，由于其本身容易挥发、升华，长期接触对苯醌后，其挥发气体对人体眼角膜、呼吸黏膜有较强刺激性，严重时可引起眼球晶状体浑浊等疾病。其高毒性同样不适合油田现场应用。

氮氧自由基哌啶醇易溶于乙醇、苯等有机溶剂，是一代新烯基单位的优良阻聚剂，污染性低于常用阻聚剂对苯二酚，其阻聚性能优于酚类、芳胺类、醌类、醚类和硝基化合物等阻聚剂，可被选用作为油基树脂的阻聚剂。

对叔丁基邻苯二酚在油基树脂中有较好的溶解性，同时其较低毒性也能保证其在实验室和油田现场的应用。

综上所述，选择过氧化甲乙酮和过氧化二叔丁基为引发剂，选择氮氧自由基哌啶醇和对叔丁基邻苯二酚为阻聚剂，进行油基树脂凝胶时间控制研究，先固定油基树脂和引发剂的质量，改变阻聚剂的质量进行油基树脂固化实验，树脂聚合时间见表4-2。

表 4-2 固化时间

油基树脂/g	阻聚剂/g		引发剂/g	固化时间/min
20	TBP	0.2	0.2（DTBP）	180
		0.4		295
	TPC	0.2		30
		0.4		40
	TBP	0.2	0.2（MEKP）	270
		0.4		310
	TPC	0.2		30
		0.4		50

通过固化时间可以看出，阻聚剂氮氧自由基哌啶醇比对叔丁基邻苯二酚的阻聚效果相对要好，使固化时间可以控制在 3～5h。引发剂对油基树脂固化体系的作用是产生自由基，可迅速增长而形成大分子，进而控制油基树脂的凝胶和固化。当引发剂加量少时，树脂固化物呈现未完全交联，压缩破坏形式主要表现为斜剪切破坏；当引发剂过量时，会使固化物内应力过大，产生过交联现象。

由图 4-3 两种引发剂在固化物压缩破坏与最大承受压缩试验力来看，引发剂过氧化二叔丁基引发的固化物力学性能要高于过氧化甲乙酮作为引发剂时的固化物力学性能，由此选择阻聚剂氮氧自由基哌啶醇和引发剂过氧化二叔丁基作为油基树脂体系。

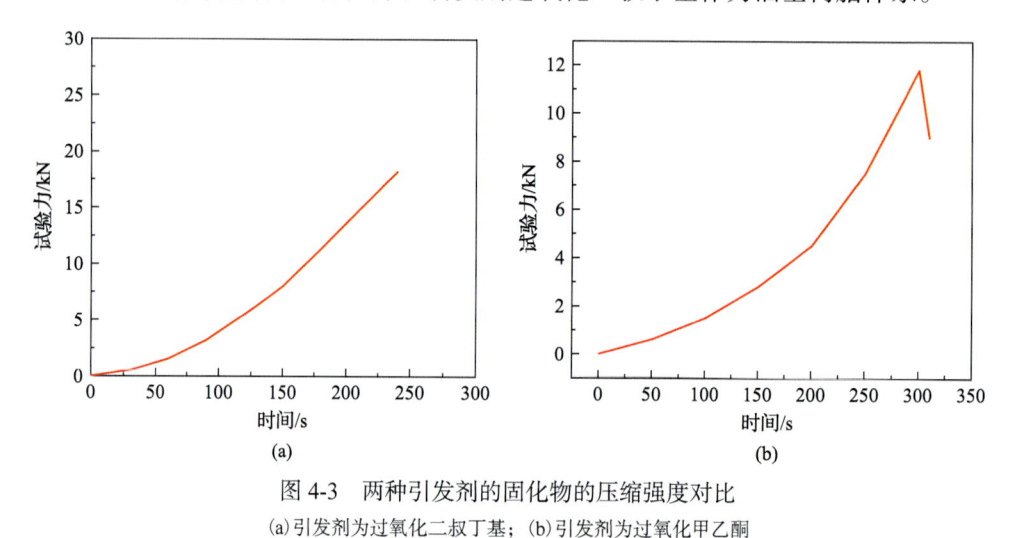

图 4-3 两种引发剂的固化物的压缩强度对比
(a)引发剂为过氧化二叔丁基；(b)引发剂为过氧化甲乙酮

3）引发剂对油基树脂固化性能的影响

(1)引发剂质量对固化时间的影响。

固定油基树脂和阻聚剂氮氧自由基哌啶醇的质量，在 0.1～0.3g 的范围内改变引发剂过氧化二叔丁基的质量，油基树脂固化时间随过氧化二叔丁基质量增加变化曲线见图 4-4。

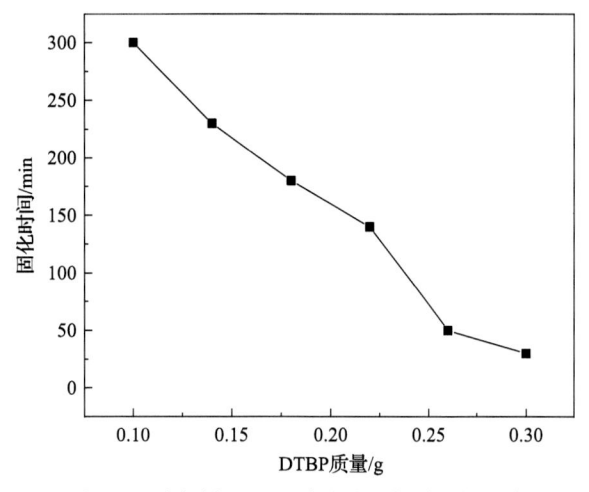

图 4-4 引发剂 DTBP 质量对固化时间的影响

引发剂质量越大，其固化时间越短，0.30g 油基树脂固化时间仅有 30min，表现出很好的引发、促进油基树脂交联的作用；当到减少至 0.18g 时，固化时间相比于 0.30g 引发剂固化时间延长了 5 倍(约 180min)，固化时间显著增长，使得阻聚剂显示出很好的阻聚效果。

(2)引发剂质量对压缩强度的影响。

固定油基树脂和阻聚剂氮氧自由基哌啶醇的质量在 0.05～0.4g 的范围内改变引发剂过氧化二叔丁基的质量，油基树脂固化物所能承受的压缩强度随过氧化二叔丁基质量增加变化曲线见图 4-5。

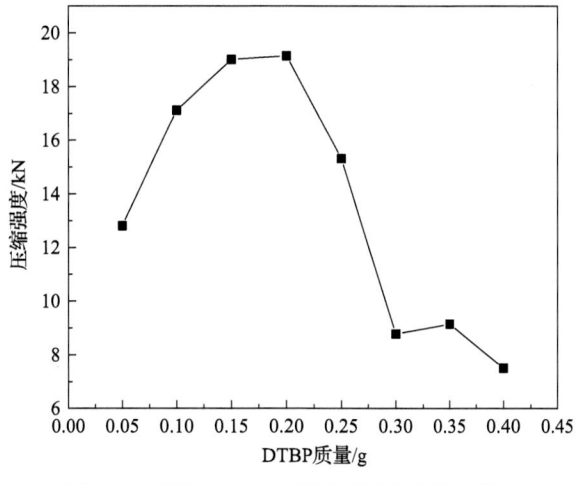

图 4-5 引发剂 DTBP 质量对压缩强度的影响

引发剂过氧化二叔丁基质量为 0.15～0.2g，油基树脂固化物的压缩强度达到最大值。

以引发剂过氧化二叔丁基加量为 0.1g 和 0.3g 时的压缩曲线为例(图 4-6)，当引发剂加量为 0.1g 时，树脂固化物呈现未完全交联，压缩破坏形式主要表现为斜剪切破坏；当引发剂加量为 0.3g 时，使固化物内应力过大，产生过交联现象。

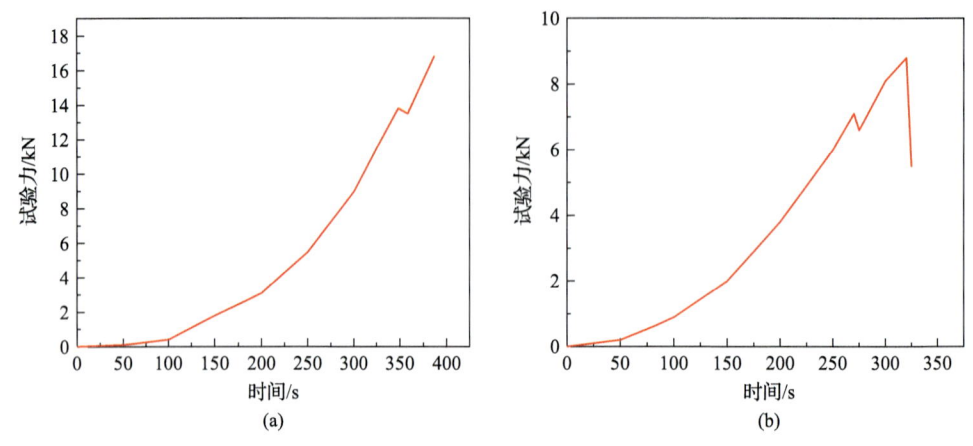

图 4-6 引发剂 DTBP 加量为 0.1g(a) 和 0.3g(b) 时的破坏试验力曲线

4) 阻聚剂对油基树脂固化性能的影响

(1) 固化时间。

固定油基树脂和引发剂过氧化二叔丁基的质量在 0.05~0.4g 的范围内改变阻聚剂氮氧自由基哌啶醇的质量，油基树脂固化时间随氮氧自由基哌啶醇质量增加变化曲线见图 4-7。

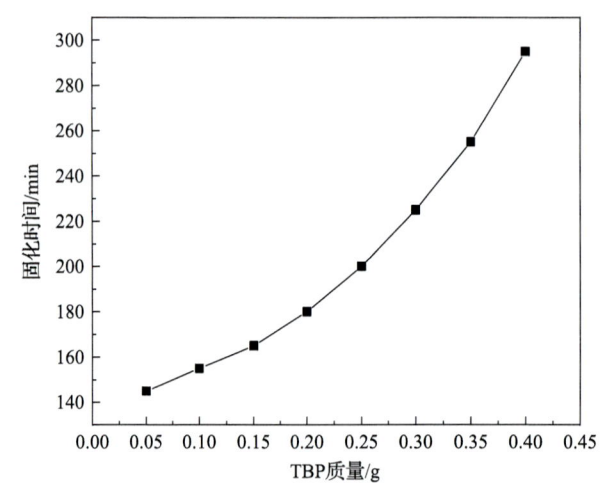

图 4-7 阻聚剂 TBP 质量对固化时间的影响

阻聚剂质量分数越大，其固化时间越长，加入 0.05g 阻聚剂油基树脂固化时间仅有 145min；当到增加至 0.40g 时，固化时间相比于 0.05g 阻聚剂固化时间延长了 1 倍，固化时间显著增长，使阻聚剂表现出很好的阻聚效果。

(2) 压缩强度。

固定油基树脂和引发剂过氧化二叔丁基的质量在 0.05~0.40g 的范围内改变阻聚剂氮氧自由基哌啶醇的质量，油基树脂固化物所能承受压缩强度随氮氧自由基哌啶醇质量增加变化曲线见图 4-8。阻聚剂氮氧自由基哌啶醇质量为 0.15~0.20g，油基树脂固化物的压缩强度达到最大值。

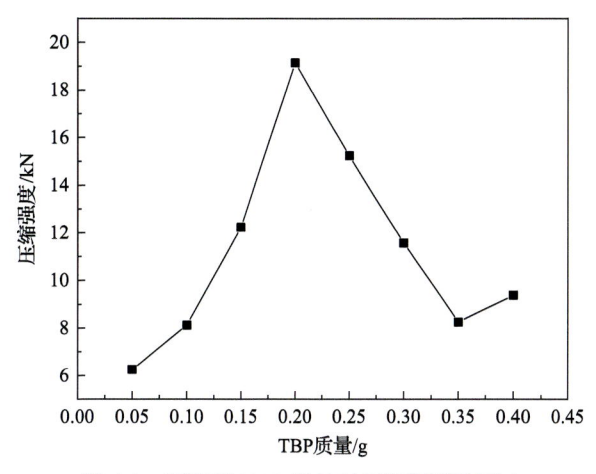

图 4-8 阻聚剂 TBP 质量对压缩强度的影响

以阻聚剂氮氧自由基哌啶醇加量为 0.1g 和 0.3g 时的压缩曲线为例(图 4-9)，阻聚剂加量为 0.1g 时，使固化物内应力过大，产生过交联现象；当阻聚剂加量为 0.3g 时，树脂固化物呈现未完全交联，压缩破坏形式主要表现为斜剪切破坏。

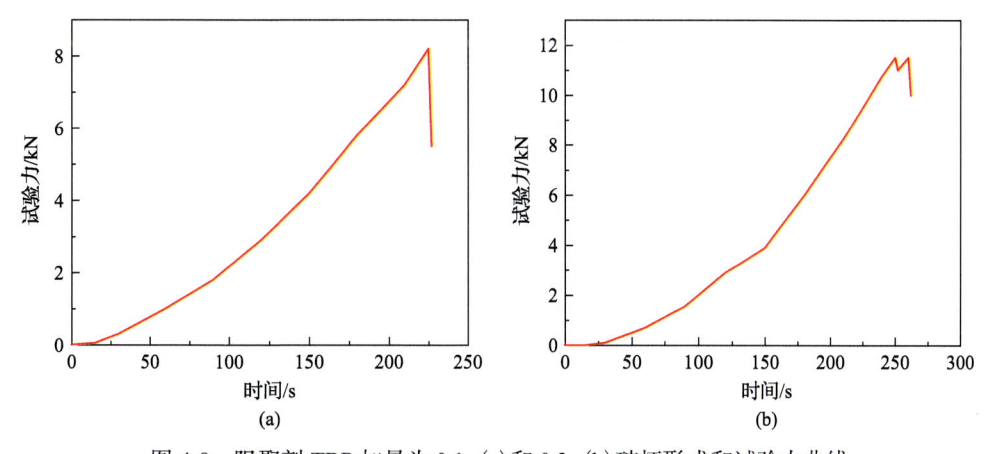

图 4-9 阻聚剂 TBP 加量为 0.1g(a) 和 0.3g(b) 破坏形式和试验力曲线

3. 油基树脂体系的性能评价

塔河油田地层温度高(达 130℃)，地层水含盐量高(盐含量达 22×10^4 mg/L，钙镁离子含量大于 1×10^4 mg/L)，因此需要对油基树脂形成的化学树脂材料在温度敏感性、热稳定性、配伍性、阻聚性等表现方面进行表征与评价。

1) 实验方法
(1) 黏度测试。
① 调整旋转黏度计两个水平调节脚，直至旋转黏度计表征水平气泡在中央位置。
② 打开恒温循环水箱，调整温度等待其温度升至所需温度。

③打开旋转黏度计开关，显示亮屏并选择黏度测试模式；打开黏度测试软件，进行调零。

④选择合适的转子，设置剪切率、时间等相关参数，将指定量油基树脂倒入转筒内，安装好转子及转筒。

⑤打开恒温循环，等待 5min 至所测试液体与转子都升至测试温度，开始测量，保证测量扭矩在 10%～90%，每个温度测试两次取平均值。

(2)闪点测试。

①观察气压计，记录实验期间仪器附近的环境大气压。

②将试样倒入实验杯至加料线，盖上实验杯盖，然后放入加热室，确保实验杯与杯盖就位，装置连接好后插入温度计。点燃试验火源，并将火焰直径调节为 3～4mm。在整个实验期间，试样温度以 5～6℃/min 的速率上升，并且搅拌速率为 90～120r/min。

③以 25℃为起始温度，每升高 1℃点火一次，点火时停止搅拌，用实验杯盖上的滑板操作旋钮或点火装置点火。火焰在 0.5s 内下降至实验杯的蒸汽空间内，并在该位置停留 1s，然后迅速升高回到原始位置。

④记录火源引起实验杯内产生明显着火的温度，作为试样的观察闪点。如果所记录的观察闪点温度与最初点火温度的差值低于 18℃或者高于 28℃，则认为此结果无效。应改为新试样重新进行实验，调整初始点火温度，直至获得有效的测定结果，即观察闪点与最初点火温度的差值在 18～28℃的范围。

(3)乳化稳定性评价。

①配制质量分数为 3%、4%、5%、6%、9%乳化剂。

②按照油基树脂：乳化液为 5：5、7：3 的比例(质量比)进行混合，振荡形成乳状液。

③取 3～5 滴乳状液滴在准备好的清水中，观察其分散情况判断其乳状液的类型。若可以均匀地分散在水中，则为水包油型乳状液；若不能在水中很好地分散，在水中呈现丝带状，则为油包水型乳状液。

④把乳状液装在密封螺口玻璃瓶中，静置观察其分层情况以判断稳定性。

(4)成胶液配伍性评价。

①按油基树脂：过氧化二叔丁基：氮氧自由基哌啶醇质量比为相应比例配制好成胶液。

②取适量清水、塔河模拟地层水和柴油与等量成胶液混合以 200r/min 速度搅拌 0.5h。

③将搅拌后混合液分别装入螺口玻璃瓶中密封好，标号，放入 130℃油浴锅中观察其固化情况。

(5)固化温度敏感性评价。

①将 10g 油基树脂、0.1g 引发剂、0.1g 缓聚剂加入 60mL 的样品瓶中。

②将装有原料的样品瓶放入高温罐中，加入蒸馏水(没过原料)。

③将高温罐密封，分别放入 130℃、120℃、110℃、100℃油浴锅或 90℃、70℃、50℃水浴锅并开始计时。

④经过一定时间后，将高温罐取出并冷却。

⑤取出高温罐中的样品瓶，观察油基树脂的聚合状态。

⑥在筛选出还未反应的所加缓聚剂的最低浓度下继续进行聚合实验,直到确定最终的完全聚合所需要的时间。

2) 实验结果与评价分析

(1) 成胶液黏度测试和闪点测试。

通过对油基树脂在不同温度下黏度的测试,保证堵水树脂材料成胶液在油水井的注入性。设定转子剪切速率是 $7.34s^{-1}$,分别测量油基树脂在 25℃、30℃、40℃、50℃、60℃、70℃下黏度,结果见图 4-10。可以看出,油基树脂黏度随温度升高而降低,室温 25℃下黏度为 430mPa·s,有较好的流动性;当温度升至 70℃时,黏度降至 50mPa·s,仅为室温条件下的 11.6%。

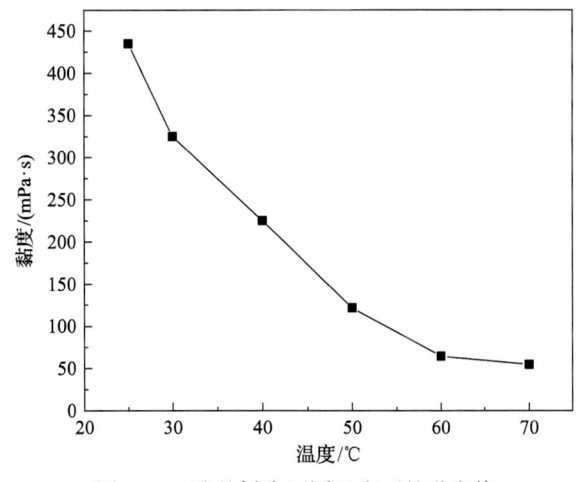

图 4-10 油基树脂不同温度下的黏度值

油基树脂开口、闭口闪点经检测分别为 48℃、32℃,处于较低的闪点水平,使用过程中要做好安全防护。

(2) 树脂材料固化温度敏感性及高温稳定性分析。

①固化温度敏感性。

体系固化时间仅为 3h 左右,考虑注入过程时间较长,为保障施工安全,有必要对树脂材料成胶液做相应的温度敏感性分析。

由表 4-3 可以看出,当温度由 130℃降到 110℃,成胶液固化时间有明显延长;温度

表 4-3 成胶液温度敏感性分析数据表

温度/℃	油基树脂/g	DTBP 质量/g	TBP 质量/g	固化时间
130	20	0.2	0.2	3h
110	20	0.2	0.2	16h
100	20	0.2	0.2	30h
90	20	0.2	0.2	4d 未固化
80	20	0.2	0.2	7d 未固化

降至100℃后,成胶液一天内不能实现固化;当温度为80℃时,固化时间延长至一周以上。由此可以看出,树脂材料成胶液对温度敏感性较强,在低温度下其固化时间远远长于高温,这一特点可保证油基树脂在注入高温目标层段过程中不会提前固化,避免造成重大施工事故。

②高温稳定性。

成胶液注入地层中固化形成高强度树脂材料,其在高温高盐、油水环境中的质量变化、强度变化是评价树脂材料稳定性的重要指标。按油基树脂:过氧化二叔丁基:氮氧自由基哌啶醇质量比为相应比例配制成胶液,其固化物放在130℃塔河模拟地层水、柴油中,观察其质量与压缩强度随老化时间的变化,实验结果见表4-4。

表4-4 树脂材料地层环境稳定性分析

放置天数/d	地层水环境		柴油环境	
	质量/g	压缩强度/kN	质量/g	压缩强度/kN
0	17.813	18.21	18.264	18.56
5	17.792	18.23	18.125	18.19
10	17.698	16.79	17.894	15.78
15	17.623	15.17	17.717	14.21
20	17.584	13.58	17.452	12.54
25	17.436	13.24	17.365	10.89
30	17.401	12.46	17.184	8.04

注:地层环境为温度130℃,矿化度22×10^4mg/L。

从树脂材料在30d高温高盐油水环境中的质量和压缩强度数据中分析得出,树脂材料在模拟塔河地层水中的稳定性均要高于在柴油环境中的稳定性:15d后地层水和柴油环境下树脂材料质量分别下降约1.1%、3.0%,压缩强度值分别下降约16.7%、23.4%;30d后地层水和柴油环境下树脂材料相比于一开始的质量分别下降约2.3%、5.9%,压缩强度分别下降约31.6%、56.7%。

(3)油基树脂与地层胶结性。

油基树脂体系注入地层后,能与地层岩石胶结并且有很好的黏附力,保证树脂体系增强架桥的性能。按油基树脂:过氧化二叔丁基:氮氧自由基哌啶醇质量比为100:1:1的比例配制成胶液,与洗净干燥好的砂石混合置于130℃高温环境下固化,使用万能试验机进行压缩试验。

成胶液与砂有很好的胶结效果,并且成胶液渗入砂中的部分能够很好地将砂黏结在一起,抗压能力最高可达18kN,如图4-11所示。

(4)油基树脂体系配伍性评价。

当油基树脂体系注入到达油井目标层段后难免会和地层水、原油接触、混合。本节通过油基树脂体系与自来水、模拟地层水和柴油充分混合来模拟成胶液注入地层后的行

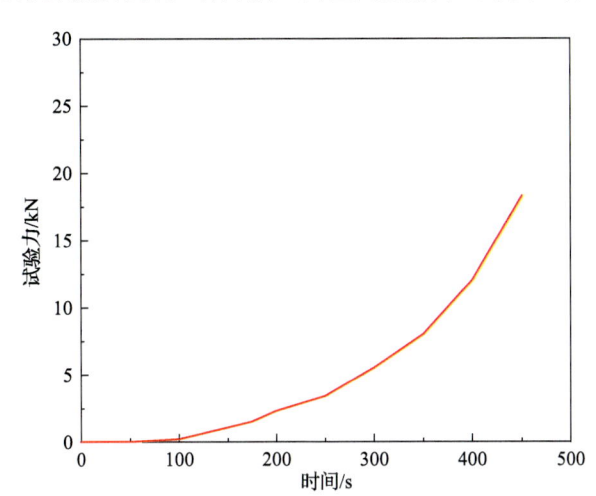

为，由此来判断所研究树脂材料在塔河油田高温高盐油水环境下的配伍性。

图 4-11　成胶液与砂固化物的压缩试验力

按油基树脂∶过氧化二叔丁基∶氮氧自由基哌啶醇质量比为相应比例配制成胶液后再分别与清水、塔河模拟地层水、柴油混合搅拌后置于 130℃高温环境下，实验数据见表 4-5～表 4-7。

表 4-5　成胶液与清水配伍性

油基树脂/g	编号	引发剂/g	阻聚剂/g	固化时间/h	固化情况
20	1-1	0.2	0.2	4	固化
	1-2	0.2	0.4	6	固化
	1-3	0.2	0.6	9	固化
	1-4	0.2	0.2	4	固化
	1-5	0.4	0.2	3	固化
	1-6	0.6	0.2	1	固化

表 4-6　成胶液与塔河模拟地层水配伍性

油基树脂/g	编号	引发剂/g	阻聚剂/g	固化时间/h	固化情况
20	2-1	0.2	0.2	12	固化
	2-2	0.2	0.4	16	固化
	2-3	0.2	0.6	19	固化
	2-4	0.2	0.2	12	固化
	2-5	0.4	0.2	9	固化
	2-6	0.6	0.2	7	固化

表 4-7　成胶液与柴油配伍性

油基树脂/g	编号	引发剂/g	阻聚剂/g	固化情况
20	3-1	0.2	0.2	未固化
	3-2	0.2	0.4	未固化
	3-3	0.2	0.6	未固化
	3-4	0.2	0.2	未固化
	3-5	0.4	0.2	未固化
	3-6	0.6	0.2	未固化

从表 4-5～表 4-7 可以看出，不同比例的成胶液与清水、塔河模拟地层水充分混合搅拌后可以充分固化，固化物且有一定硬度，表明该树脂材料与地层水有很好的配伍性，但是固化时间相比于成胶液独自固化时间要长 2～4 倍；另外，成胶液与柴油混合搅拌后的混合物黏度增加，置于 130℃高温下虽然能凝胶，但是没有强度，没有完全固化，可见当成胶液注入地层中遇到环境中原油后其固化效果会受到影响。

(5) 成胶液密度调整。

塔河地层水密度为 1.14g/cm³，原油密度为 0.8235g/cm³，油基树脂的密度为 1.09g/cm³，因此，根据封堵位置需求，可以考虑添加加重剂来调整体系的密度。本节选择粉煤灰、轻质碳酸钙、微硅粉、沥青粉、硫酸钡粉末进行密度调整试验，见图 4-12。

图 4-12　粉煤灰(a)、轻质碳酸钙(b)、微硅粉(c)、沥青粉(d)、硫酸钡(e)密度调整试验

①增重剂评价。

粉煤灰、轻质碳酸钙、微硅粉、沥青粉、硫酸钡的密度分别为 2g/cm³、1.4g/cm³、0.35g/cm³、0.8g/cm³、4.5g/cm³，由于增重剂的密度须大于地层水的密度，同时由于微硅粉和沥青粉在油基树脂中分散性较差，微硅粉和沥青粉不适用于油基树脂增重。粉煤灰、轻质碳酸钙和硫酸钡在油基树脂中有较好的分散性，但是由粉煤灰或轻质碳酸钙的成胶

液在130℃环境下易失去分散性发生沉淀现象,同时导致成胶液不能完全固化。

在常温搅拌和地层温度下,硫酸钡在油基树脂中都有较好的分散性,沉淀现象较轻,并且比重在4%以上可以将成胶液密度增加到1.16g/cm³之上,同时成胶液也能很好地固化,增强架桥作用,实现对出水通道的高效封堵。

②增重剂对体系固化影响。

选择硫酸钡作为增重剂,在树脂中的加量为4%。评价了由此制备的树脂固化性能和强度,见表4-8。

表4-8 硫酸钡作为增重剂成胶液固化情况($BaSO_4$质量分数为4%)

油基树脂/g	样品编号	引发剂/g	阻聚剂/g	固化时间/h	压缩强度/kN
20	①	0.4	0.2	2	14.64
	②	0.2	0.2	3	19.38
	③	0.4	0.4	3.5	17.62
	④	0.2	0.4	4	15.51

相比于未加增重剂的成胶液对照组,成胶液加入硫酸钡粉末后的固化时间缩短,所能承受压缩强度有所提升,表4-8中④号样品相对于不加硫酸钡的对照组固化时间短1h(对比图4-7,固化时间约5h),压缩强度增加68.6%(对比图4-8,压缩力约为9.2kN)。

4.1.2 油基树脂的矿场应用

油基树脂体系密度1.09g/cm³,130℃下固化时间3~16h可控,与岩石间有良好的固结能力,抗压强度大于16MPa。该体系对堆积颗粒具有增强架桥功能,可实现对出水通道的高效封堵。目前已在TH10433H、TK6114等井进行了现场应用,累计增油2047.5t。

以典型井组TK6114井近井调流为例,TK6114井位于六区西北部S80主干断裂上,局部构造高部位,油气富集程度高,区域静态连通基础好,发育深大断裂。TK6114井为常规完井,在距离T_4^7顶部35m处开始漏失,且该井暴性水淹,水体能量强,顶部及井周剩余油丰富。TK6114井水淹三个月后TK685井发生底水窜进,分析认为来水可能受TK6114井底水窜进影响。另外,该井发育深大断裂,深部底水主要通过裂缝窜进,造成弱势通道剩余油被屏蔽,同时该井高含水加速了对TK685井水侵,导致其暴性水淹。

因此,考虑在TK6114井开展流道调整试验,采用纵向调流的模式,利用主体弹性颗粒+油基树脂进行架桥封堵,并配合聚合物冻胶体系进行封口,封堵下部通道,抑制底水水侵,释放该井次级通道潜力,同时降低水侵对TK685井的影响。

2020年4月13日至16日,该井实施流道调整施工,共注入井筒总液量2354m³,其中调流剂1231m³,1~2mm中密度弹性颗粒20.94t,2~3mm中密度弹性颗粒0.6t,瓜尔胶1.2t,油基树脂5m³,聚合物冻胶100m³,由于前期试注2~3mm中密度弹性颗粒时,进地层时压力上涨明显,决定取消2~3mm中密度弹性颗粒注入,以免对井筒造成封堵。

调流后,TK6114井机抽生产,日产液21.20t,日产油4.79t,综合含水率77.41%。连续生产109d后,日产油降至1.0t以下,含水率升至100%,该井累计生产128d后关井,增油 620t；邻井 TK685 井保持低含水率生产，增油 743t。通过 TK6114 的调流一方面释放了该井次级通道剩余油，另一方面有效控制 TK685 井的水侵，调流效果显著。

4.2 软弹体颗粒过盈架桥改善水驱技术

4.2.1 软弹体颗粒的研发与性能评价

1. 软弹体调流颗粒的设计思路

作为一种颗粒类调流用剂，聚合物软弹体又称为预交联聚合物，是由双官能度水溶性单体、引发剂、少量多官能度水溶性单体及其填充剂在一定条件下反应制备的交联聚合物。该交联剂聚合物粉碎成微米或毫米级颗粒后，可吸水膨胀，吸水膨胀后的颗粒具有较好的强度和变形性，故又称水膨体颗粒、交联聚合物颗粒(软弹体)[14-20]。

制备软弹体的双官能度单体有丙烯酰胺、丙烯酸、AMPS 等，多官能度单体有 MBA、聚乙二醇二丙烯酸酯等。制备软弹体的单体决定了软弹性的性能。常用软弹体可选择丙烯酰胺、丙烯酸、MBA、聚乙二醇二丙烯酸酯来制备。但这类水膨体用于高温或/和高盐条件下时，由于羧酸或酰胺基团电离生产的羧酸根与地层水中钙镁离子发生螯合作用，导致软弹体收缩、变硬失去弹性，对裂缝或高渗透层的封堵效果会大幅度降低。

传统耐温耐盐的单体有 AMPS、N-乙烯基吡咯烷酮(NVP)、二甲基丙烯酰胺等。对于 AMPS 来说，虽然是制备耐温耐盐聚合物最常用的单体之一，但研究已经证明，该链节中的酰胺基团在温度超过 100℃也会明显水解，温度超过 120℃时水解速度与丙烯酰胺链节中酰胺基团水解速度基本接近。NVP 不仅在高温高盐水中稳定，还可以和酰胺基团形成氢键，从而大幅度延缓酰胺在高温条件下水解速度[21-24]。

另外，AMPS 和 NVP 价格相当。基于这些考虑，针对地层水含盐量达 22×10^4mg/L，地层温度达到 130℃塔河油田缝洞型油藏，本节选择以丙烯酰胺(AM)、NVP、MBA 共聚来制备交联聚合物，其中 MBA 主要起交联剂作用。

此外，合成过程中加入纳微米硅铝酸盐颗粒。这些纳微米硅铝酸盐颗粒可以与酰胺基团、吡咯烷酮环形成氢键。一方面，氢键的形成增加了交联聚合物的交联密度，提高了交联聚合物的弹性；另一方面，氢键的形成抑制了酰胺基团的水解。

2. 软弹体调流颗粒的研制

理想的调流用软弹体调流颗粒，除密度与地层水相近外，要求在高温高盐条件下，长期放置体积不会收缩且有一定柔韧性。下面以膨胀倍数和储能模量为主要评价指标，对单体组成、交联剂含量和填充剂含量进行了筛选。

1) 单体比例

单体的种类是影响最终合成产品耐温性的重要因素。塔河油田的油藏温度 130℃、矿化度 22×10^4mg/L，水型为 $CaCl_2$ 型，常规的丙烯酰胺交联聚合物无法适用于该地层条件。通过前期的调研和实验发现 NVP 单体具有很好的耐温性，因此为了提高合成产物的耐温性，本节通过将 AM 与 NVP 复配使用。NVP 单体的用量越多，产物的耐温性越好，但相应的成本越高，因此需要确定 NVP 和 AM 的一个合理比例。保持单体质量分数为 30%，分别合成了 NVP 和 AM 比例（质量比）为 4∶6～7∶3 的共聚物。图 4-13 和图 4-14 是这些共聚物在塔河模拟盐水中热处理不同时间后膨胀倍数和储能模量的评价结果。

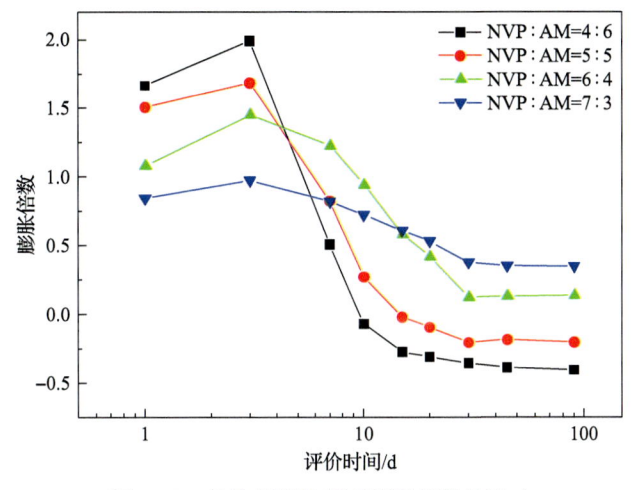

图 4-13　单体复配比例对膨胀倍数的影响

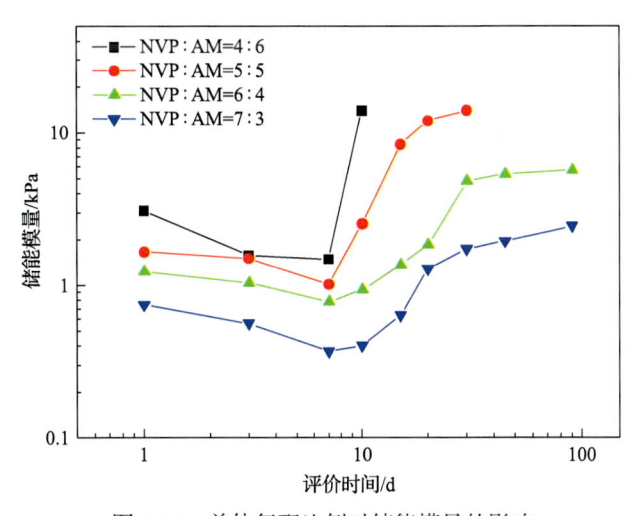

图 4-14　单体复配比例对储能模量的影响

由图 4-13 和图 4-14 可以看出，所合成的软弹性颗粒在模拟盐水中的膨胀经历了三个阶段：第一个阶段是快速吸水膨胀阶段，老化 3d 后膨胀率达到最高。由于酰胺基团的亲水性强于吡咯烷酮基团，故在评价初期 AM 比例高的交联聚合物的膨胀倍数高。该阶段软弹体弹性模量呈下降趋势。此后软弹体膨胀率开始降低，进入第二个阶段。软弹体在模拟盐水中老化 10～30d 后膨胀率基本不再发生变化，进入第三阶段。该阶段软弹体的弹性模量基本也不再变化。

软弹体中 NVP 和 AM 的比例不同，膨胀率和弹性模量的变化趋势略有差异。NVP

和 AM 比例为 4∶6、5∶5 时制备的软弹体，在模拟盐水中放置 10～20d 后体积小于老化前的体积，储能模量也会明显变高；而 NVP 和 AM 比例为 6∶4、7∶3 时制备的软弹体老化 90d，体积大于老化前的体积，弹性模量也没有明显增加。考虑成本，确定合成软弹体时单体物质的量比是 NVP∶AM=6∶4。

2) 单体质量分数

合成产物中单体所占的质量分数会影响合成产物的吸水能力以及吸水后产物的弹性。以单体质量分数为 20%、25%、30%、35%分别合成了四种软弹体，将这些软弹体在模拟盐水中老化一定时间后测定膨胀倍数和弹性模量，结果见图 4-15 和图 4-16。

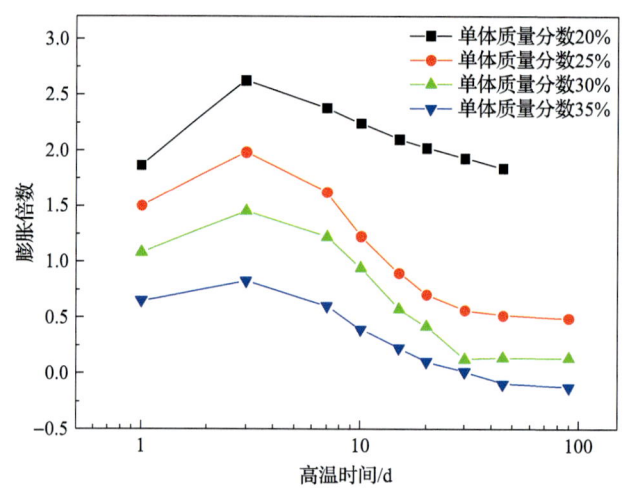

图 4-15 单体质量分数对膨胀倍数的影响

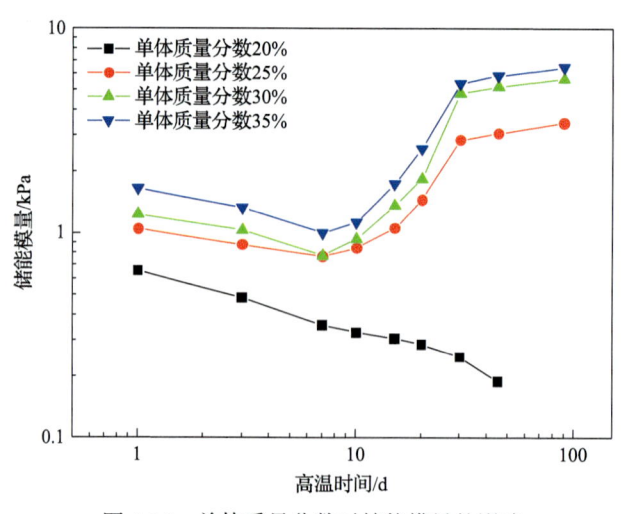

图 4-16 单体质量分数对储能模量的影响

实验发现，当单体含量小于等于 15%，反应产物在合成条件下 10h 无法成胶；单体含量为 20%时，反应产物可以形成胶块，但得到的交联聚合物力学性能较差，高温评价 45d 呈弱冻胶状态；当单体质量分数大于 20%后，随着单体含量的增加，一方面合成产物的交联度增加，另一方面产物膨胀倍数减小，由此导致交联聚合物弹性增加。综合膨胀率和弹性模量测定结果，建议选择单体质量分数为30%。

3）交联剂含量

增加交联剂含量可以提高交联聚合物的空间网络结构密度，从而提高交联聚合物的弹性，但是过高的交联剂含量会导致交联聚合物韧性变差，挤压变形时容易发生脆性破坏。为了寻找最优的交联剂用量，分别合成了交联剂含量（交联剂占单体物质的质量分数）不同的共聚物，将这些软弹体在模拟盐水中老化一定时间测定膨胀倍数和储能模量，结果见图4-17和图4-18。

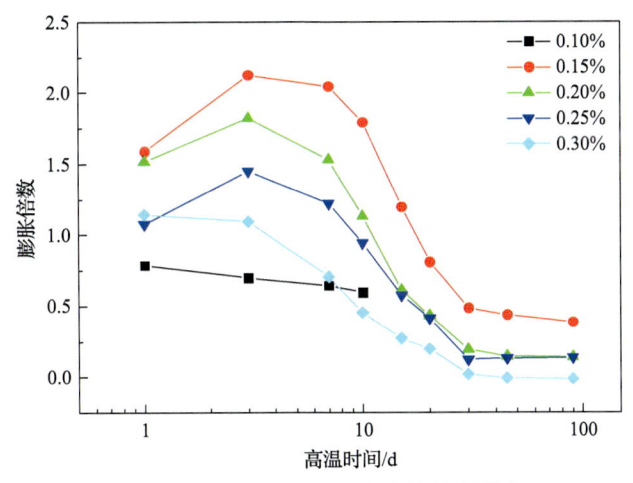

图4-17 交联剂含量对膨胀倍数的影响

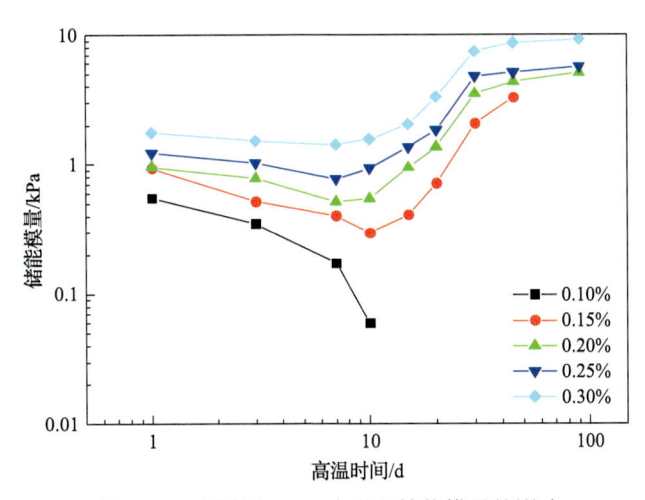

图4-18 交联剂MBA含量对储能模量的影响

实验发现，当交联剂含量为0.05%时，得到的交联聚合物弹性差，不能通过挤注机粉碎制成颗粒；当含量增加到0.1%时，合成产物具有一定的刚度，但高温评价10d后产物失去结构强度，呈流态；随着交联剂含量继续增加，合成产物的空间网络结构密度增加，产物的弹性增加，吸水能力降低。当交联剂含量达到0.3%时，共聚物颗粒高温评价

3个月后几乎不膨胀，且储能模量接近 10kPa，形态类似橡胶颗粒，变形性较差。故最佳的交联剂使用量为 0.25%。

4) 填充剂含量

在反应体系中加入硅酸盐颗粒可以增加交联聚合物的韧性和刚度，但过高的硅酸盐颗粒含量会影响聚合反应进行。为了优选最优的填充剂含量，分别合成了不同硅酸盐颗粒含量的交联聚合物，并评价了这些交联聚合物的在地层条件下的高温性能，见图 4-19 和图 4-20。

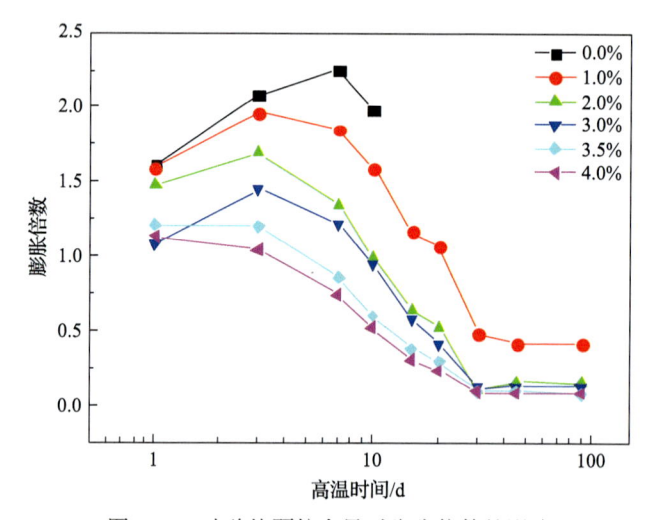

图 4-19 硅酸盐颗粒含量对膨胀倍数的影响

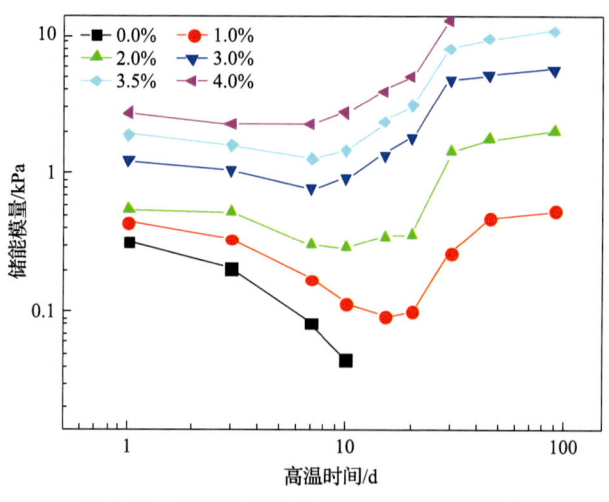

图 4-20 硅酸盐颗粒含量对储能模量的影响

实验发现，随着反应体系中硅酸盐颗粒含量增加，形成的交联聚合物吸水性能逐渐降低、弹性逐渐增加。图 4-21 分别为不同硅酸盐颗粒含量交联聚合物评价后的状态图，其中未添加硅酸盐颗粒样品评价 15d 已经呈弱冻胶状态，储能模量 45Pa，强度类似强冻胶。综合产物的膨胀倍数和储能模量，最终确定的硅酸盐颗粒用量为 3%。

硅酸盐颗粒含量0%　　　硅酸盐颗粒含量1%　　　硅酸盐颗粒含量2%　　　硅酸盐颗粒含量3%

图 4-21　不同硅酸盐颗粒含量共聚物高温评价 15d 后的状态

硅酸盐颗粒能提高合成产物的韧性和刚度机理如下。

(1) 单体在硅酸盐颗粒中发生了插层原位聚合，形成了硅酸盐颗粒-聚合物复合体。硅酸盐颗粒具有层状结构，它们的晶体结构是由两层硅氧四面体之间夹着一层铝氧八面体片构成晶层，在 Z 轴方向上呈周期性排列，在两层硅氧四面体中间充满着 $n\mathrm{H_2O}$ 和可交换性阳离子。聚合单体可插入晶层之间，在引发剂的作用下形成聚合物-硅酸盐颗粒的有机复合体。图 4-22 为不同样品的 SEM 图。从图中可以看出，未添加硅酸盐颗粒的交联聚合物孔隙为规则椭圆状，添加硅酸盐颗粒孔隙规则性较差，且未添加硅酸盐颗粒的交联聚合物孔隙大于添加硅酸盐颗粒的交联聚合物孔隙。

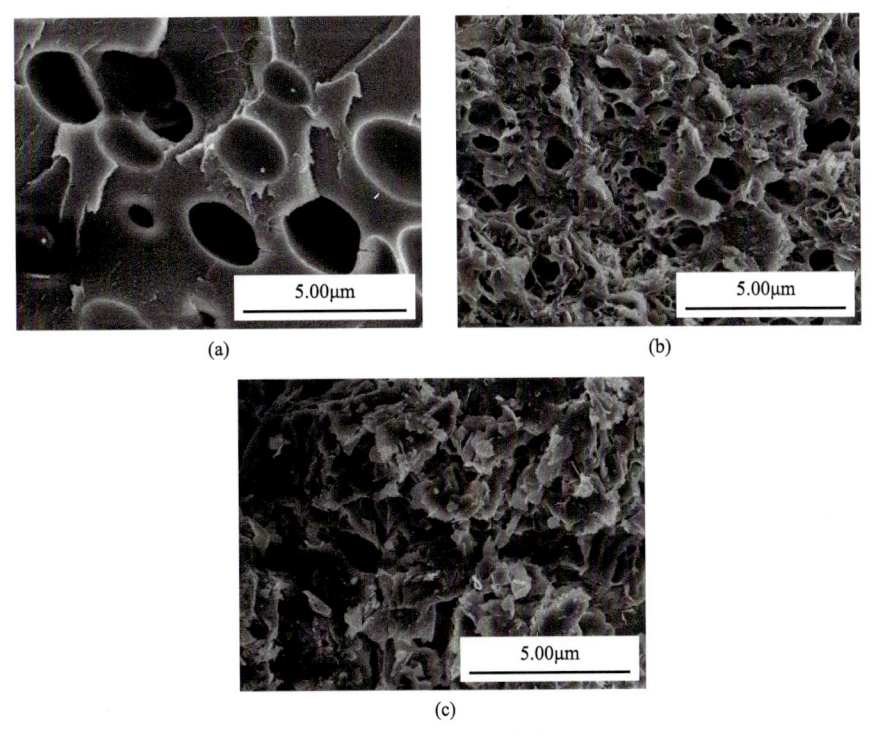

图 4-22　产物和硅酸盐颗粒的 SEM 图
(a) 未添加硅酸盐颗粒；(b) 添加 3%硅酸盐颗粒；(c) 硅酸盐颗粒

(2) 硅酸盐颗粒自身带有负电荷，其净电荷量的大小会影响共聚物的渗透压，从而会影响共聚物的吸水膨胀性及颗粒的强度。

(3)硅酸盐颗粒也可以通过与酰胺基团、吡咯烷酮环基等形成氢键，氢键的形成增加了软弹体的交联网格密度，降低软弹体的吸收膨胀能力。同时，氢键的形成也改善了共聚物的力学性能，增加了共聚物的储能模量。

4.2.2 软弹体颗粒的工业化加工

软弹体的工业化加工主要分为调制釜配反应液、反应釜反应、粉碎、筛分四个工序，其中反应釜反应和粉碎是关键工序。

1. 调制釜配反应液

反应釜无搅拌桨，因此反应液需要在调制釜中配好后泵送到反应釜中进行反应。该工序的关键是将硅酸盐纳微米颗粒与反应单体充分混合，主要步骤如下。

(1)按照每釜 7t 的量计算生产所需要的各种原材料的量并进行购置，同时清洗反应釜及生产线。

(2)向调制釜中通过管线泵入纯水、液态丙烯酰胺、NVP，同时向溶液中加入 MBA，将体系温度升至 40℃，并不断搅拌 0.5h。

(3)在搅拌的条件下向调制釜中缓慢加入硅酸盐纳微米颗粒，剧烈搅拌 4h。

2. 反应釜反应

将配好的反应液泵送到反应釜中，加入引发剂后除氧，然后密闭进行反应。主要步骤如下：

(1)将水化好的成胶液从调制釜打入反应釜，并进行升温鼓氮。

(2)将配制好的引发剂母液倒入反应釜，待体系温度升至 50℃进行憋压聚合 8h，体系压力设置 0.2MPa。

3. 粉碎

单体聚合形成具有高弹性的胶板后，如何粉碎形成粒度合适的颗粒是软弹体颗粒制备工艺的难点。从粉碎效率、粉碎后颗粒强度、颗粒粒度等几个方面比较了胶体磨、切片机、螺杆挤出机等粉碎设备后，选择用螺杆挤出机来粉碎聚合形成的软弹体胶板。粉碎工序中涉及的主要参数有：

(1)聚合 8h 后，聚合釜上部充氮气 1MPa，开始下压反应形成的物料。

(2)开启造粒机进行造粒。选用孔眼为 3mm 的孔板，螺杆挤出机转速为 3～5r/min，加入物料质量分数为 5%的润滑剂，得到的软弹体颗粒 65%粒径为 7～10mm、35%粒径为 1～3mm。

4. 筛分

粉碎形成的软弹体颗粒可以用振动筛分成粒度不同的颗粒。鉴于振动筛筛分速率低，从造粒机出来的软弹体颗粒先输送至提升机料仓，然后由提升机匀速泵送至振动筛。

4.2.3 软弹体颗粒的矿场应用

软弹体颗粒密度 1.13～1.15g/cm³，粒径 1～10mm 可调，具有良好的稳定性和弹性，颗粒可变形移动，适用于过盈架桥。该体系对不适应高强度颗粒调流的风化壳油藏，且不会造成井筒卡堵和地层伤害。目前已在 TK273 井（2 轮次）、TK237 井、TK763 井进行了现场应用，累计增油 5497t。

以典型井组 TK763 井组调流为例，TK763 井组属于发育多套储集体的风化壳岩溶，注采井组间主要通过裂缝连通，TK763 井与 TK748 井最近且通道发育，井间发育北西向的断裂，TK763—TK748 井属于高注低采，TK763 井注入水主要沿着 TK748 井方向驱动，其他方向水驱未见明显响应。根据单元注水情况来看，单元注水期间，TK763 井注水动态收效单一，TK748 井出现明显水窜，单元注水效果变差，井间水驱优势通道外的剩余油动用程度低。

因此考虑在 TK763 井开展流道调整试验，利用调流剂卡堵 TK748 方向主优势水驱通道，改善主方向次级通道水驱效果，同时兼顾 TK7-456、TK762CH、TK234 等次方向水驱动用。

该井组共开展过三轮次调流：第一轮和第二轮采用中密度橡胶颗粒，施工过程中注入压力高，颗粒无法进入地层；第三轮采用低强度软弹体调流颗粒，累计注入软弹体颗粒 19.6t，施工过程中压力缓慢上升，但无明显压力陡增的卡堵现象。从评价结果来看，调流后位于次方向的 TK234 井收效明显，阶段增油 5233t，提高采收率效果显著。

4.3 塑弹体颗粒复配增强架桥改善水驱技术

4.3.1 塑弹体颗粒的研发与评价

1. 塑弹体调流颗粒的设计思路

塑弹体调流颗粒的制造工艺：通过高温将 PP、PS、PE 等热塑性塑料与中密度颗粒、沥青粉、碳酸钙粉、滑石粉等材料中的一种或几种复配，在塑料造粒机中混溶、造粒、破碎等工艺，加工成密度可调，粒径可控，高温下具有一定软化黏连性、油溶性等性能，最终制成可满足现场需要的复合塑弹体调流颗粒[25-27]。

塑弹体材料是指能够在高温条件下塑化成型和常温下表现出像橡胶弹性的一类物质，即同时具有塑性和弹性，包括热塑性弹性体和石油沥青、煤基沥青。属于弹性体范畴的有热塑性弹性体（TPE）和热塑性硫化橡胶（TPV）两大类。热塑性弹性体是由不同的塑料段（硬段）和橡胶段（软段）组成的。热塑性弹性体的硬段之间能够形成分子间的物理交联，而软段则是由自我旋转能力较强的高弹性链段组成。软硬段以适当的次序排列链接，最终构成了热塑性弹性体。硬段的物理交联是可逆的，即在高温下失去约束大分子力组成的能力，呈现塑性，降至常温时，这些物理交联又恢复，对比传统的硫化橡胶，热塑性弹性体的硬段就是橡胶中的硫化交联点。由于其结构特点和交联状态，热塑性弹性体同时具有热塑性塑料的高温塑化成型和硫化橡胶弹性的特点。

根据不同的化学组成，热塑性弹性体可分为八大类：苯乙烯类，聚烯烃类，聚氨酯类，聚醚酯类，聚酰胺类，用动态硫化法制备的橡胶、塑料共混型热塑性弹性体，含卤聚烯烃类，离聚体类。表 4-9 为典型热塑性弹性体的软硬段组成。

表 4-9 典型热塑性弹性体软硬段组成

弹性体类别	硬段	软段
苯乙烯类热塑性弹性体	苯乙烯	丁二烯
乙烯-辛烯共聚物弹性体	乙烯	辛烯
热塑性硫化橡胶	塑料	橡胶
热塑性弹性体	大分子链段聚醚多元醇	小分子链段聚醚多元醇
热塑性聚酯弹性体	聚酯硬段	聚醚软段

2. 塑弹体配方原料初选

收集了一些市场上常见的塑料，包括聚乙烯(PE)、聚丙烯(PP)、聚苯乙烯(PS)、聚对苯二甲酸乙二醇酯(PET)，以及热塑性弹性体，包括苯乙烯-丁二烯-苯乙烯嵌段共聚物(SBS)、热塑性聚氨酯弹性体(TPU)、聚烯烃弹性体(POE)、热塑性聚酯弹性体(TPEE)、烯烃嵌段共聚物(OBC)等，其名称、厂家和型号信息列于表 4-10。

表 4-10 各种塑料的名称、厂家及型号

编号	常见塑料	名称	厂家	型号
A1	LDPE	低密度聚乙烯	陶氏化学	N150
A2	HDPE	高密度聚乙烯	陶氏化学	YGH041
A3	PS	聚苯乙烯	扬子石化	GPPS-123
A4	PP	聚丙烯	镇海炼化	012
A5	PET	聚对苯二甲酸乙二醇酯	金山石化	纤维级
A6	R-TPEE	回收聚酯弹性体	陶氏化学	
A7	TPEE	聚酯弹性体	中蓝晨光	H605E
A8	TPU	热塑性聚氨酯	宁波市金穗橡塑有限公司	2790
A9	SBS	苯乙烯-丁二烯-苯乙烯嵌段共聚物	独山子石化	T171
A10	SBS	苯乙烯-丁二烯-苯乙烯嵌段共聚物	独山子石化	T161b
A11	POE	聚烯烃弹性体	陶氏化学	POP 1450G
A12	POE	聚烯烃弹性体	陶氏化学	POP EG8200
A13	OBC	烯烃嵌段共聚物	陶氏化学	INFUSE 9000
A14	POE	聚烯烃弹性体	埃克森美孚	Vistamaxx 6102
A15	TPEE	聚酯弹性体	中蓝晨光	3503
A16	TPEE	聚酯弹性体	中蓝晨光	H2525

注：LDPE 为低密度聚乙烯；HDPE 为高密度聚乙烯。

随后对这些塑料进行了密度、软化点、熔点进行了系列测试，具体数据如表 4-11 所示，这为新型塑弹体制备的原料选择提供基础数据。

表 4-11　不同类型塑料的密度、软化点、熔点

编号	塑料名称	密度/(g/m³)	软化点/℃	熔点/℃
A1	LDPE	0.91	91.8	110
A2	HDPE	0.941	122.5	140
A3	PS	1.05	103	107.7
A4	PP	0.9	120.7	151.7
A5	PET	1.34	160	254.1
A6	R-TPEE	0.95	99.4	124.2
A7	TPEE	1.205	130.1	195.2
A8	TPU	1.3	100.6	180.2
A9	SBS	0.925	47.8	186
A10	SBS	0.935	55.4	182
A11	POE	0.935	76.2	102
A12	POE	0.924	37.5	54
A13	OBC	0.956	42	123.4
A14	POE	0.936	44.6	58.1
A15	TPEE	1.105	110.8	192.5
A16	TPEE	1.125	100.2	108.5

表 4-11 给出了对 PE、PP、PS、PET，以及热塑性弹性体 SBS、TPU、POE、TPEE 等系列聚合物的密度、软化点、熔点测试结果，结合油藏稳定要求及成本控制等因素，发现 PE 和 POE 应作为新型塑弹体制备原料选择主要对象[28-33]，因为其熔点范围为 100～110℃，且 A1 和 A11 相容性较好，虽然密度较低小于 1g/cm³，但可以考虑采用填料碳酸钙[34]进行改性。碳酸钙是一种无机化合物，重质碳酸钙密度一般为 1.2～1.4g/cm³，不溶于水，是地球上常见物质之一，也是聚合物改性常用填料，经简单表面处理后可以与聚乙烯等聚合物很好地相容，特别是它是油田地质层常见组成物质，不会造成额外污染负担。

3. PE/POE 系列塑弹体颗粒的制备与表征

1）实验原料及方法

(1) 实验原料。

本节中使用的 PE 和 POE 制备不同特性的共混物。PE 型号分别为美国陶氏化学 (DOW) 公司的 DFDA-1253NT，其密度为 0.919g/m³，熔体流动速率为 1.8g/10min。POE 也主要采用了 DOW 系列产品，具体特性见表 4-12。

表 4-12 不同牌号 POE 的性质

牌号名称	密度/(g/cm³)	熔点/℃	拉伸强度/MPa
POEEG8003	0.885	77	18.20
POEEG8100	0.870	60	9.76
POEEG8150	0.868	55	9.50
POEEG8180	0.863	47	6.30
POEEG8200	0.870	59	5.70
POEEG8401	0.885	89	8.50
POEEG8402	0.902	96	6.70
POEEG8440	0.897	76	20.40
POEEG8450	0.902	97	22.40
POEEG8452	0.875	66	11.20
POEEG8480	0.902	84	24.80

采用 3000 目的硅烷偶联剂表面改性重质碳酸钙。一般 $CaCO_3$ 在使用之前采用硅烷偶联剂表面改性是为了提高其与聚合物的相容性，填充到聚合物基体中可以达到提高密度和降低成本的目的。

(2) 塑弹体颗粒实验室制备方法。

采用直径 20mm、长径比 40 的小型双螺杆挤出机，共混制备了不同 $CaCO_3$ 含量的 PE 改性物和 POE 改性物；并固定 $CaCO_3$ 质量填充量为 35%，进一步制备了 $CaCO_3$ 改性的不同质量比的 PE 和 POE 共混物。双螺杆挤出机分段温度如表 4-13 所示。

表 4-13 双螺杆挤出机分段温度　　　　　　（单位：℃）

第一段	第二段	第三段	第四段	第五段	第六段	机头温度
150	165	170	170	170	170	165

(3) 塑弹体颗粒的性质表征方法。

熔点：物质的熔点，即在一定压力下，化合物的固态和液态呈平衡时的温度，也就是说在该压力和熔点温度下，纯物质呈固态的化学势和呈液态的化学势相等，而对于分散度极大的纯物质固态体系（纳米体系）来说，表面部分不能忽视，其化学势则不仅是温度和压力的函数，还与固体颗粒的粒径有关，属于热力学一级相变过程。

熔程：物质的熔融过程并不是在一个温度点下进行，而是一个温度区间完成，该区间称为熔程区间。上下限分别称为初熔温度和终熔温度，初熔温度即物质开始熔融的温度，终熔温度即物质完全熔解的温度。一般我们所说的熔点为熔程区间最高峰所对应的温度。

玻璃化转变温度：玻璃化转变温度是指由高弹态转变为玻璃态或玻璃态转变为高弹态所对应的温度。玻璃化转变是非晶态高分子材料固有的性质，是高分子运动形式转变的宏观体现，它直接影响到材料的使用性能和工艺性能，因此长期以来它都是高分子物理研究的主要内容。

软化点：物质软化的温度，主要指的是无定形聚合物开始变软时的温度。它不仅与高聚物的结构有关，还与其分子量的大小有关。其测定方法有很多，测定方法不同，结果往往不一致。较常用的有维卡(Vicat)法和环球法等。

(4) 130℃清水环境中的熔融和黏结性能评价实验。

采用清水观察制备的样品颗粒在130℃水中的熔融、黏结及沉淀情况。首先记录颗粒在刚放入盛满水的玻璃高压瓶中的状态，观察其沉淀情况；然后将玻璃高压瓶放入高温恒温烘箱中(温度为设定为130℃)，隔6h和24h拍摄记录颗粒熔融黏结情况。

(5) 油田地层水的耐温抗盐性能评价实验。

将在模拟油田地层水中考察样品的耐温抗盐性，颗粒放入盛有模拟油田地层水的高压瓶中，放入高温恒温烘箱中(温度为140℃)，一定时间后，观察颗粒在模拟地层水中的熔融黏结情况。

(6) 拉伸强度测试。

测试标准参考测试标准《塑料拉伸性能测定方法》(ASTM D638—2003)。

拉伸试验是对试样沿纵轴向施加静态拉伸负荷，使其破坏。通过测定试样的屈服力、破坏力和试样标距间的伸长来求得试样的屈服强度、拉伸强度和伸长率。

弹性模量(拉伸模量)：在比例极限内，材料所受应力与产生响应的应变之比。由应力-应变的相应值被彼此对应地绘成曲线，通常以应力值作为纵坐标，应变值作为横坐标。应力-应变曲线一般分为两部分：弹性变形区和塑性变形区。变弹性变形区，材料发生完全可以恢复的弹性变形，应力和应变呈正比例关系。曲线中直线部分的斜率即是拉伸弹性模量值，代表材料的刚性。弹性模量越大，刚性越好，在塑性变形区，应力和应变增加不再成正比关系，最后出现断裂。本次试验拉伸速度设置为50mm/min。拉伸样条中间的长度为3mm，样条厚度为3.14mm，样条长度为25.8mm。

拉伸强度：一般指的是屈服点过后强度又再提高直到断裂时的最高强度，如果屈服点是它的最高强度点，那抗拉强度就成为拉伸强度。也就是说拉伸强度就是屈服点处的应力。一般的树脂材料抗拉强度等于拉伸强度。杨氏模量是指线性模量，简单的计算就是应力除以应变。

(7) 压缩强度测试。

测试标准参考测试标准《纤维增强塑料压缩性能试验方法》(GB/T 1448—2005)，制作样条30mm×10mm×8mm菱形，两端平面相互平行，不平行度应该小于试样的高度的0.1%，否则试样本身对测试结果会有不良影响。压缩速度为10mm/min。

2) 塑弹体颗粒性能表征

(1) $CaCO_3$改性PE的制备及其性质表征。

制备了$CaCO_3$质量分数为10%~35%的PE改性物，并对其进行了密度和熔点测试，具体结果列于表4-14。结果表明，PE改性物的熔点随着$CaCO_3$含量的增加而增加，当其含量由10%提高到35%时，熔点由111.8℃升高至115.1℃，初步可以判断A5和A6满足项目要求。随着$CaCO_3$含量增加，其拉伸模量和压缩模量都显著增加。

表 4-14　PE 改性物的组成和性质

序号	组成	密度/(g/cm³)	熔点/℃	熔程/℃	拉伸强度/MPa	压缩强度/MPa
A1	10%CaCO$_3$+90%PE	0.97	111.8	105.4~115.5	—	—
A2	15%CaCO$_3$+85%PE	1.01	112.2	106.5~116.0	—	—
A3	20%CaCO$_3$+80%PE	1.05	112.8	106.7~118.0	—	—
A4	25%CaCO$_3$+75%PE	1.09	113.3	106.3~117.9	—	—
A5	30%CaCO$_3$+70%PE	1.14	114	106.9~118.1	22.3	11.0
A6	35%CaCO$_3$+65%PE	1.17	115.1	107.0~119.9	23.4	13.1
A7	40%CaCO$_3$+60%PE	1.19	117	105.7~121.5	23.9	14.8

注："—"表示未测试，表 4-14 和表 4-15 同。

分别评价 A1~A6 个样品在 130℃清水中 1h、6h 和 24h 后的状态，A1 和 A2 样品的颗粒浮于水中或上方，未能全部沉淀。这是因为其密度较小。当置于 130℃环境中 12h 后，A1 和 A2 样品的塑料颗粒熔化黏结，但是无法起到阻隔岩板的作用。A3~A6 样品在水中 6h 后开始熔融，并且黏结在一起，经过 24h 后，其熔融为团状。A5 和 A6 样品密度较大，介于 1.14~1.18g/cm³，符合调流需求。

对 A5 和 A6 样品进行了 110~130℃的平板剪切流变实验，结果表明，PE 共混物的弹性模量、损耗模量和复数黏度均随着 CaCO$_3$ 含量的增加而增加；其弹性模量大于黏性模量，证明其在 110~130℃时弹性性能较好；复数黏度介于 500~5000Pa·s，具备较高的熔体强度，能够抵抗一定的形变压力。

（2）CaCO$_3$ 改性 POE 的制备与性质表征。

研究了 CaCO$_3$ 改性对 POE 性能的影响，采用 EG8200 牌号和 EG8003 牌号的 POE 作为聚合物基体，制备了 CaCO$_3$ 质量分数为 10%~40% 的共混改性物，对其进行了密度和力学性能测试，结果分别见表 4-15 和表 4-16，当 CaCO$_3$ 含量达到 35% 以上时，满足项目密度 1.14~1.18g/cm³ 的要求。另外测试了海南天然橡胶产业集团金橡有限公司金才橡胶加工分公司标准橡胶（SCR WF）的力学性能（表 4-17），从表 4-15~表 4-17 可以看出加了 CaCO$_3$ 的 POEEG8200 和 POEEG8003 的拉伸模量与橡胶相似，虽然压缩模量有些偏大，但总体弹性模量较好。改变 POE 牌号，其原料的拉伸模量不同，可以很方便地调

表 4-15　POEEG8200 改性物的组合和性质

序号	组成	密度/(g/cm³)	拉伸强度/MPa
B1	10%CaCO$_3$+90%POE	0.93	—
B2	15%CaCO$_3$+85%POE	0.95	—
B3	20%CaCO$_3$+80%POE	0.97	—
B4	25%CaCO$_3$+75%POE	1.04	—
B5	30%CaCO$_3$+70%POE	1.10	—
B6	35%CaCO$_3$+65%POE	1.16	3.3
B7	40%CaCO$_3$+60%POE	1.18	3.9

表 4-16 POEEG8003 改性物的组合和性质

序号	组成	密度/(g/cm^3)	拉伸强度/MPa	压缩强度/MPa
B8	10%CaCO$_3$+90%POE	0.94	—	—
B9	15%CaCO$_3$+85%POE	0.95	—	—
B10	20%CaCO$_3$+80%POE	0.97	—	—
B11	25%CaCO$_3$+75%POE	1.08	—	—
B12	30%CaCO$_3$+70%POE	1.13	—	—
B13	35%CaCO$_3$+65%POE	1.17	6.5	1.1
B14	40%CaCO$_3$+60%POE	1.18	6.6	1.2

表 4-17 橡胶的典型力学性能

样品	拉伸强度/MPa	压缩强度/MPa
橡胶	5.0	0.15

控所制备的弹性体的力学性能，如使用拉伸强度为5.7MPa的POEEG8200牌号，其CaCO$_3$改性的POE拉伸模量明显比POEEG8003（原料拉伸强度为18.2MPa）的小。表4-14中加了CaCO$_3$的PE的拉伸模量和压缩模量则远大于橡胶的数值，说明其常温下弹性比较差。

POE为非结晶性聚合物，无固定熔点，但在100℃已熔化。将EG 8200将制得的7个样品放置于130℃清水中1h、12h和24h，观察其熔融状态。由于B1～B3的密度小于1.0g/cm^3，其浮于水上方，当置于130℃环境中24h后，塑料颗粒熔化黏结，并且可起到阻隔岩板的作用。B4～B7密度大于1.0g/cm^3，在130℃环境中24h后颗粒熔合为球状沉淀于底部，但当CaCO$_3$质量分数为35%和40%时，颗粒并未完全熔融。

对符合条件的B6和B7进一步进行平板剪切流变实验，相比于PE，温度和CaCO$_3$含量对POE流变性能的影响更大。110～130℃时POE的弹性模量小于黏性模量，即其刚性小，抵抗弹性形变的能力差；复数黏度介于1000～100000Pa·s，与PE的复数黏度相近，这是因为两者具有大致相等的分子量。

(3) CaCO$_3$改性POE和PE共混物的制备和性质表征。

由前面的实验分析可知，POE和PE各有优势，如POE的黏结性能较好，熔融温度低，但是其密度和弹性模量较PE小；PE密度和弹性模量大，但其黏结性能不及POE。因此，制了不同质量比的POE和PE共混物，并填充了35%（质量分数）的CaCO$_3$，以期制备具有不同性能的调流剂。对四个样品进行了密度测试和熔点测试，结果列于表4-18。

表 4-18 CaCO$_3$改性POE和PE共混物的组合和性质

编号	组成	密度/(g/cm^3)	熔点/℃	熔程/℃	拉伸强度/MPa
C1	52%POEEG8200+13%PE+35%CaCO$_3$	1.14	111.0	99.6～114.9	3.1
C2	39%POEEG8200+26%PE+35%CaCO$_3$	1.14	110.2	102.8～113.7	4.0
C3	26%POEEG8200+39%PE+35%CaCO$_3$	1.15	111.4	103.8～114.8	5.2
C4	13%POEEG8200+52%PE+35%CaCO$_3$	1.15	112.2	104.7～115.5	6.5

由测试结果可知，四个样品的密度和熔点均满足项目要求。随后，对其进行了130℃水中性能考察。实验结果表明，四个样品均沉淀于底部，并熔融成团，但是随着POE含量的下降，其熔融时间变长。

随着PE含量的增加，复数黏度、弹性模量和黏性模量均增加；110~120℃时C1、C2的弹性模量小于其黏性模量；C3的弹性模量和黏性模量大致相当；C4的弹性模量大于其黏性模量；130℃时，仅有C4的弹性模量与其黏性模量相当，C1~C3的弹性模量均小于其黏性模量。因此，就高温弹性性能而言，PE的含量应该较大比较好。

（4）不同特性的POE对$CaCO_3$改性POE/PE共混物性质的影响。

考察了具有不同特性的POE对$CaCO_3$改性POE/PE共混物性质的影响，结果如表4-19所示。由实验结果可以发现，随着POE含量的增加，改性物的熔点将会降低，同时不同牌号的POE对熔点的影响不同，通过数据观察得EG8003对熔点的影响较小。

表4-19　35%$CaCO_3$含量PE/POE改性物的组成和性质

编号	组成	密度/(g/cm^3)	熔点/℃	熔程/℃	拉伸强度/MPa
D1	13%POEEG8003+52%PE+35%$CaCO_3$	1.11	112	107~114.2	15.3
D2	26%POEEG8003+39%PE+35%$CaCO_3$	1.15	111.5	106.4~113.9	12.5
D3	39%POEEG8003+26%PE+35%$CaCO_3$	1.15	109.1	103.6~112.8	10.8
D4	52%POEEG8003+13%PE+35%$CaCO_3$	1.19	112.91	106.96~115.29	8.3
D5	13%POEEG8150+52%PE+35%$CaCO_3$	1.10	111.9	106~114.4	19.0
D6	26%POEEG8150+39%PE+35%$CaCO_3$	1.12	110	103.7~113.2	16.3
D7	39%POEEG8150+26%PE+35%$CaCO_3$	1.12	108.2	101.5~112.9	15.2
D8	52%POEEG8150+13%PE+35%$CaCO_3$	1.13	106	99.3~112.5	17.1
D9	13%POEEG 452+52%PE+35%$CaCO_3$	1.14	111.6	106.1~113.9	14.3
D10	26%POEEG8452+39%PE+35%$CaCO_3$	1.14	111.1	105.7~113.7	14.1
D11	39%POEEG8452+26%PE+35%$CaCO_3$	1.17	109.2	103.4~113.5	11.7
D12	52%POEEG8452+13%PE+35%$CaCO_3$	1.18	107.6	99.1~113.2	10.5

研究表明，随着POE含量的增加，POE对改性材料的性能影响越来越大，随着POE加入量的增加，改性物的熔点就越低，弹性在高温下越弱；在对改性物流变性能和力学性能的影响方面，使用EG8150改性PE/POE共混料显示出相对较大的影响，这是因为原料EG8150的弹性模量更高。

（5）PE/POE共混物在模拟油田地层水中的耐盐性能测试。

①35% $CaCO_3$含量PE/POE共混物在模拟油田地层水中的耐盐性能测试。将清水中密度、黏结性和耐温性合格的35% $CaCO_3$的共混物分别放入模拟的油田地层水中进行软化黏结和沉降行为测试，通过130℃下的模拟地层水实验结果，发现之前清水中确定的下沉共混物配方加热后都浮在了水面上（即使刚加入盐水可沉底，加热后也会上浮），而且它们与140℃的模拟地层水中实验结果类似。导致这种情况的可能原因有两个：一是盐水中颗粒间黏结作用不紧密，颗粒间存在空隙，影响其黏结成团后的密度；二是聚合

物在盐水中的溶胀等导致密度降低。

②40% CaCO₃ 含量 PE/POE 共混物在模拟油田地层水中的耐盐性能测试。为了使共混物颗粒在模拟地层水中下沉，我们通过增加重质 CaCO₃ 量来增加共混物的密度，共混物配方如表 4-20 所示。将 40% CaCO₃ 的共混物分别放入模拟油田的地层水试管中进行测试，发现大部分 CaCO₃-PE-POE 共混物均可软化黏结在一起，并保持一定的颗粒形状，符合调流要求。注意表 4-20 中密度是经过 140℃盐水处理之后的黏结物样品的密度。

表 4-20　40% CaCO₃ 含量 PE/POE 改性物的组成和性质

序号	组成	密度/(g/cm³)	熔点/℃	熔程/℃	拉伸强度/MPa	压缩强度/MPa
E1	12%POEEG8003+48%PE+40%CaCO₃	1.20	112.8	106～116.7	20.79	3.5
E2	24%POEEG8003+36%PE+40%CaCO₃	1.20	111.6	105.6～115	17.1	2.9
E3	36%POEEG8003+24%PE+40%CaCO₃	1.19	109.6	103.8～113.5	12.4	3.1
E4	48%POEEG8003+12%PE+40%CaCO₃	1.17	109.2	102.1～114.1	8.9	1.5
E5	12%POEEG8150+48%PE+40%CaCO₃	1.20	112.1	105.8～115.4	22.2	8.6
E6	24%POEEG8150+36%PE+40%CaCO₃	1.21	110.9	103.0～115.1	21.2	8.0
E7	36%POEEG8150+24%PE+40%CaCO₃	1.20	108.9	101.2～113.6	18.2	5.2
E8	48%POEEG8150+12%PE+40%CaCO₃	1.19	105.2	96.4～112.7	12.9	3.3
E9	12%POEEG8452+48%PE+40%CaCO₃	1.19	112.3	106.6～115.6	20.0	9.3
E10	24%POEEG8452+36%PE+40%CaCO₃	1.22	111.4	105.1～114.8	17.7	7.2
E11	36%POEEG8452+24%PE+40%CaCO₃	1.23	109.8	103.2～114.2	14.6	5.7
E12	48%POEEG8452+12%PE+40%CaCO₃	1.22	107.8	98.6～113.4	11.9	5.5

③40% CaCO₃ 含量 PE/POE 共混物的熔融行为和流变特性。进一步测试了含 40% CaCO₃ 含量 PE/POE 共混物熔融软化行为，相同的 LDPE/POE 共混比例下，提高 CaCO₃ 填入量，共混物的熔点有少量提高，熔程也会变宽，但变化幅度不大。三个 POE 牌号的共混物熔点均随着 POE 含量升高而降低，表 4-20 中 E1～E4 为 EG8003 改性后的 DSC 测试数据。对比发现，调高 CaCO₃ 的填入量后，共混物流变性能与之前 35%CaCO₃ 填入量相比黏性和弹性模量会比之前略有增加。

4.3.2　塑弹体颗粒工业化加工

采用"混炼+造粒"的加工工艺，橡胶材料共聚形成不同强度弹性体，优选密度调节剂、油溶性树脂，实现 1.05～1.2g/cm³ 密度可调、油水选择性的复合功能调流剂，剪切造粒形成不同尺度颗粒。

1. 双螺杆挤出工艺

高温挤出造粒工艺是塑料工业中较为成熟的技术，高温挤出的主要原理是将物料从料斗进入到挤出机，在螺杆的转动带动下将其向前进行输送，物料在向前运动的过程中，在料筒的加热、螺杆带来的剪切以及压缩作用下发生熔融，因而实现了混合材料从低温到高温的玻璃态、高弹态和黏流态的三态间的变化。

调流颗粒加工主要采用双螺杆挤出机，以实现不同材料的充分混溶。挤出机主要包括螺杆、机筒、上料系统、加热冷却系统、传动系统、温度控制和电气控制系统等，而螺杆又是挤出机最关键的部件，它承担了对物料的输送、压实、塑化、均化、加压和推挤出的全过程的转动，机筒内的混合材料才能移动，得到增压和产生摩擦热。与螺杆接触的混合材料被螺杆咬住，随螺杆的旋转被螺纹强制向机头方向推进。在塑料往前推进前移的过程中，经历了温度、压力、黏度甚至化学结构的变化。

2. 切粒方法

粒径大小会直接影响注入性，调流现场需要颗粒粒径小于3mm，现有水冷拉条切粒无法满足要求。而空中热切是在干热切的基础上用风冷，减少了黏粒现象，混合材料经过挤出机挤出料条后，趁热直接将热料条切割形成一定形状的粒子，切割后的粒子采用风冷却，粒子在落下的同时，在鼓风机的作用下沿管道向前输送，冷却输送同时进行。风冷热切粒的优点是：①混合材料粒子的形状为圆柱形或腰鼓形，形状良好；②设备所消耗的功率低，结构简单，刀具磨损量小，操作、维护方便；③混合材料粒子不需要进行干燥处理。其缺点是粒子之间可能会出现黏附现象，所加工物料的熔融指数不宜过低。

3. 无机改性方法

直接使用$CaCO_3$容易造成混配不均匀，使用之前需采用硅烷偶联剂表面改性以提高其与聚合物的相容性，填充到聚合物基体中可以达到提高密度和降低成本的目的。表面改性的$CaCO_3$制备方法如下。

(1) 称取30g重质碳酸钙于250mL反应瓶中，加入一定量的水和乙醇搅拌均匀成悬浮液。

(2) 将硅烷偶联剂溶于适量无水乙醇中，于超声波清洗仪中分散均匀。

(3) 待温度至设定值，将硅烷偶联剂溶液加入盛有重质碳酸钙悬浮液的反应瓶中，搅拌反应一段时间。

(4) 反应结束后，产物用乙醇反复洗涤多次，抽滤分离，在50℃下真空干燥24h即可得到产物。

4.3.3 塑弹体颗粒的矿场应用

塑弹体颗粒密度可控（1.10~1.16g/cm³），能随水运移，实现远距离调流，高温130℃条件下软化黏连，与中密度颗粒复配使用，可增强架桥能力，实现对大裂缝的架桥封堵，该体系适合断溶体油藏的调流需求。目前已在TP116X、TK825CH、TH12413等井进行了现场应用，累计增油5427t。

以典型井组P116X井组调流为例，TP116X—TP106井组静态上具有一定连通性，且以深部水驱连通为主。井组以低注高采为主，注水沿深部通道窜进，动态显示TP116X井注水，TP106井有水窜现象，TP6CH也有能量补充。为了提高水驱效果，兼顾单元补充能量，因此，设计采用中密度弹性颗粒+塑弹体进行对深部优势通道进行调整，提高架桥概率，以实现深部水驱通道的扩大，提高次级裂缝通道及连通的储集体。

第一轮调流：2019 年 5 月 5 日至 8 日，该井实施第一轮调流道施工，共注入井筒总液量 2317m³、中密度颗粒 37.6t，塑弹体颗粒 10.6t，瓜尔胶 1.44t，施工过程未起压。

调流后，TP116X 井 2019 年 5 月 12 日开始注水，日平均注水 30m³，累计注水 3667m³。受效井 TP6CH 井，含水率由 83%降低到 65%，日产油由 2.5t 上升到 12t(最大)，井组第一轮调流累计增油 792t。

第二轮调流：2019 年 10 月 26 日至 11 月 1 日，该井实施第二轮流道调整施工，共注入井筒总液量 3255m³，中密度颗粒 57t，塑弹体颗粒 9t，瓜尔胶 1.44t，调流剂注入 1800m³ 后开始起压，油压 7.6MPa，套压 6.6MPa。

调流后，TP116X 井于 2019 年 11 月 12 日开始注水，日平均注水 30m³，累计注水 4215m³。受效井 TP6CH 含水率由 100%降低到 60%(最低)，日产油由 0.1t 上升到 9t(最大)，平均日增油 4.5t，井组累计增油 575.6t。

参 考 文 献

[1] 赵修太，陈泽华，陈文雪，等. 颗粒类调剖堵水剂的研究现状与发展趋势[J]. 石油钻采工艺，2015, 37(4)：105-112.

[2] 邹正辉，咎拥军，李建雄，等. 橡胶颗粒复合调剖体系在复杂断块油田的应用[J]. 石油钻采工艺，2010, 32(5)：94-97.

[3] 巫光胜，张涛，钱真，等. 调流剂颗粒在裂缝中的输送实验与数值模拟[J]. 断块油气田，2018, 25(5)：675-679.

[4] 王芳芳，黑东盛. 热固性树脂的固化动力学影响因素研究进展[J]. 塑料助剂，2016, 116(2)：15-19.

[5] 王晓霞，王成国，贾玉玺，等. 热固性树脂固化动力学模型简化的新方法[J]. 材料工程，2012, (6)：67-70.

[6] Zhou Q, Ni L Z. Bismaleimide-modified methyl-di(phenylethynyl)silane blends and composites: Cure characteristics, thermal stability, and mechanical property[J]. Journal of Applied Polymer Science, 2009, 112(6)：3721-3737.

[7] Yousefi A, Lafleur P G, Gauvin R. Kinetic studies of thermoset cure reactions: A review[J]. Polymer Composites, 1997, 18(2)：157-168.

[8] 张纪奎，郦正能，关志东，等. 复合材料层合板固化压实过程有限元数值模拟及影响因素分析[J]. 复合材料学报，2007, 24(2)：125-130.

[9] 李辰砂，冷劲松，王殿富，等. 纤维增强层合复合材料固化过程的研究[J]. 纤维复合材料，1999, (1)：1-6.

[10] 李剑峰，燕瑛. 复合材料热膨胀性能的细观分析模型与预报[J]. 北京航空航天大学学报，2013, 39(8)：1069-1073.

[11] 钱世准，丁成斌. 不饱和聚酯树脂的固化系统及其进展[J]. 玻璃钢/复合材料，1995, (1)：37-40.

[12] 陈修敏，李又兵，陈静，等. 无机纳米粒子改性不饱和聚酯树脂研究进展[J]. 中国塑料，2018, 32(3)：1-5.

[13] 曾黎明. 低固化收缩率不饱和聚酯树脂的合成与性能研究[J]. 纤维复合材料，2000, (3)：3, 4.

[14] Al-Muntasheri G A, Zitha P L J, Nasr-El-Din H A. A new organic gel system for water control: A computed tomography study[J]. Journal of Petroleum Science and Engineering, 2010, 15(1)：197-207.

[15] Jia H, Zhao J Z, Jin F Y, et al. New insights into the gelation behavior of polyethyleneimine cross-linking partially hydrolyzed polyacrylamide gels[J]. Industrial & Engineering Chemistry Research, 2012, 51(38)：12155-12166.

[16] You Q, Wang K, Tang Y C, et al. Study of a novel self-thickening polymer for improved oil recovery[J]. Industrial & Engineering Chemistry Research, 2015, 54(40)：9667-9674.

[17] Chen L F, Zhang G C, Ge J J, et al. An ultrastable hydrogel for enhanced oil recovery based on double-groupscrosslinking[J]. Energy Fuels, 2015, 29(11)：7196-7203.

[18] 陈升. 耐高温交联聚合物冻胶的制备[J]. 当代化工研究，2018, (9)：161, 162.

[19] 张弦，王海波，刘建英. 蒸汽驱稠油井防汽窜高温凝胶调堵体系试验研究[J]. 石油钻探技术，2012, 40(5)：82-87.

[20] 周亚贤，郭建华，王同军，等. 一种耐温抗盐预交联凝胶颗粒及其应用[J]. 油田化学，2007, 24(1)：75-78.

[21] Wu Y M, Zhang B Q, Wu T, et al. Properties of the forpolymer of N-vinylpyrrolidone with itaconic acid, acrylamide and

2-acrylamido-2-methyl-1-propane sulfonic acid as a fluid-loss reducer for drilling fluid at high temperatures[J]. Colloid and Polymer Science, 2001, 279(9): 836-842.

[22] Liu R, Pu W F, Qin P, et al. Synthesis of AM-co-NVP and thermal stability in hostile saline solution[J]. Advanced Materials Research, 2012, 602-604: 1349-1354.

[23] Pande C S, Gupta N. Gamma-radiation-induced graft copolymerization of acrylamide onto crosslinked poly(N-vinylpyrrolidone)[J]. Journal of Applied Polymer Science, 2015, 71(13): 2163-2168.

[24] El-Hoshoudy A N, Desouky S M. Synthesis and evaluation of acryloylated starch-g-poly(acrylamide/vinylmethacrylate/1-vinyl-2-pyrrolidone)crosslinked terpolymer functionalized by dimethylphenylvinylsilane derivative as a novel polymer-flooding agent[J]. International Journal of Biological Macromolecules, 2018, 116: 434-442.

[25] 戴彩丽,方吉超,焦保雷,等.中国碳酸盐岩缝洞型油藏提高采收率研究进展[J].中国石油大学学报(自然科学版), 2018, 42(6): 67, 78.

[26] 胡文革,赵海洋,王建峰,等.缝洞型碳酸盐岩油藏流道调整改善水驱的方法:CN201810388040. 6[P]. 2018-10-09.

[27] 郭艳,李树斌,吕帅,等.预交联颗粒调剖剂的合成与性能评价[J].精细石油化工进展, 2007, 8(10): 5-8.

[28] 李子甲,甄恩龙,焦保雷,等.密度和黏结性可控的PE/POE/CaCO$_3$体系颗粒流道调整剂的制备[J].中国塑料, 2020, 34(6): 14-19.

[29] 袁海兵.POE增韧改性聚丙烯/滑石粉复合材料的研究[J].中国塑料, 2018, 32(3): 33-36.

[30] 彭辉,李启飞,王昊,等.硅烷交联PP/POE共混材料的性能研究[J].塑料科技, 2018, 46(7): 26-31.

[31] 刘伟峰.乙烯/辛烯溶液共聚及其聚合物链结构的调控[D].杭州:浙江大学, 2014.

[32] 苏家凯.POE增韧改性聚丙烯复合材料的制备[J].塑料制造, 2010, (3): 65-67.

[33] 刘艳军.PP/POE共混物的热性能和结晶行为研究[J].山西化工, 2019, 39(1): 1-3.

[34] 赵彦生,刘永梅,卢建军,等.纳米CaCO$_3$及偶联剂对小本体PP结晶的影响[J].现代化工, 2006, (S2): 116-119.

第5章 超深井人工举升新技术

为满足塔河油田油藏埋藏深、液面深、油品多样等特殊情况需要，西北油田创新形成了超深井人工举升技术，现场井筒举升出现大排量、深泵挂、高能耗、高掺稀的运行特点。在突破深抽指标的同时，常规机采方式出现杆断、泵故障频发的问题，同时机采井系统效率对标中石化呈现较低的现象，地面及井下节能措施少，运行工况能耗大。因此，我们基于高效健康采油的理念，攻关形成了超深井人工举升地面技术、超深井人工举升井下技术，并建立了超深井健康评价体系，有效提高塔河油田机采井生产周期与技术水平。

5.1 超深井人工举升地面技术

塔河油田受油藏埋藏深（平均井深 5800m）、液面深等特殊性及油品性质多样性因素影响，目前井筒举升呈现泵挂深、耗能高的特点，目前泵挂超过 2500m 的油井有 658 口，占机采井的 56.8%，平均泵挂达 3001m，抽油机井总体系统效率 19.7%，地面电机功率因数仅为 0.38，地面节能降耗形势严峻，亟须探索研制一种新型抽油机，使之既具有游梁式抽油机结构简单、运转可靠的优点，又能实现比游梁式抽油机大幅度提高效率、节约能源的目标。

另外，随着油气资源的不断开发，深部油层开采逐年增多，含水率不断提高，越来越需要大泵提液采油及深井超深井采油工艺和设备，因此，使用大型超大型抽油机是一个重要的发展方向。

5.1.1 超长冲程地面抽油机技术

1. 长冲程抽油机对比分析

为解决塔河油田目前存在的深抽能力不足、杆柱失效比例高、抽油泵故障率高及稠油和结蜡等问题，石油工作者进行了一系列的探索：电潜泵可以深抽但稠油适应性差、产量较低时散热存在问题；螺杆泵对稠油具有较好的适应性，但由于密封材料的限制导致下入深度受限，于是研究人员将研究方向转向了超长冲程抽油机；从采油工艺角度来说，增加冲程长度（在保证一定产量的条件下可降低悬点冲次）可带来一系列的好处，如可改善抽油机受力特性，减少因频繁的交替载荷造成杆柱疲劳、减小抽油杆在稠油中的运动阻力等，而且在合理的范围内冲程越长优势越明显。

采用长冲程抽油方式，抽油效率高，抽油机寿命长，动载荷小，排量稳定，具有较好的采油经济效益，近年来国外出现了许多长冲程抽油机，如苏联钢带式超长冲程抽油机最大冲程为 15m；法国 Mape 公司抽油机，最大冲程 10m，最大冲次 5 次/min；美国 WGCO 公司抽油机最大冲程约为 24m，最大冲次为 3 次/min；NSCO 公司抽油机最大冲程约为 27m。常见的长冲程抽油机具有以下几种类型（图 5-1～图 5-6）。

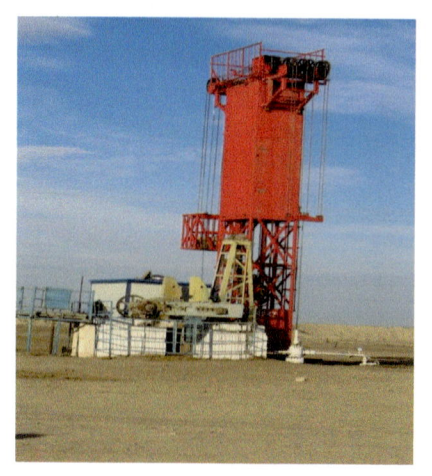

图 5-1 液压抽油机

图 5-2 皮带式抽油机

图 5-3 直线电机抽油机

图 5-4 滚筒式抽油机

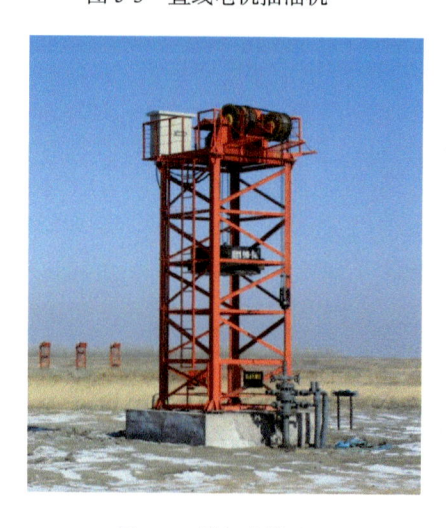

图 5-5 塔架式抽油机

(a) DDPU　　(b) CTPU

图 5-6 基于永磁同步电机的直驱抽油机
(a)与链条传动抽油机(b)

上述介绍的几种抽油机各自的优缺点见表5-1。

表5-1 常见长冲程抽油机优缺点对比

抽油机类型	优点	缺点
液压抽油机	①效率高、能耗低、节能效果显著 ②体积小、质量轻、移动方便 ③对大载荷适应能力强,可满足深井、稠油开采要求	①因液压缸长度的限制,最大冲程受到限制 ②液压元件的可靠性及寿命有待提高
皮带抽油机	①适用于大泵深下、小泵深抽 ②冲程损失小、泵效高 ③运转平稳、振动载荷小、油井免修期延长	①曲拐轨道及链条润滑性不好 ②整机质量主要集中在前端,对安装地基的土质要求较高 ③进行井下作业及维修工作量较大
直线电机抽油机	①传动功率损失小,系统效率较高 ②工艺相对简单,机械维护量大幅减少	①生产成本和维护费用较高 ②应用较少,仍处于探索阶段
直驱/链条传动抽油机	①平衡性好,换向和工作使往返架受侧向力小 ②冲程、冲次调节方便	①永磁直驱电机的价格较高 ②链条抽油机的移动副较多,故障率较高
滚筒式抽油机	①不受井架尺寸的限制,可实现超长冲程、超低冲次 ②结构简单、系统受力得到改善、故障率小,安全性高 ③占地面积小、可与柔性抽油杆配合,适用于深井、超深井	①需选用合适的电机以满足启动、制动比较频繁的工作要求 ②由于目前现场应用较少,方案设计可参考的资料少
塔架式抽油机	①智能控制电机正反转来实现电机旋转运动 ②无惯性载荷,振动和摩擦载荷低 ③冲程冲次可无级调整,上行、下行速度可分别调整	①能耗高 ②故障率高

2. 超大型齿轮齿条节能抽油机技术

1) 齿轮齿条抽油机工作原理

齿轮齿条抽油机是电机通过皮带与角传动箱连接,角传动箱与减速机通过链条连接,减速机输出轴上安装有小齿轮,长环形齿条固定在机身上,电机、角传动箱、减速机、刹车安装在摆钟架内,小齿轮通过钟摆机构带动整个往复架总成沿齿条做往复运动,从而带动钢丝绳连接抽油杆实现抽油动作。

2) 齿轮齿条抽油机结构组成

齿轮齿条抽油机主要由天车总成、往复总成(往复架和摆钟机构)、吊架总成、底座总成以及其他附件组成。

(1) 天车总成:包含天车轮、悬绳器、天车平台、平台护栏、天车护罩、维修窗口等。其功能为钢丝绳下端连接悬绳器,上端与往复架总成连接做上下往复运行。

(2) 往复总成:包含往复架和摆钟机构。一是往复架,包含吊轮、往复架连接板、大轴承座连接板、摆钟总成、配重装置等,其功能为通过大轴承座连接板与摆钟架总成连接,外部通过往复架连接板与天车总成连接,电机驱动小齿轮旋转带动摆钟架总成做上下往复的运动;二是钟摆总成,包含驱动电机、角传动箱、减速机、小齿轮、刹车机构等,其功能为传动与换向,传动原理为电机—角传动箱—减速机—小齿轮—刹车装置,换向原理为换向段小齿轮继续旋转带动摆钟架从闭式链齿条的一端移向另一端,实现换向。

(3) 吊架总成:包含钢丝绳吊轮、吊轮销轴、大轴承销轴等。其功能吊架总成下部通过吊架连接板与往复架总成连接，上部通过钢丝绳与天车总成连接，钢丝绳穿过钢丝绳吊轮，然后绕过天车轮，前部与悬绳器连接。

(4)底座总成：包含钢底座、混凝土基础、拉杆、地脚螺栓、压板等。修井作业时可卸去斜撑杆，将副块移到远处，然后将机身移动到副块上，再将主块吊移到远处，方便现场作业。

3)主要技术特点

(1)传动简单、传动效率高。齿轮、长环形齿条既是运动机构，也是一级大速比的减速传动机构，电机直接驱动齿轮转动。

(2)高载荷、长冲程。利用齿轮啮合抗扭矩承载高，最大悬点载荷达 28t；稳定的塔架式，实现冲程 9m；配套变频控制系统，可实现冲次的无级调整。

(3)高承载自主挂抽。在悬绳侧无负载的条件，可实现将机身内部质量(20t)举升至最高位置，实现自主挂抽能力。

(4)运行简单，可靠性高。在抽油的往复运动过程中，电机的旋转方向始终不变，不必作频繁的停机、换向旋转等。运行中不但工作可靠性强，而且改变抽油速度方便，冲程长度准确不变。

(5)整机自重小。电机、往复架、传动系统、钟摆机构、刹车装置不但完成自己的功能，而且本身也是配重的一部分，减少了配重块的数量，减少整机的质量。

(6)刹车可靠。电机断电停运时立即自动刹车，也可以用手动按钮刹车，可以在任何位置可靠地刹住车。

(7)整机完全密闭。所有的电机设施都装置在机身外壳之中，只有三个密闭门和一个顶部带盖的天窗，环保安全。

4)主要技术参数

齿轮齿条抽油机主要技术参数如表 5-2 所示。

表 5-2 齿轮齿条抽油机主要技术参数

参数类型	齿轮齿条抽油机(18 型)
换向原理	电机匀速、钟摆机构换向
额定载荷/kN	180
电动机功率/kW	28(三个档位分别为 28、22、17)
冲程长度/m	7.4(不可调)
冲次/(次/min)	0.5~2.5(可调节)
挂抽	可自挂抽
整机质量(含配重)/t	23
机身高度/m	12
平衡特点	自平衡(调整容易)
启动特性与电能消耗	软启动，能耗低
系统效率/%	34
适应范围	深抽、高载荷井

5) 同类技术优缺点对比分析

目前常规油田地面动力抽油设备主要以游梁式抽油机型为主导，针对超深等特殊油藏游梁式抽油机运行过程中存在着平衡效果差、电动机电流波动大、能耗高、冲程长度受限等不足，因此皮带机、直线电机抽油机等塔式长冲程抽油机发展迅速，尤其在节能降耗和加大冲程等方面，但在运行过程中仍暴露出不足之处，如机构较为复杂、可靠性较差、滑动件及精密的液气元件等易磨损，导致关键零部件寿命较短、故障率高，维修烦琐，运行时效低。

(1) 游梁式抽油机：稳定性能好，市场占有率80%以上，但受其结构限制，悬点载荷超过16t的大型游梁机存在稳定性问题、调节维护困难等问题，更大载荷、更长冲程难以实现。

(2) 皮带式抽油机：稳定性好，系统效率较高，但受链轮链条传动结构影响，目前悬点载荷超过24t大型皮带式抽油机尚未实现。

(3) 直线电机抽油机：功率利用率高，但其大功率电机受稀土原材料限制价格居高不下，同时后期维护成本高，目前悬点载荷最大仅为22t，对于更大载荷尚无设计、制造经验。

(4) 24型塔式抽油机：电机采用正反旋转换向，功率利用率低，由于频繁换向，整体稳定性较差。

齿轮齿条抽油机与在用大型抽油机性能特点对比详见表5-3。

表5-3 齿轮齿条抽油机与其他抽油机对比分析

对比内容	齿轮齿条抽油机（18型）	游梁式抽油机（18型）	皮带式抽油机（1100型）	直线电机抽油机（22型）	塔式抽油机（24型）
换向原理	电机匀速、钟摆机构换向	电机匀速、简谐运动	电机匀速、往返架换向	变频控制电机换向	电机换向
额定载荷/kN	180	180	227	220	240
电动机功率/kW	28（三个档位分别为28、22、17）	75	75	55	75
冲程长度/m	7.4(不可调)	7.3(可调)	8.0(不可调)	3~8(无级调节)	1~7(无级调节)
冲次/(次/min)	0.5~2.5(可调节)	1.5~4.0(可调节)	0.1~4(可调节)	0.1~4(可调节)	0.1~4(可调节)
整机质量（含配重）/t	23	54.7	32.6	30.3	35.5
机身高度/m	12	13.3	12.8	13.6	13.6
平衡特点	自平衡(调整容易)	平衡块(调整困难，效果差)	平衡块(调整困难)	平衡块(调整方便)	平衡块(调整方便)
启动特性与电能消耗	软启动，能耗低	启动扭矩大，能耗高	启动扭矩大，能耗高	软启动，能耗低	软启动，能耗低
悬点载荷	惯性载荷小	惯性载荷、振动载荷和摩阻载荷大	惯性载荷大	无惯性载荷，振动和摩擦载荷小	无惯性载荷，振动和摩擦载荷低
适应范围	深抽、高载荷井	供液较好的油井	深抽、稠油井	深抽、间开井	深抽、间开井

通过对比分析齿轮齿条大型抽油机与其他抽油机的技术参数与特点，齿轮齿条抽油机的主要特点。

(1) 齿轮与齿条传动，可实现 28t 甚至更高载荷抽油机。
(2) 齿轮齿条结构，可实现自动挂抽。
(3) 齿轮齿条传动，机械效率高。
(4) 相比于常规抽油机，自带配重，整机质量轻。
(5) 从前期深抽井的现场试验效果来看，冲程损失小，效率高。
(6) 相比同类抽油机，配套电机功率小（55kW），功率因数高。
(7) 作业时可将整体机身移动到基座副块上，作业方便。
(8) 抽油机生产与加工本地化。

6) 现场先导试验概况

(1) TK881X 井。

根据以上的选井目的和选井条件认为 TK881X 井作为第一口试验井比较合适（表 5-4、图 5-7、图 5-8）。

表 5-4 TK881X 井试验情况

抽油机	泵径/mm	泵深/m	冲程/m	冲次/(次/min)	载荷/kN	日产液/t	日产油/t	含水率/%	生产时间/d
900 型皮带	38	3003	7.31	1.75	113.00/74.10	20.2	2.4	88.1	390
18 型齿轮齿条	38	3003	7.41	1.65	110.40/77.30	20.5	2.4	88.1	335

注：载荷数据中，"/" 前为上冲程载荷，即最大载荷，"/" 后为下冲程载荷，即最小载荷，表 5-6 同。

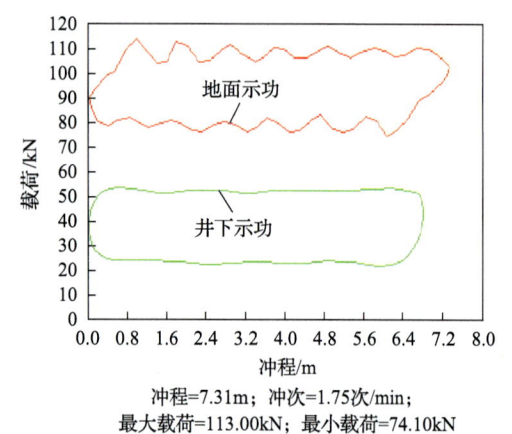

冲程=7.31m；冲次=1.75次/min；
最大载荷=113.00kN；最小载荷=74.10kN

冲程=7.41m；冲次=1.65次/min；
最大载荷=110.40kN；最小载荷=77.30kN

图 5-7 TK881X 井功图（2016 年 12 月 16 日） 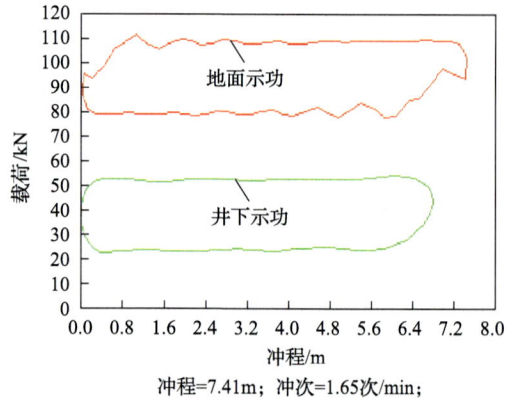　　图 5-8 TK881X 井功图（2017 年 1 月 23 日）

2017 年 11 月，TK881X 井更换设备前后用电量对比：与皮带机相比每天可节约 43.3kW·h，一个月可节约 1300kW·h，比节能较好的皮带机进一步节电 17.8%（表 5-5）。

表 5-5 TK881X 井更换设备前后用电量对比

工作制度	日期	时间	大电读数/(kW·h)	电流/A	用电量/(kW·h)	电量平均/(kW·h)
7.3m×1.7 次/min	2016-12-17	17:00	518.62	56/45	3.03	242.9
	2016-12-18	17:30	521.72	54/44	3.1	
	2016-12-19	17:00	524.7	51/46	2.98	

续表

工作制度	日期	时间	大电读数/(kW·h)	电流/A	用电量/(kW·h)	电量平均/(kW·h)
	2016年12月20日10:00至20:00更换齿轮齿条抽油机					
7.4m×1.7次/min	2017-10-31	10:36	1277.28	20/18	2.48	199.6
	2017-11-01	10:30	1279.8	22/19	2.52	
	2017-11-02	10:33	1282.28	20/19	2.48	
	2017-11-03	10:30	1284.78	22/18	2.5	

注：电流数据中，"/"前后的数据分别为下行电流和上行电流，表5-7同。

(2) TH121133井。

TH121133井试验情况如表5-6所示。

表5-6 TH121133井试验情况

抽油机	泵径/mm	泵深/m	冲程/m	冲次/(次/min)	载荷/kN	日产液/t	日产油/t	含水率/%
900型皮带	70	2215	7.3	2.8	11/5	20.3	18.1	10.7
18型齿轮齿条抽油机	70	1802	7.4	1.7	11.2/5.2	14.8	14.8	0

该井为掺稀抽油井，工况情况比较复杂，且该井的泵深和冲次均有变化，无法与以前的运行情况对比，但目前每天平均用电282.4kW·h，每月用电8472kW·h，功率因数0.77~0.81（表5-7）。采油队普遍认为有显著节能效果。

表5-7 TH121133井用电情况

工作制度	日期	时间	大电读数/(kW·h)	电流/A	电流平均/A	功率因数	用电量/(kW·h)	电量平均/(kW·h)
7.4m×1.7次/min	2017-10-23	11:47	4085.79	25.5/28.2	25.4/56.7	0.78	0.8	3.41	282.4
	2017-10-24	11:48	4089.38	25.5/28.2		0.77	0.8	3.57	
	2017-10-25	11:40	4092.81	27/29.4		0.78	0.8	3.45	
	2017-10-26	11:45	4096.50	24.3/27.6		0.78	0.81	3.69	

齿轮齿条抽油机具有可靠性、节能性、安全性、高效性等特点；同时又具有节能高效等特点，对塔河油田具有广泛的适应性，有着广阔的应用前景。

3. 超长冲程滚筒式抽油机

超长冲程滚筒式抽油机的优化设计主要包括卷筒设计、排绳器设计、电动机选型及传动系数设计[1]。

1) 卷筒设计

卷筒的作用是卷绕、收存柔性抽油杆，为井下泵传递动力和运动，把电动机的旋转运动变为柔性抽油杆的直线运动。卷筒所受应力复杂，其直径、容绳宽度及壁厚等参数对抽油机系统的稳定可靠工作至关重要，故应进行合理的设计。

(1) 卷筒结构和材料。

按缠绕层数，将卷筒分为单层缠绕和多层缠绕两种。单层缠绕卷筒的表面常切出螺旋槽。多层缠绕卷筒则大多为光面卷筒。多层缠绕卷筒的两端都带有侧边，其高度比最外层柔性抽油杆高出 1.5d~2.5d(d 为柔性抽油杆的直径)。卷筒两端用幅板支承，筒体和幅板可以分别铸造、加工后用螺栓连成一体，也可铸成一体。

卷筒一般采用不低于 HT200 的铸铁制造，重要的卷筒可用球墨铸铁或铸钢。单件卷筒常用 A3 钢板卷成筒形焊接而成。单层缠绕卷筒结构简单，但容绳量相对较小；多层缠绕卷筒具有较大的容绳量，但一般需要配备排绳器进行辅助排绳，结构相对复杂。根据该方案的初步设计构思，单层缠绕卷筒的容绳量能够满足生产过程中的容绳需求(详细说明见容绳量计算部分)，故该方案选用单层缠绕卷筒，采用钢板卷成筒形焊接而成，卷筒两端用幅板支承，筒体和幅板加工后焊接成一体。

(2)卷筒主要尺寸的计算与选定。

卷筒尺寸如图 5-9 所示。

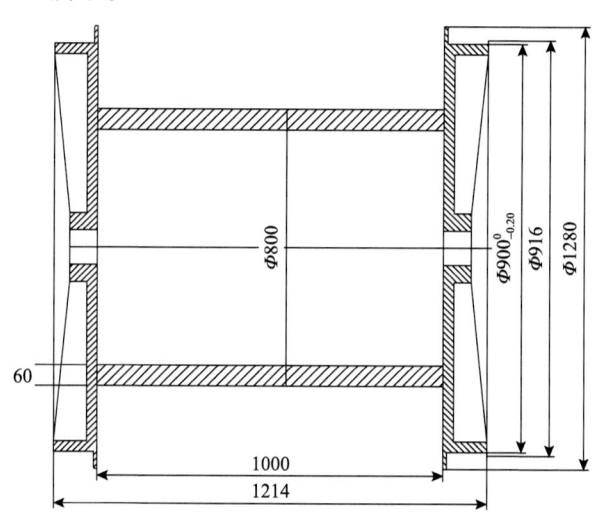

图 5-9　卷筒尺寸示意图(单位：mm)

$\Phi 900^{0}_{-0.20}$ 是一个带有公差标注尺寸的参数。上角的"0"是上偏差，表示最大极限尺寸与基本尺寸的差值为 0，即最大极限尺寸就是基本尺寸 900mm。"–0.20"是下偏差，表示最小极限尺寸与基本尺寸的差值为–0.20mm，通过计算可知最小极限尺寸为 900–0.20=899.8mm

①卷筒直径。

卷筒直径应满足：

$$D \geqslant K_r d \tag{5-1}$$

式中，D 为卷筒直径，m；K_r 为卷筒和绳的直径比，与卷筒工作载荷级别有关(查《机械设计手册》[①]确定)，K_r=30；d 为柔性抽油杆直径，d=0.025m。

例如，应用式(5-1)计算，当 d=0.025m、K_r=30 时，$D \geqslant$0.75m，取 D=0.8m。

②卷筒容绳宽度。

当卷筒容绳宽度较小时，柔性抽油杆拉力产生的扭剪应力和弯曲应力的合成应力较小，可忽略不计。此外，由于卷筒长度短，柔性抽油杆进出卷筒的角度对柱塞位移计算

---

① 闻邦椿. 2018. 机械设计手册. 6 版. 北京：机械工业出版社.

的影响可忽略。

一般可按式(5-2)确定卷筒容绳宽度：

$$B_f < 2D \tag{5-2}$$

式中，B_f 为卷筒容绳宽度，m。当 D=0.8m、B_f<1.6m 时，取 B_f=1.0m。

③卷筒的容绳量。

对于单层缠绕卷筒，卷筒上柔性抽油杆的长度为

$$L = \pi D n_i \tag{5-3}$$

式中，L 为卷筒上柔性抽油杆长度，m；n_i 为卷筒上抽油杆的排数或圈数，$n_i = B_f/(d+\Delta)$，其中 Δ 为卷筒上柔性抽油杆被压扁时直径上的增量，Δ 可取 0.001m。

应用式(5-3)计算，$L=\pi\times 0.8\times[1/(0.001+0.025)]\approx 96$m，即卷筒上可收纳的柔性抽油杆的总长度为 96m。

柔性连续抽油杆一般采用压板固定、楔块固定及杆端被引入卷筒内部或端部，再用压板固定，无泵举升采油系统拟采用后一种方法，将柔性抽油杆在卷筒端部压紧。为保证柔性抽油杆与卷筒链接的可靠性，卷筒的容绳量至少为最大冲程与柔性抽油杆安全圈的长度之和，安全圈数一般取 3 圈(约 8m)，即卷筒上可用的柔性抽油杆的长度为 88m。

④卷筒边缘直径。

为防止柔性抽油杆脱落，端侧板直径应大于柔性抽油杆最外层绳圈直径。端侧板直径用式(5-4)计算：

$$D_k > D_u + 4d \tag{5-4}$$

式中，D_k 为端侧板直径，m；D_u 为卷筒最外层柔性抽油杆缠绕直径，m。

⑤卷筒壁厚。

卷筒壁厚应满足式(5-5)：

$$\delta \geqslant \frac{A_n F}{d[\sigma_y]} \tag{5-5}$$

式中，δ 为卷筒壁厚，mm；A_n 为多层缠绕系数，当缠绕层数 $u\geqslant 4$ 时，A_n 可取 2.0；F 为柔性抽油杆额定(设计)拉力，N；$[\sigma_y]$ 为许用压应力，卷筒材料为 A3、20 钢、ZG35 及 HT200 时，$[\sigma_y]$ 分别取值为 115MPa、125MPa、140MPa 及 150MPa。

(3)卷筒受力分析及强度计算。

①柔性杆拉力与卷筒支承处支反力。

柔性杆拉力和卷筒自重会使卷筒受到弯矩。但当 $B_l<2D$ 时，弯矩较小，强度计算时，可忽略不计。

②柔性杆拉力在筒壁上的转矩。

在柔性抽油杆拉力的作用下，卷筒相当于空心轴一样被扭转，其转矩 T 可用式(5-6)计算：

$$T = F\frac{D}{2} \tag{5-6}$$

式中，F 为柔性抽油杆拉力，N。

该转矩产生的筒壁剪应力较小，一般情况下可以忽略不计。

③卷筒筒壁强度。

抽油杆绕出处，卷筒压应力按式(5-7)计算：

$$\sigma_y = 0.5 \frac{F}{\delta t} \tag{5-7}$$

式中，σ_y 为筒壁压应力，MPa；t 为柔性抽油杆缠绕节距，$t=d+\Delta$，mm。

局部弯曲应力按式(5-8)计算：

$$\sigma_w = 0.96 \frac{F}{\sqrt{D\delta^3}} \tag{5-8}$$

卷筒强度应满足下述经验公式：

$$\sigma_y + \sigma_w \leqslant [\sigma] \tag{5-9}$$

式中，$[\sigma]$ 为材料的许用应力，$[\sigma] = \frac{\sigma_b}{K}$，其中 σ_b 为材料的强度极限，MPa，K 为安全系数（K 可取 3）。

2) 排绳器设计

由卷筒设计部分的计算可知，按书中给定尺寸，单层缠绕卷筒的容绳长度可达 96m，可满足(超)长冲程的设计需求。卷筒经过特殊的结构设计，在表面切出了多道螺旋槽用于引导柔性光杆的运动，在进行上下冲程的过程中可实现自动排绳，无需设计外置的排绳器，卷筒的结构如图 5-10 所示。

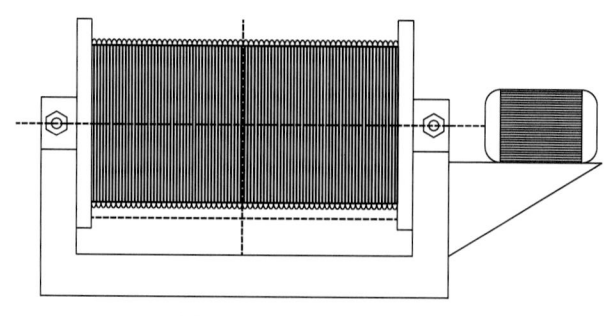

图 5-10 卷筒结构示意图

3) 电动机选型及传动系统设计

电动机作为整个采油系统的动力驱动装置，其选配得合理与否直接影响系统的经济运行状况。电动机的选择主要包括电动机类型和额定功率的选择。本节主要进行电动机的选择及传动系统的设计。

(1) 电动机类型选型。

正确选择电动机类型和额定功率的原则是：在电动机能够满足机械负载要求的前提

下，最经济、最合理地确定电动机类型和功率。抽油机用节能电动机主要包括双功率电机、直线电机、高转差电机、电磁调速电机、磁阻电机、齿轮减速电机等，它们各有优缺点，具体见表 5-8。

表 5-8 各种抽油机用节能电动机优缺点

类型	原理及优点	缺点
普通 Y 系列电机	油田抽油机上应用得最多，约占 80%，价格低，稳定可靠，是一种传统电机	在抽油机上应用效率较低，没有特色
双功率电动机	两台电机同时启动，启动后，根据负载情况自动确定是在大功率还是小功率段运行。电机启动电流小，启动转矩小，启动时的电压降小	配电柜需加装集成电路控制板，使控制线路复杂，且损耗大、效率低、功率因数低，与其他节能电机相比并无优势可言
直线电机	电机的旋转运动变成了直线运动，电机支架取代了抽油机；电机直接拖动抽油机杆上下往复运动，省去了所有的减速传动设备；占地面积较小	电机自身效率较低，控制线路复杂，产生谐波分量较大，引起变压器的电压波形畸变；价格较高
高转差电机	启动转矩大、电流小，启动时的电压降较小。无功节电效果较明显，电机功率因数有所提高	转差大，铜耗正比于转差率，铜耗增加，发热严重，效率不高
电磁调速电机	一部分是普通的 Y 系列电动机，另一部分是电磁调整部分；比较容易调整抽油机的冲次	体积大，质量大，成本高，电磁调整系统要多耗一部分电能，因此，整体效率很低，其额定效率仅为 60%～70%
磁阻电机	速度调整非常方便，比较容易调整抽油机的冲次	控制线路复杂，产生谐波分量较大引起变压器的电压波形畸变；噪声很大，且整套系统效率不高
齿轮减速电机	输出转速很低，为 180～300r/min，齿轮传送效率较高。在低产液量井上使用效率提高特别明显，体积小质量轻，价格低，电机额定功率大幅下降 4～5 个功率等级	效率、功率因数较低且有机械减速部分，每年有一部分的维护工作量

使用抽油机专用永磁电机替代普通电机，电动机的容量减少，工作电流大幅度下降，自身损耗和线路损耗大幅度减少，经济效益显著，主要包括以下四个方面。

①抽油机专用永磁同步电动机具有启动转矩大、效率和功率因数高、无转差及过负载能力强的特点，可使配套三相异步电动机功率降低 1～2 个功率段。每台 30kW 永磁高效同步电动机替代 55kW 异步电机，平均节电 1.5kW，按年运行 8000h 计算，每年可节电 12000kW·h。

②电流下降使线路损耗下降。变压器至电动机的电缆长度约为 100m，截面积为 25mm^2。电流的下降，使单井低压电缆有功损耗减少 0.5～0.7kW；变压器容量的减少，自身损耗减少 0.3kW 左右；一条带 10 口井的 6000V 线路可减少高压线路损耗约 3.9kW。

③由于变压器、电动机容量的降低，可使供电线路电流下降、功率因数提高，可使供电系统在不改变原来供电设备的基础上增加系统的供电能力。功率因数的提高可使电流、视在功率减小 1/2 以上，在不增加变电所的容量的情况下，相当于变电所增容 50%。

④永磁同步电动机可在容性负载状态下运行，低压侧不需要增加任何电容补偿，就可使线路的功率因数达到 0.9 以上；由于变压器呈感性负载，可以和电动机进行一部分的无功补偿，因此高压侧的功率因数可达到 0.95 以上，减少电容补偿费用。

实验测试结果说明，抽油机专用永磁同步电动机是近几年不断发展不断完善的电动机，任何抽油机上都可以应用，节电效果最好。特别其容性无功特性是其他电机无法比拟的。因此在抽油机上应为首选电机。

电动机的转速与卷筒的转速有关，卷筒转速的计算式为

$$n_T = \frac{60v}{\pi D} \tag{5-10}$$

式中，n_T 为卷筒转速，r/min；v 为柔性抽油杆的平均速度，m/s。

由所需的光杆速度确定卷筒速度，然后由卷筒转速与减速器的传动比确定合适型号的电动机，也可由电机转速与卷筒转速来设计减速器合理的传动比。

(2) 传动系统的设计。

为提高设备的安全性能，应尽量减少外置的转动部件，本节采用行星齿轮减速器代替普通的齿轮减速器，其结构如图 5-11 所示。

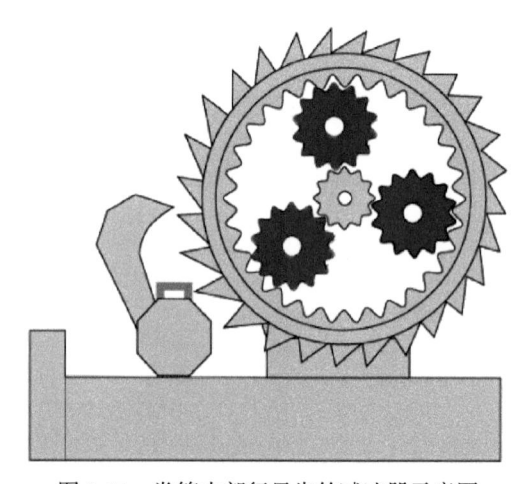

图 5-11 卷筒内部行星齿轮减速器示意图

中间的太阳轮由电动机驱动，太阳轮使与之啮合的行星轮转动，行星轮同时受固定的内齿圈的约束绕着太阳轮运动，就像天体物理中的行星围绕太阳旋转。一般情况下行星轮为 3 个，从而使作用于每个行星轮的功率变为 1/3，实现了功率分流。

(3) 电动机功率的确定。

电动机在柔性抽油杆出绳的情况下，应满足使用要求，同时不出现过热。电动机传递功率 p_s（计算功率）应小于其额定功率 p_d，即

$$p_s = \phi \frac{Fv_s}{1000\eta} \leqslant p_d \tag{5-11}$$

式中，p_s 为电动机计算功率，kW；F 为柔性抽油杆地面部分的拉力，N；v_s 为柔性抽油杆地面部分最大速度，m/s；η 为传动总效率，包括支架定滑轮、卷筒缠绳、传动系统及电动机效率，其值为各部分传动效率的乘积；ϕ 为动载系数，考虑启动时系统动载的影响，即电动机功率需要提高的倍数。

4)地面支架载荷设计

在设计抽油机地面支架(图 5-12)以及选择抽油机型号时,非常重要的一个参数就是油井运行过程中的最大载荷,由此来确定地面支架的结构以及所使用的材料,使抽油机的额定载荷满足安全生产的需求(一般认为抽油机的载荷利用率为 40%~80%时合理)。

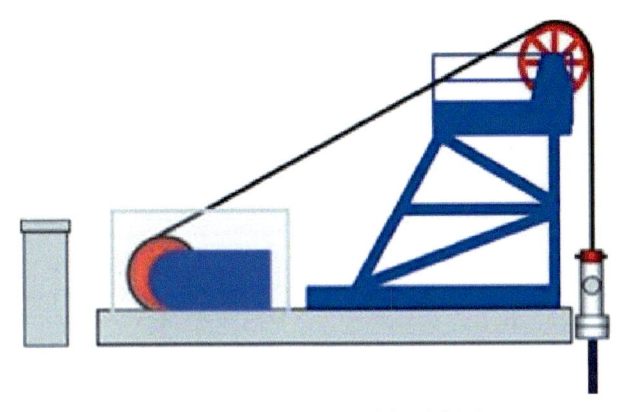

图 5-12 抽油机地面支架示意图

对该采油系统在采油过程中的受力情况进行分析,可计算出一个完整冲程的最大载荷和最小载荷,从而为设计合理强度的地面支架提供理论依据。

上冲程地面柔性管杆所受的抽油杆柱载荷:

$$W_r = q_{r1}gL_1 + q_{r2}gL_2 \tag{5-12}$$

式中,q_{r1}、q_{r2} 分别为柔性抽油杆和加重杆的线密度,kg/m;g 为重力加速度,m/s^2;L_1、L_2 分别为柔性抽油杆和加重杆的长度。

上冲程作用在柱塞上的液柱载荷:

$$W_l = (f_p - f_r)L\rho_l g \tag{5-13}$$

式中,f_p 为柱塞截面积,m^2;f_r 为抽油杆截面积,m^2;ρ_l 为被举升流体的密度,kg/m^3;L 为抽油杆柱的长度,$L=L_1+L_2$。

上冲程沉没压力对载荷的影响:

$$P_i = p_i f_p = (p_n - \Delta p_i)f_p \tag{5-14}$$

式中,P_i 为吸入压力作用在活塞上产生的载荷,N;p_i 为作用在活塞上的吸入压力,Pa;p_n 为沉没压力,Pa;Δp_i 为液流通过固定阀产生的压力降,Pa。

上冲程摩擦力对载荷的影响:

$$F_u = F_{rt} + F_{lt} + F_{fs} \tag{5-15}$$

式中,F_{rt} 为柱塞与油管间的摩擦力,$F_{rt}=F_u f$;F_{lt} 为液柱与油管内壁的摩擦力,$F_{lt}=c\pi D_{tin}h_s v$,其中,c 为与液体黏度有关的系数,D_{tin} 为油管内径,h_s 为柱塞的沉没度,v 为柱塞的速度；F_{fs} 为井口密封处的摩擦力，N。

则抽油机在工作中所受的最大载荷为

$$p_{max} = W_r + W_l + F_u - p_i \tag{5-16}$$

根据实际工况，代入相关的参数即可计算出抽油机在生产过程中所受的最大载荷，根据现场及生产厂家推荐的 0.6~0.8 额定载荷的实际负载，即可确定合理的抽油机型号。

5.1.2 地面新型控制系统

1. 变频柜节能技术

针对现有工频启动时启动电流大、电机负载率高、启动柜过压过流能力差的问题，通过将原有控制柜中的晶闸管整流器更换为自耦降压启动器，减少维修作业次数，并采用变频控制技术，达到节能降耗提高油井系统效率的目的。

1) 结构原理

将原有控制柜中的晶闸管整流器更换为自耦降压启动器，并采用变频控制技术，降低抽油机的启抽电流，保护电机，提高系统效率，节能降耗。其中最为核心的元件是自耦降压绕组，通过改变接入电路绕组的数量来实现改变自耦系数 K 值，从而实现自耦降压启动的效果。

16 型抽油机额定电流为 112A，当负载扭矩（TB）=额定转矩（TN）时可知：晶闸管启动柜的启动电流 $I_{启动}=7I_{额定}=7×112A=784A$，而自耦降压启动（$K=0.6$）时的自耦启动电流，$I_{自耦}=K^2I_{原有}=K^2I_{启动}=0.6^2×784A=282.2A$。

经过以上对比分析可知，自耦降压启动的启动电流远远小于晶闸管启动柜的启动电流，能够很好地保护启动柜和电机不被过大的电流击穿，从而实现很好的过载保护。

另外，通过变频器监测电机的工作电流的变化，并动态调整电机的工作频率，当油井出液量降低时动态调整抽油机单位时间内冲次，便可在保证油井产量基本不变的情况下减少电能的消耗。

2) 技术特点

（1）通过改变接入电路绕组的数量来实现改变自耦系数 K 值，实现自耦降压启动的效果。

（2）通过变频器监测电机的工作电流变化，并动态调整电机的工作频率和抽油机冲次，节能降耗。

2. 抽油机可变冲次专用节能拖动系统

1) 结构与工作原理

为了克服抽油机的原始配置不适应油井现状而造成的矛盾，必须降低抽油机的冲次、降低电机的功率，使抽油机的工作状况更适应油井的实际状况，才能达到节能的目的。常州市博能节能传动科技有限公司研制的抽油机可变冲次专用节能传动装置就是为解决供液量不足的油井而专门设计、生产的一种可变冲次专用传动设备。

如图 5-13 所示,由高效节能电动机、减变速装置、皮带轮组合而成,电动机的输出轴与减变速装置的输入轴固定相连,减变速装置的输出轴上安装皮带轮,三者通过轴和键组装连接成一个整体。该节能传动装置通过减变速装置底座固定安装在原抽油机电机底座上。

图 5-13　抽油机可变冲次专用节能传动装置图

该装置以小功率电机为驱动力,采用皮带轮传动方式,特征是由电动机、减速器和皮带轮组成,电机的输出轴与减速器的输入轴相连,减速器的输出轴上安装皮带轮,三者通过轴和键组装连接成为一个整体。

该装置采用新颖斜齿轮减速器,具有减速比大、效率高、运转平稳、噪声小、使用寿命长的特点。其主要性能指标见表 5-9。

2) 主要技术特点

抽油机可变冲次专用节能传动装置能够降低冲次、减小电机功率,提供一种与众不同的抽油机可变冲次的设计方案,满足油井不同工况下、不同低冲次的最佳匹配要求,使抽油机在 1～4 次/min 的冲次上平稳、匀速、安全、可靠地运行。既满足生产需要,又大幅度节约电能,实现经济开发。油田抽油机节电技改后油井日出液量不变,降低冲次降低电机功率可节电 20%～50%。主要技术特点如下。

(1) 满足了中低液量井、稠油井开发需要的低冲次要求,扩大了根据油井供液量匹配的选择范围。

(2) 节能性好,应用该节能传动装置可节省因电机匹配降低而节约的电量及无功损耗。

(3) 安全可靠性高:该装置降低了抽油机系统的运行速度,减少了运转部分的磨损和疲劳,提高了机械运行的平稳性。

(4) 延长了皮带寿命:该装置有效增大了皮带包角,皮带寿命延长达 2～3 倍。

3) 主要技术参数

抽油机冲次可在 1～5 次/min 范围内选择使用,稠油井、中低产液量井,可按产液量选择冲次。由于设备中没有电子元器件，适合油田野外恶劣的气候环境。适合长期的连续工作。工作环境温度为–40～60℃。只要电动机能使用的地方就可以使用。

表 5-9 抽油机可变冲次专用节能传动装置主要指标

改前配置			改后配置		
电机功率/kW	输出转速/(r/min)	输出扭矩/(N·m)	电机功率/kW	输出转速/(r/min)	输出扭矩/(N·m)
11	960	110	7.5	630	115
	730	144		450	160
	580	181		280	256
15	960	150	11	630	167
	730	196		450	233
	580	247		280	375
18.5	960	184	15	630	227
	730	242		450	318
	580	305		280	511
22	960	220	15	630	227
	730	288		450	318
	580	362		280	511
30	960	275	18.5	630	280
	730	392		450	392
	580	494		280	631
37	960	318	22	630	333
	730	451		450	467
	580	610		280	750
45	960	448	30	630	456
	730	588		450	637
	580	740		280	1023
55	960	547	37	630	561
	730	720		450	785
	580	905		280	1262

3. 抽油机自动调平衡装置

1) 结构组成及作用

改造后的设备由原抽油机主机、数字化抽油机智能控制柜(图 5-14)、传感器及电动平衡器组成。

(1) 主机：主机采用的是油田在用的游梁平衡的无基础弯梁变矩抽油机，其工作原理与在用抽油机相同。

(2) 智能控制柜：智能化控制柜内部装有控制面板，控制面板上装有控制按钮和状态显示器，主要功能如下。

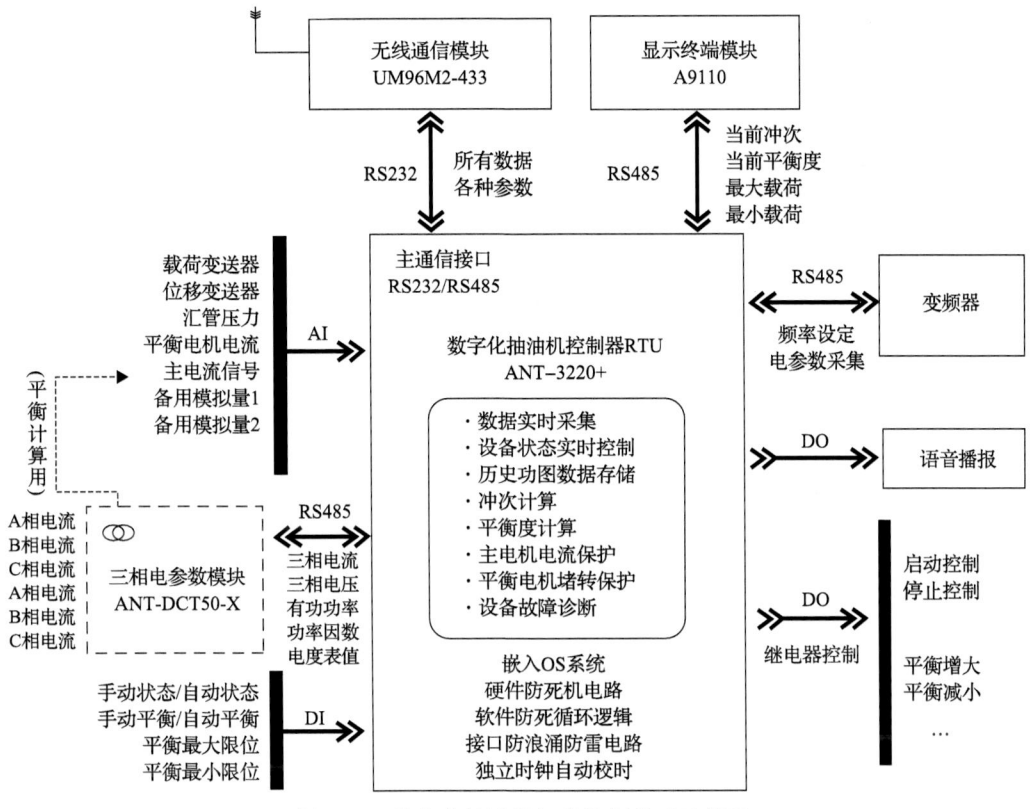

图 5-14　数字化抽油机智能控制单元示意图

①数据采集传输模块：实现本机与上位机的数据传输，并实现本机的逻辑运算与智能控制。

②数据显示模块：实时显示抽油机的冲次、平衡度、最大载荷和最小载荷。

③工频：包含了原有工频控制柜的功能，具有工频启动、停止、过流、过载、缺相等保护功能。

④变频：可通过变频器的变频，调整抽油机冲次，并实现电机的软启动及多项保护功能。

⑤工频、变频相互切换：当变频器发生故障时，系统可自动切换到工频状态。

数字化控制柜内部结构分上下两层。

上层集成安装油井的数据采集模块，主要包括井口 RTU、低压电源、功放、扬声器等，可实现数据传输(有线/无线)、功图采集、电参数采集、油压采集、远程启停、报警等功能。具有多种类型的通信接口，根据标准的通信协议，可提供 RS232、RS485 或 RJ45等对外接口(目前无通信远程采集功能)。

下层安装变频器、工频和变频控制单元的部件和线路，工频、变频可不断电切换。

(3)传感器：传感器由载荷传感器和角位移传感器组成，载荷传感器嵌入到特制悬绳器中，角位移传感器装在游梁的中部，实现载荷和位移及电参数的实时采集与传输。

(4)平衡调节装置：该装置包括控制机构和电动平衡器,控制机构装在智能控制柜内,具有手动和自动两个功能，根据平衡度的大小，调节平衡重的力矩，实现抽油机平衡状态的无级调节。

电动平衡器是新型举升设备的核心技术，结构必须简单、结实、可靠，而且还应保证抽油机的平衡范围足够大，因此电动平衡器的设计方案尤为重要，经详细计算和论证后得出，用丝杠传动的拉伸杆驱动平衡重前后摆动是构成电动平衡器的最佳方案，而拉伸杆的丝杠必须是两头螺纹旋向相反的螺杆，其理由是：

①采用平衡重前后摆动的方式改变平衡力矩最易获得较大的平衡范围，而且结构最简单。

②丝杠传动的特点是工作平稳无噪声，可以达到很大的降速传动比，用较小的转矩转动丝杠能够获得最大的轴向驱动力。

③抽油机工作时，电动平衡器要上下反复提升和下降，必然对驱动平衡重摆动的丝杠造成冲击，两头螺纹旋向相反的双头螺杆，驱动装置装在丝杠伸出铰链机构之外，仅传递扭矩，不受平衡重冲击力的作用。

电动平衡器如图 5-15 所示，由平衡重、平衡梁、伸缩杆组成，伸缩杆的一端与平衡重铰接，另一端又通过铰链与平衡梁铰接，在伸缩杆的中部装有一根两头螺纹旋向相反的螺杆，螺杆下部的伸出端与减速机连接，当减速机带动螺杆转动时，伸缩杆就会伸长或缩短，带动平衡重前后摆动，从而完成了平衡力矩的调整工作，为使减速机与螺杆一起同步前后移动，又能传递扭矩，在减速机底座上装有一根导向梁，导向梁的另一端可在铰链中移动，为了扩大平衡调节装置的平衡范围，在其内加入了一个调节平衡范围放大机构。

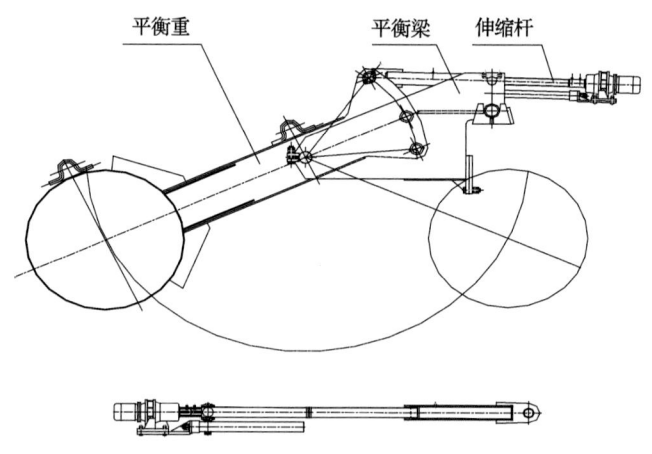

图 5-15 电动平衡器结构示意图

采用单向螺杆的电动平衡器如图 5-15 所示，驱动装置必须装在铰链机构之内丝杠承受轴向力的部位，来自丝杠的轴向冲击力直接冲击在驱动装置上，平衡重通过螺杆反复冲击驱动装置，驱动装置的内部机构在冲击力的作用下间隙变大，间隙越大，冲击力越大，直至把驱动装置冲坏，造成严重事故，因此，采用单向螺杆的电动平衡器可靠性差，必须改用两头螺纹旋向相反的双头螺杆。

举升设备是把游梁抽油机的人工平衡调节装置改成电动平衡调节装置，配上智能系统、现代测试技术、信息技术而开发的一种特新型抽油机，具备数据自动采集和远程控制功能，能够远程自动监测抽油机的平衡度和冲次，能够自动显示抽油机的平衡度、冲次和载荷状况，实现了平衡度和冲次的自动判定和调整，达到最佳的节能效果。

2) 作用原理

(1) 自动调平衡机理。

控制柜内电参采集模块每隔 10min 采集一张电流功图，RTU 计算出平衡度，并将平衡度数值显示在显示面板上，若平衡度不在 90%～110%，RTU 发出指令，驱使平衡电机运行一个步长停止，10min 后 RTU 会再次判定平衡度，平衡度若仍不在 90%～110%，平衡电机会再次运行一个步长，如此重复，直至平衡度处于 90%～110%范围内。

(2) 自动调冲次机理。

根据功图量油原理，10min 进行一次冲次合理性判断，若泵的有效冲程等于或大于理论冲程的 85%时，冲次按最大值运行，若泵的有效冲程小于理论冲程的 85%时，每 24h 进行一次冲次调整。冲次调整计算结果为 24h 内的判定结果的平均值或设定次数的平均值。

(3) 节能机理。

①自动调节平衡：该设备根据自动监测并实时显示抽油机的平衡状况，可手动或自动将抽油机调整到最佳平衡状况，降低峰值电流，达到保护减速器和节能的目的。通过控制软件可设定平衡度，如 90%～110%为最佳平衡状态，当采集的传感器数据计算完之后，自动启动平衡电机调整至最佳。

②自动调节冲次：抽油机运行过程中，根据功图量油软件数据接口得到的泵功图或泵充满度，应用最佳冲次技术设计的判定软件计算后，发送指令给变频器，调整电动机的输入频率，调整到最合理的抽油机冲次。

(4) 本地数据采集和显示。

通过控制柜内的 R232 端口连接至计算机，可进行功图数据采集，在控制柜显示面板上可看到抽油机当前运行状态下的平衡度、冲次、最大载荷和最小载荷。

3) 技术特点

该举升设备具有以下特点。

(1) 数据采集和传输：主要采集主电动机各项电参数；采集油井示功图、抽油机的冲次、冲程、平衡度、载荷等参数，并对采集的参数数据实现本地读取和远程传输。目前无通信协议，远程传输功能无法实现。

(2) 参数分析和调整：根据测量和采集的各项参数数据，抽油机可通过本地控制柜或上位机进行分析和计算，按照给定的标准参数值和时间间隔，定时对抽油机平衡、冲次等参数进行自动调整，使抽油机保持最佳工况，安全平稳运行。

(3) 远程操作和控制：抽油机具有本地启停和远程启停两个操作，并具有本地和远程冲次、平衡等调整操作，实现工频、变频和自动功能的转换。

(4）超载和超限保护：抽油机具有超载、失载、缺相、过流、短路、超速、防雷击、防闪断等保护。

5.2 超深井人工举升井下技术

5.2.1 井下超长冲程举升泵

软密封柱塞抽油泵是为彻底解决含砂、结垢、结蜡油井中柱塞砂卡和砂埋固定阀而专门研制开发的新型泵。

1. 软柱塞结构设计

软密封柱塞抽油泵在国外的有杆泵采油生产中占有较大的比例，它在降低采油成本和解决一些特殊井的机械采油方面得到了普遍认同。我国自20世纪80年代初开始各油田及生产厂家陆续开始了软密封抽油泵的研究工作，在结构上大致分为皮碗式和密封圈式两类，在皮碗及密封圈的材料上大多采用聚四氟、尼龙或聚氨酯环的材料。很长一段时间内，由于耐磨性、耐压强度、耐高温、抗老化性能达不到要求，在使用方面受到较大限制，使该项技术基本上处于停滞状态。由于近年来在材料方面取得了一定的进展，各科研和生产单位又重启了该项技术的研究。

密封圈式和皮碗式密封材料最大的区别在于密封圈式密封材料是对称性结构，在上下冲程中与油管壁的接触面积基本保持不变、摩擦力变化较小；而皮碗设计成唇形结构，上冲程唇边受液柱压力张开，漏失量小、泵效高；下冲程中唇边失去液柱压力而自动微缩，减小柱塞下行摩擦阻力和杆柱弯曲，相比密封圈式更具优势，因此本节选择皮碗式密封材料。

软密封柱塞抽油泵是为解决含砂、结垢、结蜡油井中柱塞砂卡和砂埋固定阀而专门研制开发的新型泵。在结构方面具有如下特点。

（1）软密封皮碗是采用特种耐油橡胶、帆布、石墨、添加剂、减摩剂等新材料经特殊工艺复合而成，能耐150℃高温，耐原油侵蚀溶胀。

（2）软密封皮碗设计成唇形结构，在上冲程唇边受液柱压力张开，紧贴泵筒内壁，抽吸力大，漏失量极小，泵效高；下冲程中唇边失去液柱压力而自动微缩，减小柱塞下行摩擦阻力和杆柱弯曲。

（3）皮碗磨损后唇边可张开自动补偿间隙，保持低漏失量，始终保持高泵效。

（4）柱塞长度比常规金属柱塞缩短0.2~0.3m，增加了柱塞的通过能力。

（5）固定阀上部增设了加长管，管中心内部又设计了侧面开有多道螺旋槽的挡砂帽，当上冲程固定阀进油时，油液经多道螺旋槽产生水力旋流作用，防止砂粒沉积，使砂粒随油液充分混合后排出泵筒内。同时，该环腔结构能有效防止作业过程中抽油杆、油管表面和井口的落物、污物、铁锈进入固定阀罩内，造成固定阀失效而重新作业。

其防砂原理是：在上下冲程过程中，软柱塞以及挡砂帽位于固定阀罩上面，能够有效防止砂粒沉入固定阀内腔，从而减少了砂卡、砂埋事故。当油井停抽时，下沉的砂粒沉入挡砂帽和外管之间的环腔内，避免了常规管式泵在固定阀内聚集砂粒、砂埋现象，延长检泵周期。

根据皮碗硬度及材质来划分，常用的皮碗材料有硬质尼龙塑料、中等硬质尼龙塑料以及升级版材料三种类型，实物图如图 5-16 所示，具体技术参数如表 5-10 所示。软密封柱塞抽油泵参数如表 5-11 所示。

图 5-16 硬质尼龙塑料、中等硬质尼龙塑料及升级版材料皮碗

表 5-10 皮碗种类及材料耐温性能

皮碗种类	应用场景	材料描述
硬质尼龙塑料	用于柱塞和阀座的一般合成物	耐温 120℃
中等硬质尼龙塑料	用于阀座的高温材质	耐温 150℃
升级版材料（稀土含油铸型尼龙）	用于柱塞的升级版材料	维卡软化点 212℃，热变形温度 200℃，连续耐热最高温度 170~220℃

表 5-11 软密封柱塞抽油泵参数

参数	不同井深下的油泵参数			
	600m	1000m	1500m	2000m
皮碗数量/个	6	8	10	12
硬度	中硬	硬	硬	硬

目前，关于软柱塞合理长度方面的研究比较少，生产厂商主要是参考同类型金属柱塞的长度或者根据实验结果或经验进行设计，一般为 6~900mm。另外，不同于金属柱塞的间隙配合，软柱塞与泵筒间采用过盈配合，可以极大地减小漏失量，关于皮碗个数与漏失量方面的定量研究较少，合理的皮碗个数及过盈量主要是依据实验结果进行确定。

2. 软柱塞受力分析

软柱塞外表面受油管内表面约束，皮碗内壁受到液柱施加的压强 p_g 为

$$p_g = \rho_L g h_s \tag{5-17}$$

式中，ρ_L 为液体密度，kg/m^3；h_s 为柱塞上方液柱高度，m；g 为重力加速度，m/s^2。

每个皮碗接触油管的面积为

$$S_e = \pi D h_e \quad (5\text{-}18)$$

式中，D 为皮碗的外径；h_e 为皮碗胶皮厚度。

每个皮碗的受力：

$$f_i = S_e p_g \quad (5\text{-}19)$$

所有皮碗对油管壁的正压力 F：

$$F = \sum_{i=1}^{N} f_i \quad (5\text{-}20)$$

软柱塞与油管的摩擦力 F_{rt} 为

$$F_{rt} = \mu_f F \quad (5\text{-}21)$$

式中，μ_f 为摩擦系数，由实验得出。

根据实验数据可回归出软柱塞与油管间的摩擦力的经验公式(摩擦力与柱塞上方液柱高度的关系)，从而为系统的载荷分析提供理论依据。

3. 泵筒及可投捞式固定阀设计

为简化井下设备结构、提高设备可靠性以及降低生产成本，在无泵举升系统中采用了把油管作为泵筒的"无泵"举升方案，为了进一步提高柱塞寿命，需要对油管进行改进。在该方案中，采用偏梯形油管扣，并对油管进行摩擦焊处理，使油管连接处缝隙小于 3mm，满足工艺要求，利于柱塞顺利通过，减少对柱塞的磨损，保证提捞效率。这样不仅可以提高柱塞的使用寿命，还可以保护柔性抽油杆，减小抽油杆与油管的摩擦和磨损。油管接箍如图 5-17 所示[2]。

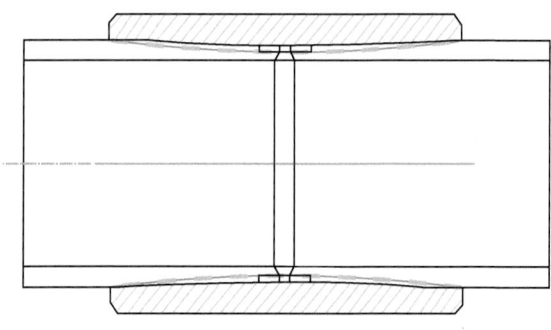

图 5-17 油管接箍示意图

为了进一步方便现场检修井作业，设计了一套可投捞式固定阀，使在检泵作业中可以不动油管管柱，只通过起下抽油杆完成检泵作业，从而降低工人劳动强度，减少作业时间降低作业成本。其结构示意图如图 5-18 所示。

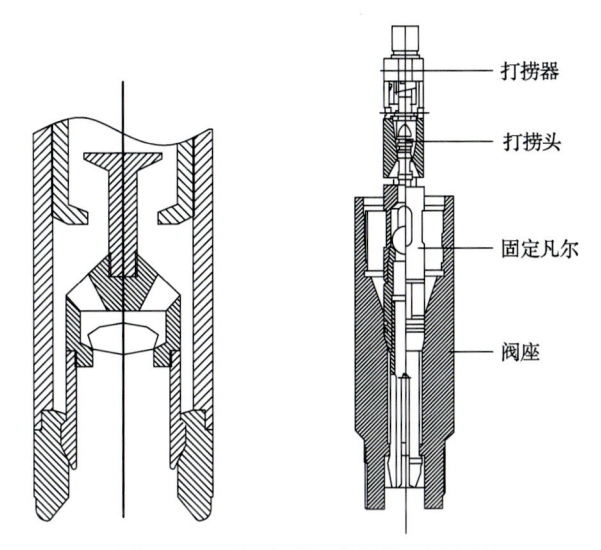

图 5-18 可投捞式固定阀结构示意图

在井上安装过程中可投捞式固定凡尔安装在油管底部,并随油管下井,通过钢丝绳将固定凡尔下入井内并坐卡。如在抽吸过程中发现异常泄漏或上液不畅时,可将打捞部分安装于加重杆下方,投入井内,实施打捞作业,将可捞固定凡尔取出检测,排除故障后将其投入井内,凡尔需要的最大拔出力为 0.5t。

5.2.2 井下新型举液器

1. 举液器举升技术

举液器采油是将油管作为泵筒、若干个举液器按不同位置连接在抽油杆上作为"柱塞",通过抽油杆带动举液器在油管内往复运动,配合可投捞固定阀,实现分段举升液的一种采油工艺技术(图 5-19)。无泵采油技术不需要抽油泵,极大降低了卡泵概率,维护方便,在更换举液器时不用动油管,只要起出抽油杆就可以进行更换,极大降低了作业成本。在斜井应用中,其举液器能够起到扶正器的作用,防止偏磨。因此也减小了由于过多的扶正器而造成的冲程磨阻负载[3]。

1)举液器工艺原理

举液器结构图和实物图如图 5-20 所示。

举液器采油技术属于有杆无泵采油,多个举液器串联在钢杆上,钢丝绳带动钢杆和举液器上下运动。

抽油机上行时,抽油杆带动举液器上行,举液器密封体(由上护套环、密封块、密封胶圈、中心套、下护套环组成)在横向上由上密封块与油管内壁紧密接触密封,在纵向上举液器密封体下护套环座在下密封块上紧密接触密封,带动油管内原油上行,同时,生产管柱底部底阀打开,套管内原油进入生产管柱内(图 5-21)。

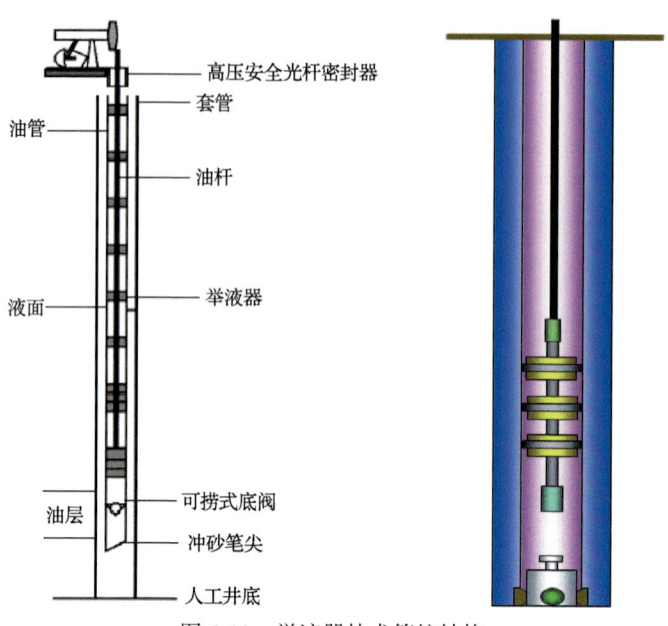

图 5-19　举液器技术管柱结构

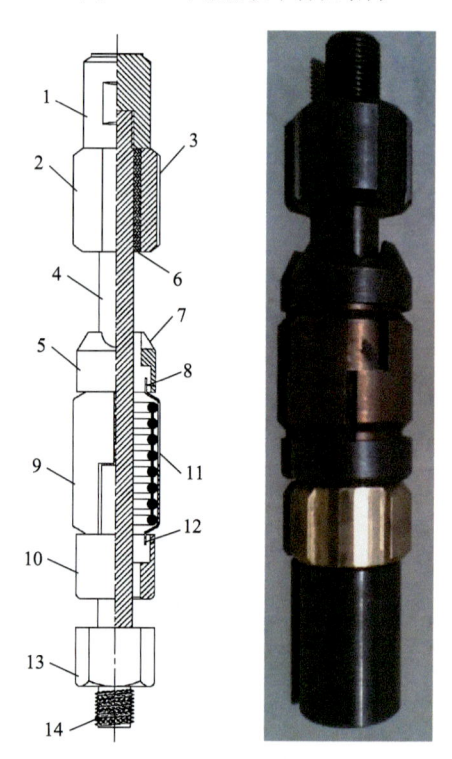

图 5-20　举液器结构图与实物图

1-连接端头；2-上扶正块；3-过油槽；4-中心杆；5-上扶正导流体；6-衬套；7-导流槽；8-上收缩翼板；9-膨胀片；10-下扶正密封体；11-耐油橡胶圈；12-下收缩翼板；13-下扶正块；14-连接杆

抽油机下行时，生产管柱底部底阀关闭，抽油杆带动举液器下行，原油阻力将举液器密封体向上推，下护套环与下密封块分开，举液器密封体失去密封作用，原油由中心套与中心轴杆的环空间隙流向举液器密封体上部油管，完成一次进油和排油过程，如此循环，实现抽油的目的(图 5-22)。

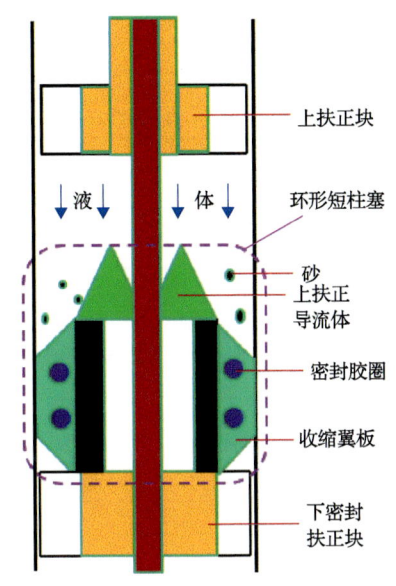

图 5-21　举液器上行程示意图 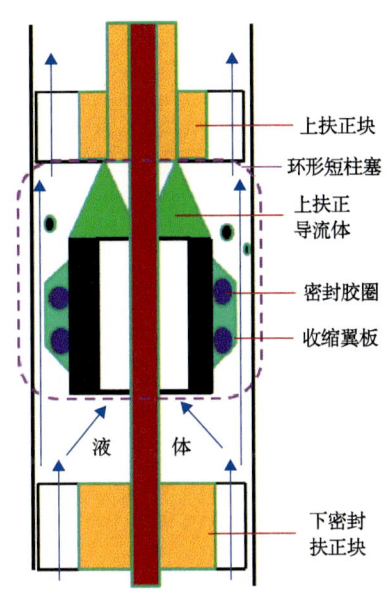　　　图 5-22　举液器下行程示意图

2) 举液器采油工艺技术的特点

举液器相对较短，可塑性强，能适应不同大小的砂粒。当抽油机上行时，由于存在冲程损失，无泵采油的举液器是逐一动作的，而举液器的径向又可伸缩，所以在抽油机的举升下，砂不足以卡死举液器。如果长时间停井，由于管内液柱被举液器分隔成若干段，砂不会在油管底部沉积，不会形成砂柱，避免了抽油杆卡死。

举液器举升技术的主要特点如下。

(1) 优点[4]。

①不需要抽油泵，应用油管作为泵筒，使用杆式举液器作为柱塞实施分级连续举液，维护简单，更换举液器无需动管，只需起杆，降低了作业成本。

②防砂卡能力强，其自身柱塞相对短并有伸缩性，能适应不同大小的砂粒；停机时又将液柱分成若干段，使砂不能集中淤积在管底，能有效防止砂卡。

③深井深抽井可利用举液器漏失来降低悬点载荷，达到深挂高排。

④斜井防偏磨，举液器有防偏磨的作用，斜井中减少了过多扶正器所带来的冲程摩阻负载。

⑤冲砂时可以不动管柱作业，利用捞手捞出底阀可直接起杆并冲砂，缩短作业周期，减少地层污染。

⑥多级分段举升方式，交变载荷点为多点，载荷较为分散，光杆及抽油杆的载荷逐渐变化，金属疲劳点不集中，增强了抽油杆的抗疲劳性。

(2) 不足。

①一次性投入大，单井使用 16～25 个举液器，费用需要 3.5 万～5.5 万元。

②举液器单级效率低，必须采用合适的基数（一般 16~25 个）及合适的参数，才能达到理想排量。

③无法实现超长冲程和超低冲次。

举液器主要技术参数如表 5-12 所示。

表 5-12 举液器主要技术参数

名称	性能与指标	
最大外径/mm	$\varPhi$58	$\varPhi$59
材质	35CrMo	42CrMo
中心规格	三种规格分别为 $\varPhi$19mm、$\varPhi$22mm、$\varPhi$25mm	
抗拉强度/kN	>380	
适合井深/m	1500	2500

通过对举液器技术现场使用调研，得到了举液器举升技术漏失量试验表（试验中针对 73 油管使用）（表 5-13）。

表 5-13 举液器举升技术漏失量试验表

压力/MPa	不同时间下的漏失量/mL			
	7.5s	10s	15s	20s
<3	2490	3810	5410	6390
<5	3920	4830	6225	7800
<8	4400	6370	7800	9300

3) 举液器配置设计计算

举液器采油排量的计算由抽油机冲程、冲次、油管内径、油管与举液器密封程度决定。其中，油管与举液器密封程度直接决定漏失量的大小，是举液器采油排量的重要因素。若油管与举液器密封程度变差，漏失系数变大，漏失量也变大，泵效会变差。

参照抽油泵理论排量计算公式，常规 $\varPhi$57mm 泵在 1.8m 冲程、3 次/min 冲次的情况下理论排量：

$$Q_{液} = 3.694 \times 1.8 \times 3 = 19.95 \, (\text{m}^3/\text{d})$$

每个冲程排量：

$$q = 3.694 \div 1440 \times 1.8 \times 1000 = 4.617 \, (\text{L/次})$$

采用举液器工艺，泵效若要保证在 80% 以上，举液器平均漏失量：

$$Q_{漏失} < 4617 \times 0.2 = 923 \, (\text{mL/次})$$

根据举液器漏失量试验表可得：

（1）<3MPa，4 个增液助抽器，平均漏失量 3810÷4=952.5（mL）；

（2）<5MPa，5 个增液助抽器，平均漏失量 4830÷5=966（mL）；

(3) <8MPa，7个增液助抽器，平均漏失量 6370÷7=910mL。

抽油机在运行过程中，上冲程时由于有液体重力作用，杆柱处于受拉状态，下冲程时没有这部分力的作用，但有柱塞与泵筒的摩擦力作用，尤其是大泵井(70mm 以上)，活塞直径大，抽油杆在下行程时受弯曲与油管摩擦，致使抽油杆被磨断或者油管被磨漏。增加了原油的开采成本。为解决这个问题，目前通常采用加重杆技术，就是增加抽油杆柱的质量，使杆柱受力中和点下移，但应用的加重杆的加工工艺主要有两种：一种是直接在杆本体上加工螺纹；另一种是接头部位采取摩擦焊的工艺。

加重杆原材料未进行调质处理，接头螺纹用车床加工，强度及精度很难得到保证，经常发生加重杆撸扣、脱扣的现象。

采取摩擦焊工艺加工的，接头部分采用合金钢调质处理，接头螺纹的强度及精度满足了要求，但摩擦焊部位又是一个薄弱的环节，在摩擦焊过程中，由于直径大，气体无法排出，易发生摩擦焊口断裂的现象。

此外，通过作业现场反馈发现加重杆井中也普遍存在着加重杆本体偏磨的现象。抽油机井在运行过程中，杆柱受轴向压力作用，导致杆柱弯曲进而与油管内壁接触是产生杆管偏磨的主要因素，为了降低或消除该力的影响，可以在柱塞上加重将杆柱拉直，柱塞加重的方法可以使杆柱所加质量全部作用在柱塞上，中和点下移到柱塞上，使杆柱全部处于受拉状态。

按照预先计算好的单井加重量，计算出单井所需加的加重砣的数量，在井上现场施工时将每一个加重砣沿 70°的槽扣向抽油杆，使抽油杆通过直槽进入中心孔，这样就安装完一个加重砣，加重砣可以随意安装在活塞以上抽油杆上，使杆柱达到受拉的目的。

加重砣的技术参数如表 5-14 和表 5-15 所示。

表 5-14 加重砣技术参数　　　　　　　　（单位：mm）

参数	规格		
	$\phi 19 \times 500$	$\phi 22 \times 500$	$\phi 25 \times 500$
最大外径	$\phi 55$	$\phi 59$	$\phi 59$
安装抽油杆规格	$\phi 19$	$\phi 22$	$\phi 25$
配套油管规格	$\phi 73$	$\phi 89$	$\phi 89$

表 5-15 加重杆、普通抽油杆、加重砣技术参数

序号	加重杆		普通抽油杆		加重砣	
	规格/mm	单位长度质量/(kg/m)	规格/mm	单位长度质量/(kg/m)	规格/mm	单位长度质量/(kg/m)
1	$\phi 28$	4.84	$\phi 19$	2.35	$\phi 19$	12.4
2	$\phi 38$	8	$\phi 22$	3.136	$\phi 22$	13.9
3	$\phi 45$	12.5	$\phi 25$	4	$\phi 25$	12.8

2. 抽汲举升技术

抽汲举升工艺(图 5-23)是将抽子连接在钢丝绳上，用电动机作为动力，通过地面减

速箱、天车轮、防喷盒、钢丝绳扶正器、下入油管,在油管中上下运动,与底部可投捞式固定阀配合,将井内流体抽出地面。

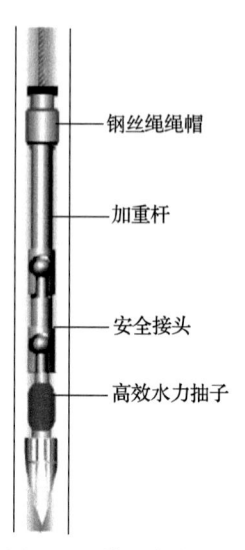

图 5-23 抽汲举升工艺

抽汲举升方案的工艺特点如下。
(1)井下无泵筒,使用油管代替泵筒,抽子作为柱塞进行举升。
(2)可以实现超长冲程,最高冲程可达 2500m。
(3)适合开采低效低产井。
(4)抽子磨损较快,寿命较短,需要频繁更换,目前并不适合连续排采。

对胶筒进行了有限元分析,求得不同沉没度时的受力情况[5]。计算中,胶筒弹性模量取值 11.2MPa,泊松比为 0.47。不同沉没度下抽子井下受力情况如表 5-16 所示。

表 5-16 不同沉没度下抽子井下受力情况

沉没度/m	液体压强/MPa	正压力/kN	摩擦力/kN	沉没度/m	液体压强/MPa	正压力/kN	摩擦力/kN
20	0.19208	0.355	0.0355	350	3.3614	6.22	0.622
50	0.4802	0.888	0.0888	400	3.8416	6.89	0.689
100	0.9604	1.77	0.177	450	4.3218	7.75	0.775
150	1.4406	2.62	0.262	500	4.802	8.88	0.888
200	1.9208	3.45	0.345	550	5-2822	9.48	0.948
250	2.401	4.31	0.431	600	5-7624	10.3	1.03
300	2.8812	5-33	0.533	650	6.2426	11.2	1.12

针对普通抽子胶筒耐磨性能差、抽汲过程胶皮磨破掉井、抽汲效率较低等问题,设计了由托架、胶杯组成的高效抽子,并与油管组合密封形成一个单向活塞,提高抽汲效率。

当抽子下行时,在液流作用下,过流浮杯槽可将胶杯浮至托架顶部,形成液流通道;

当抽子上行时,在液流作用下,胶筒坐在托架上,关闭液流通道,与油管组合密封形成一个单向活塞,从而将油管内液体排出。

高效水力抽子(图 5-24)井上配备安全拔脱装置,其主要由外筒体、内筒体和密封套组成(图 5-25)。在抽汲作业过程中,安全拔脱装置内筒体在钢珠的支撑下,与外筒体实现了紧固密封。当抽汲工具上顶内筒体时,内筒体的钢珠回位,与外筒体自行分离[6],实现安全拔脱,方便抽汲工具的取出与下放。

图 5-24 高效水力抽子   图 5-25 安全拔脱技术

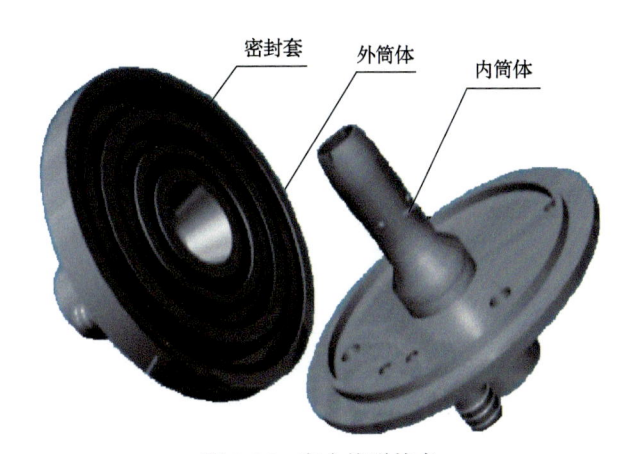

采用弹子定位卡槽技术原理[7-9],实现装置定位与密封的一体控制,碰撞接触回位技术,确保高拉力密封与低拉力解封,导向坐封为梭形曲面,可以保证回位坐封一次成功。

在抽子和加重杆之间,设计安装一个安全接头(图 5-26),其安全销钉剪断拉力小于抽汲钢丝绳的最小破断拉力,可确保抽子遇卡时,从安全接头处脱手,将抽子以上工具顺利起出,避免造成井下复杂[10]。

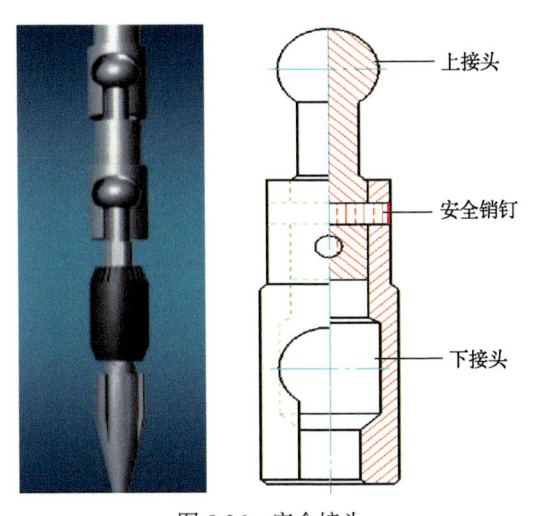

图 5-26 安全接头

5.3　超深井健康评价体系

"健康"一词属于医学术语，最原始的意思是指人类身体机能的完好程度，后对健康的研究延伸到其他各个学科。近年来，"健康"概念被引入城市研究领域，如城市生态系统或商业生态系统的健康评价等。根据学者对生态系统健康的观点，得出所谓健康就是系统处于良好的运行状态，具有稳定性和可持续性，具有维持其组织结构、自我调节和一定的恢复能力。

5.3.1　机采井健康评价体系的建立思路

结合油田机采井的生产特点，机采井系统健康是指能够在相对高效开采的同时保证较低的能源成本以及较小的设备损耗，达到生产系统的最优化。

评价指标的选取要结合油田实际，将支撑"产量、成本、安全"三位一体、能够反映采油管理区管理水平、具有操作性、可比性的单耗、效率、效益和质量、安全等指标选定为评价项目[11]。还需要遵循以下几个原则。

(1) 全面性原则。

油井数字化评价设计的范围较广，包含的内容丰富，评价时必须针对油田生产的效果、结构、层次及它们之间的关系、相互作用做全面有效的分析，不能以偏概全，综合考虑经济性和技术性方面所涉及的指标才能得到准确、可信的评价结果。

(2) 定性与定量相结合原则。

评价指标的性质、类别不同，有的只能定性分析，因此要采用定性与定量相结合的原则。

(3) 非相容性原则。

评价指标之间的关系错综复杂，指标之间可以有相关性，但是要排除相容性的指标，这样才能保证评价的结果客观符合事实。

(4) 可比性原则。

指标选取要尽量采用国内、国际公认的指标概念，或者经过计算无量纲处理后能够转化成可比的因素。

5.3.2　机采井健康评价指标的选取和赋值

1. 机采井健康评价指标选取

机采井的健康受多种因素影响[12,13]，其中包括地面因素以及井下因素。

1) 地面部分

(1) 电动机的影响。

电动机线圈老化、绕组方式落后以及维护滞后时电机运行的机械磨损增加，造成电动机发热引起温升增加，降低了电动机的输出功率。生产中，电动机性能好，运转平稳，负载率高时，系统效率相对较高，如果电机处于"大马拉小车"的运行状态，会对系统效率产生很大影响。因为当电机负载率下降到一定程度时，不但电动机的自身能耗增大，而且功率因数也会急剧下降。

(2)抽油机平衡率的影响。

当抽油机运转不平衡时,电动机在上下冲程中做功是不相等的,从而导致抽油机的效率降低。

(3)回压的影响。

回压的高低直接影响机采井的工作状况,回压过高,产生憋压现象,同时增加机采井的能耗。回压高低从侧面反映出地面管道的流体运行状态。

(4)交变载荷的影响。

塔河油田油井大部分为超稠油井,在开采过程中需掺入密度较低的稀油,利用相似相容原理,降低原油黏度,将稠油举升至地面。稠油入泵相当于泵筒与柱塞比值减小,抽油杆柱所受到的液体摩擦力增加,上部抽油杆柱产生屈曲发生偏磨,表现为电流升高,载荷增大,加剧了杆柱应力状况恶化,最终导致抽油杆断脱。

(5)百米吨液耗电量的影响。

百米吨液耗电是指原油开采过程中每采出 1t 液量提升 100m 所消耗的直接电量,不包括电加热杆等加热设备耗电量。耗电量的大小直接关系着生产井的效益。

(6)采油时率的影响。

采油时率指开井生产井统计期内生产时间之和与开井日历时间之和的比值。影响时率的主要因素有油井日常管理、设备维护管理、地面管线腐蚀等。

(7)免修期的影响。

免修期为从上一次修井启抽之日开始计算,如果未修井,则天数累加,直至修井时停止累加,待修井恢复,启抽之日,重新开始累计生产天数。

(8)连续安全生产天数。

连续安全生产天数是指从年初或新井(作业井)投产之日起,未发生安全、环保事故。安全、环保事故包括原油泄漏、人员触电、机械伤害等造成的人身伤害和财产损失。

2)井下部分

(1)油井沉没度的影响。

抽油机系统效率随抽油机有效扬程的增加而提高,对于泵挂深度一定的油井,若沉没度大,产量增加,抽油泵有效扬程降低;若沉没度小,尽管有效扬程增大,但泵效降低,产量下降。

(2)泵效的影响。

在选定抽油机的工作参数之后,抽油机产量的高低取决于其深井泵的工作情况,其泵效越高,油井的产油量就越高。其中的三个因素影响着机采井泵效的高低,这三个因素分别是抽油杆柱以及油管柱弹性伸缩的影响、气体和充不满对泵效的影响,以及漏失对泵效的影响。

(3)泵挂深度的影响。

机采井中的下泵深度应综合考虑油层供液、沉没度及地质配产情况等,如机采井当中的供液能力相对较差,则在加深泵挂的基础上降低泵级,如供液能力良好,则提浅泵挂，并同时升高泵级，以便能够使井下采油的举升效率得以提高。

(4) 抽汲参数的影响。

生产参数过小或者过大，都会降低系统效率。生产参数过小，违背了效能最大化原则；生产参数过大，抽油井泵效较低，无功损耗增加。

(5) 原油黏度影响。

掺稀井地层产出原油黏度一般都较大，因此液体摩擦力较大，功耗较大，不利于原油的举升，从而导致部分黏度高的掺稀井系统效率较低。

(6) 输油管线长度影响。

流体在流动时，由于黏性阻力而产生能量损失，沿程阻力与集输管线的长度成正比，即管线越长，沿程阻力越大，回压越大，因此，优化布置输油管线的长度，能够降低回压对油井的影响。

(7) 气体影响。

气体进入抽油泵后将会挤占液体体积，进而导致液体量变少，并同时降低泵效。当抽油机工作时，气体随着液体一同进入泵筒，占据一部分的体积，使进入泵筒的液量减少，从而降低泵效。气体和泵充不满也会降低泵效，如进气情况严重，引起气锁现象及无法抽出油的问题。

(8) 漏失影响。

固定阀、排出阀及其他部分的漏失等因素会使得泵的实际产量减少，从而影响到抽油泵效。引起漏失的原因包括油管腐蚀穿孔、丝扣脱落，泵型选择不合理，抽油泵被卡及零件磨损。

(9) 冲程损失影响。

机采井中的油管及抽油杆处于正常工作状态时受到交变荷载力的作用，因此油管及抽油杆会出现弹性伸缩现象，弹性伸缩问题长期存在会导致光杆冲程大于活塞冲程，并由此降低泵效。一般而言，抽油杆的强度越小、长度越大，则冲程损失越大。

(10) 盘根盒的影响。

抽油机处于工作状态时，其盘根盒与管杆会产生摩擦现象，摩擦现象的发生也会造成功率损失。

(11) 四连杆结构影响。

四连杆结构由钢丝绳及轴承组成，该结构中的钢丝绳出现变形现象及产生的摩擦力均可对机采效率产生一定的影响。

(12) 管柱结构影响。

油井正常抽汲过程中，由于液柱载荷使抽油杆柱和油管柱发生伸缩变形，引起活塞和泵筒在一定范围内相向运动，使活塞的冲程小于光杆冲程，其值称为冲程损失。冲程损失越大，产量损失也越大，泵效就降低得越多。

2. 机采井健康评价指标选取数理基础

在规律分析的基础上，我们对各类相关数据进行了全面的归一化处理，通过分层随机抽样对样本进行了分类和分组。通过反复比较数据的抽样及分类特征，采用灰色关联分析方法对不完整信息进行期望的分析和研究的各种因素的数据处理。找出它们在随机因子序列中的相关性，找出主要矛盾，找出主要特征和主要影响因素。

在机采井健康指标选取时[14]，以给定或测试的数据作为参考数列，如泵径、冲程、冲次、泵深、沉没度[15,16]、泵效、采油时率、平衡率、回压、额定载荷、载荷利用率、免修期等，计算各数列之间的关联系数。根据关联系数就可以得到各参数的关联度大小，从而判断各个指标之间是否存在相关性及关联程度。如果某几列数据之间关联程度较大，说明数据存在较高的类似程度[16-19]，因此，应从这些类似的数据中选择某一列数据作为评价指标。

1) 理论基础

(1) 母序列与子序列的确定及原始数据的预处理。

对定量数据进行标准化就是为了克服这些不合理的因素，使单位不同、量纲不同的各个变量，通过变换而成为某种规范尺度下的变量。对变量进行正规化，就是要求把各种变量变换为同一尺度下的规范化变量。

(2) 求关联度。

计算每个时间点的母序列和每个子序列之差的绝对值 $\Delta_{0i}(t_j)$，即

$$\Delta_{0i}(t_j) = X_0(t_j) - X_i(t_j) \tag{5-22}$$

式中，X_0 为因变量参考数列（母序列）；X_i 为自变量比较数列（子序列）。

从结果中取差值绝对值的最大值 $\Delta_{\max}$ 与最小值 $\Delta_{\min}$。

求出各时刻点上的关联系数，即

$$L_{0i}(t_j) = \frac{\Delta_{\min} + \rho\Delta_{\max}}{\Delta_{0i}(t_j) + \rho\Delta_{\max}} \tag{5-23}$$

式中，ρ 为分辨系数，$\rho \in (0, 1)$，该值越小，相关性的分辨率越好。但灰色关联法的关键在于排出关联序，与差异的大小无关。即关联度值的大小顺序代表关联程度的大小，本节取 $\rho=1$。

找出每个参考序列的相关程度，即计算其相关系数的平均值：

$$\gamma_{0i} = \frac{1}{n}\sum_{j=1}^{n}L_{0i}(t_j) \tag{5-24}$$

(3) 排出关联序。

为了准确地评估每个子序列和母序列之间的关联程度，需要根据大小和顺序进行排列，即为关联序。每个子序列需要都将其与同一母序列大小关系进行比较，然后确定其与母序列的优劣关系[20,21]。

2) 在机采井健康指标选取中的应用

现场所给的机采井数据有泵径、冲程、冲次、泵深、沉没度、泵效、采油时率、平衡率、回压、额定载荷、载荷利用率、免修期等，利用灰色关联分析方法，分别对有关数据进行处理，以确定关键的评价指标[22,23]。

(1) 抽油泵参数的选取。

通过对泵径、冲程、冲次、泵深、沉没度等进行灰色关联分析后，得到如表 5-17 所

示的结果。

表 5-17　泵参数的关联分析

参数	冲程	冲次	泵深	沉没度
泵径	不相关	显著相关	显著相关	显著相关
冲程		显著相关	显著相关	显著相关
冲次	显著相关		显著相关	显著相关
泵深	显著相关	显著相关		显著相关

根据上述结果，认为泵径与冲次、泵深、沉没度显著相关，因此，可以从这四个参数中只选取其中的一个就能代表其余的参数。在实际的生产管理中，通常选取沉没度。另外，冲程与泵径不相关，但与冲次、泵深、沉没度显著相关，可以不选择冲程作为一个独立的变量，因此，可以不作为评价指标。

(2) 载荷参数的选取。

通过对额定载荷、最大载荷、最小载荷、载荷利用率、交变载荷等进行灰色关联分析后，得到如表 5-18 所示的结果。

表 5-18　载荷参数的关联分析

参数	载荷利用率	额定载荷	交变载荷	最大载荷	最小载荷
载荷利用率		显著相关	显著相关	显著相关	不相关
额定载荷	显著相关		显著相关		不相关
交变载荷	显著相关	显著相关		显著相关	不相关

从表 5-18 可看到，载荷利用率与额定载荷、最大载荷、交变载荷显著相关，因此，这四个参数具有较高的类似程度，可以选择其中的一个作为评价指标。考虑载荷利用率是最大载荷与额定载荷之比，而交变载荷是最大载荷与最小载荷之差，交变载荷更能反映机采井的实际载荷变化，因此，选择交变载荷作为评价指标。

(3) 总体指标的确定。

在完成泵参数和载荷参数的选取后，进一步结合泵效、生产成本和连续生产时间等，就能对机采井的整体生产情况做一基本的评价。同时，利用灰色关联分析方法，对泵效、沉没度、交变载荷、采油时率、平衡率、回压等进行关联分析(表 5-19)。

表 5-19　总体指标的关联分析

参数	沉没度	交变载荷	采油时率	平衡率	回压
泵效	不相关	不相关	不相关	不相关	不相关
沉没度		不相关	不相关	不相关	不相关
交变载荷			不相关		
采油时率				不相关	不相关
平衡率					不相关

上述结果表明，泵效、沉没度、交变载荷、采油时率、平衡率、回压等参数之间存在不相关，也就表明这些指标的各列数据之间基本不存在类似，这些指标是相互独立的，因此，可以用于指标评价，具有较好的代表性。

通过运用灰色关联法对机采井生产影响因素进行筛选，并综合考虑机采井现实生产情况，初步可确定为五大方面[24,25]、八个具体指标。沉没度、泵效、回压、交变载荷、平衡率、百米吨液耗电量、采油时率、连续安全生产天数。

3. 健康评价指标的赋值

涉及国家、行业和企业内有标准指标值的，以标准指标值为评价指标标准值，其他标准指标值参照采油管理区实际值，确定一个合理或经济值作为评价指标标准值[26,27]。通过大数据分析统计得出以下健康评价指标的取值范围(表 5-20)。

表 5-20 塔河油田机采井健康评价指标体系

类型	评价指标	健康	亚健康	不健康
井筒	沉没度/m	400~900	200~400、900~1200	<200、>1200
	泵效/%	45~80	35~45、80~90	<35、>90
地面	回压/MPa	≤1.5	1.5~2.0	>2.0
	平衡率/%	80~110	70~80、110~120	<70、>120
	交变载荷/kN	<30	30~50	>50
	载荷利用率/%	45~80	40~45、80~85	>85、<40
能耗	吨液耗电/kW	≤上月吨液耗电	>上月吨液耗电	
安全	安全生产天数/d	=年累计日历天数	<年累计日历天数	

4. 健康评价指标体系的建立

按照"一井一策"管理模式，给每一口机采井建立一张"健康评价表"，按机采井运行状况设置 10 个参数，以参数的好坏确定指标的健康程度，以指标的健康程度来衡量机采井运行优劣。把录取的参数与健康标准对比，监控每一口井的电流、回压等参数，分析评价，提前预防"疾病"，确保机采井"健康长寿"，使机采井得到有效监控。采油管理区运用该表，对问题机采井及时进行"把脉问诊"、制定对策，对实施效果进行评价，不断提高机采井运行受控程度。

1) 建立机采井"健康评价表"

机采井健康评价表分正反两面，正面内容为机采井的指标评价内容，包括井筒评价、地面评价和成本、安全评价指标，每项指标设立三个健康等级标准，即健康、亚健康和不健康(表 5-21)。背面内容主要是机采井的基础数据、油井投产方式、设备工艺状况、日常管理重点等内容。

表 5-21 健康评价体系

评价指标		健康等级标准		
		健康	亚健康	不健康
抽油机平衡率/%		80~110	75~80、110~115	<75、>115
时率/%		≥98.0	90.0~98.0	<90.0
沉没度/m	稀油	300~900	200~300、900~1100	>1100、<200
	稠油	600~1100	300~600、1100~1300	>1300、<300
泵效/%	稀油	45~80	40~45、80~100	>100、<40
	稠油	40~100	35~40、100~110	>110、<35
免修期/d	稀油	>454	284~454	<284
	稠油	>348	261~348	<261
回压/MPa		≤1.5	1.5~2.0	>2.0
载荷利用率/%		45~80	40~45、80~85	>85、<40
交变载荷/kN		<40	40~50	>50
系统效率/%		>25.0	17.1~25.0	<17.1
连续安全生产天数/d		等于年日历天数	<年日历天数	

2)机采井"健康评价表"填写

(1)机采井健康评价表正面填写。

每一项指标第一行填写计划区间范围值,第二行填写实际值,通过确定评价指标的上(下)限值来衡量机采井健康等级[28,29]。塔河 X 区 XXX 油井 X 月健康评价表(正面)如表 5-22 所示。

表 5-22 塔河 X 区 XXX 油井 X 月健康评价表(正面)

类型	评价指标名称	健康等级标准			计划/实际	新工艺新技术										
						泵径/mm		泵挂/m		冲程/m		冲次/(次/min)				
		健康	亚健康	不健康		月份										
						1	2	3	4	5	6	7	8	9	10	11	12
井筒评价	抽油机平衡率/%				计划											
					实际											
	采油时率/%				计划											
					实际											
	沉没度/m				计划											
					实际											

续表

类型	评价指标名称	健康等级标准			计划/实际	新工艺新技术												
						泵径/mm		泵挂/m		冲程/m		冲次/(次/min)					
		健康	亚健康	不健康		月份											
						1	2	3	4	5	6	7	8	9	10	11	12
井筒评价	泵效/%				计划												
					实际												
	免修期/d				计划												
					实际												
地面评价	回压/MPa				计划												
					实际												
	载荷利用率/%				计划												
					实际												
	交变载荷/kN				计划												
					实际												
成本评价	吨液耗电/[(kW·h)/t]				计划												
					实际												
安全评价	连续安全生产天数/d				计划												
					实际												

(2) 机采井健康评价表背面填写。

机采井健康评价表背面主要是油井的基础信息和生产状况,通过查阅历史资料录取。塔河 X 区 XXX 油井 X 月健康评价表(背面)如表 5-23 所示。

表 5-23　塔河 X 区 XXX 油井 X 月健康评价表(背面)

一、基础数据							
开完钻日期		完钻井深		完井井深		造斜点	
投产日期		油层套管		目前井底		套补距	
最大井斜		水泥返高		固井质量		油补距	
二、历次投产生产情况							
层位	井段	投产方式	生产时间	生产情况		
				累计产液	累计产油	累计注水

续表

三、设备工艺状况								
抽油机				油管线外径×壁厚×长度/(mm×mm×m)		抽油杆长度		
厂家	型号	电机功率	电压等级		1″	7/8″	3/4″	

四、生产参数						
泵型		泵挂/m		冲程/m		冲次/(次/min)

四、特殊井下技术状况(套损、管外窜、落物等)及出砂、结垢等

五、特殊井下技术工艺(防蜡、防垢、防偏磨、套管修复等)

六、日常管理要点(洗井、加药、掺水、作业等日常管理要点)					
洗井方式	洗井介质	药剂名称	加药量/mL	洗井用量/m³	洗井效果	备注
掺稀方式	掺稀介质	药剂名称	加药量/mL	掺稀量/(t/d)	掺稀效果	备注
日常管理要点					

注："″"表示英寸(in),1in=2.54cm。

5.3.3 健康评价体系的现场应用

按照机采井健康评估体系,截至目前示范区初步诊断89口机采井(表5-24),健康率低下有油藏、井筒、地面、管理四方面原因,分别制订四类七项治理措施。

表5-24 示范区油井诊断结果

评价指标			总井数	健康井		亚健康井		不健康井	
				井数	占比/%	井数	占比/%	井数	占比/%
抽油机井平衡率/%			89	80~110	73	75~80、110~115	7	<75、>115	20
				65		7		17	
沉没度/m	非掺稀		9	300~1000	22	200~300、1000~1100	0	>1100、<200	78
				2		0		7	
	掺稀		80	600~1100	7	300~600、1100~1300	5	>1300、<300	88
				6		4		70	
泵效/%	非掺稀		9	45~80	55	40~45、80~100	33	>100、<40	12
				5		3		1	

续表

评价指标		总井数	健康井		亚健康井		不健康井	
			井数	占比/%	井数	占比/%	井数	占比/%
泵效/%	掺稀	80	40~100	42	35~40、100~110	13	>110、<35	43
			34		11		35	
免修期/d	非掺稀	9	>454	44	284~454	12	<284	44
			4		1		4	
	掺稀	80	>348	60	261~348	10	<261	30
			48		8		24	
回压/MPa		89	≤1.5	97	1.5~2.0	0	>2.0	3
			87		0		2	
时率/%		89	≥98	92	90~98	5	<90.0	3
			82		5		2	
载荷利用率/%		89	45~80	67	40~45、80~85	14	>85、<40	8
			60		13		7	
交变载荷/kN		89	<40	51	40~50	13	>50	24
			46		12		22	
连续安全生产天数/d		89	等于日历天数	100	0	0	<年日历天数	0

注：表格数据的含义，例如抽油机井平衡率这一行数据，代表平衡率在健康井范围 80~110 之间的井数为 65 井次；平衡率在亚健康井范围 75~80、110~115 之间的井数为 7 井次；平衡率在不健康井范围<75、>115 的井数为 17 井次。

1. 油藏原因

排查出因油藏原因导致健康率低下的油井共计 41 口，其中供液不足 16 口，油稠需要掺稀量较大的油井 25 口。针对这类型油井转变前期能量不足则深抽的观念，以改善井筒流体状态为原则，通过油藏、工艺、运行管理相结合分类治理促健康。

1)沉没度优化

(1)供液充足井：上调工作制度，提高产液量。优化 18 井次，系统效率提升 0.8%。

(2)供液不足井：注水恢复液面，优化 16 井次，系统效率提升 4.4%。

2)改善流动降低摩阻

(1)应用新型自动引流式掺稀混配器(图 5-27)：改善掺稀效果降低掺稀油的用量 5%。

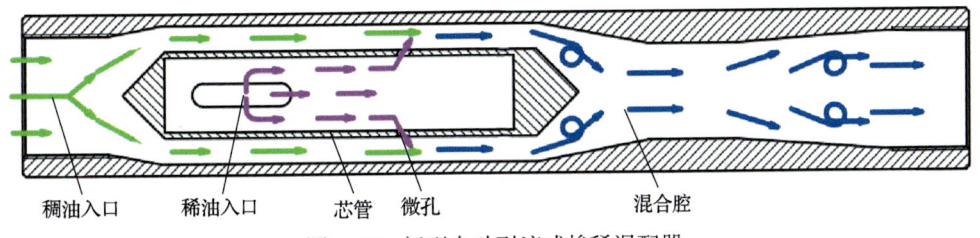

图 5-27 新型自动引流式掺稀混配器

(2)加深过桥尾管技术(图 5-28):优化泵挂 25 井次,平均泵挂上移 412m。

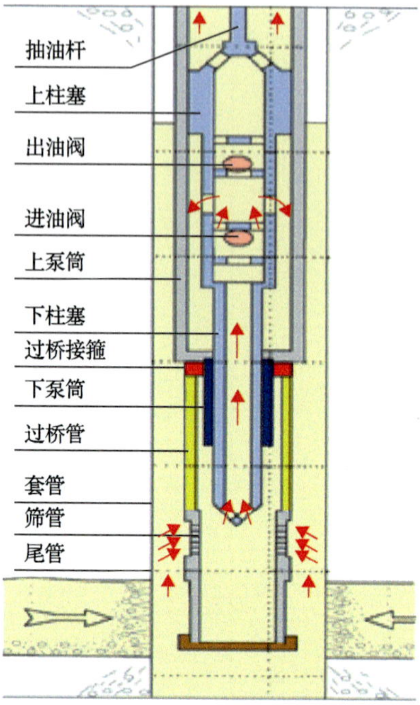

图 5-28 加深过桥尾管工艺

2. 井筒原因

排查出因井筒原因导致健康率低下的油井共计 37 口,其中有杆泵漏失 13 口,阀球阀座损坏 24 口。针对这类型油井开展抽稠泵漏失治理与措施改进,通过结构、材质、间隙选择标准三方面改进,有效延长短寿井寿命,阀球阀座故障率降低 15 个百分点(由 43%下降到 28%)。

1)结构改进

(1)新型阀座结构(图 5-29):阀座由矩形改为锥形,减小阀座与阀球的接触应力。
(2)柱塞防偏磨配套(图 5-30):泵筒上端加装防偏磨装置,保证柱塞与泵筒无偏磨。
(3)双流道进油阀:采用两个吸入口,增大吸入口的过流面积,减少稠油入泵阻力,减少泵的充满时间,提高泵效。

2)材质改进

(1)首轮改进:阀球密度由 7.8g/cm³ 上升至 14.6g/cm³,硬度由 50HRC 上升至 73HRC。
(2)第二轮改进:阀座材质由不锈钢改为硬质合金,阀座密度由 8.0g/cm³ 上升至 13.5g/cm³。
(3)第三轮改进:阀球硬度由 58HRC 上升至 88HRC。已应用 11 井次,其中 3 口井运行时间超过 261 天(亚健康标准),日产液增加 3.8t,泵效增加 8.1%。

现场出现泵漏的阀球如图 5-31 所示。

图 5-29　阀座改进前后　　图 5-30　柱塞防偏磨装置

图 5-31　稠油包裹阀球

3) 间隙标准

根据现场实际情况制定新的间隙标准(表 5-25)。

表 5-25　泵间隙等级标准

井口温度/℃	间隙等级				
	1	2.5	5	8	10
	井口黏度/(mPa·s)				
20	30	2400	15830		187180
22.5	30	1790	10590		110600
25	30	1360	7380		69080
27.5	20	1060	5330		45130
30	20	840	3960		30600
32.5	20	680	3010		21400
35	20	560	2340		15370

注：表格数据的含义，例如间隙 1 是适应井口温度 20℃时，黏度小于 30mPa·s；2.5 间隙就是当井口温度 20℃时，黏度范围为 30~2400mPa·s。

3. 地面原因

排查出因井筒原因导致健康率低下的油井共计 73 口，其中抽油机机型不合理 12 口，电机能耗高 37 口，平衡率不合理 24 口。针对这类型油井对在用的抽油机与电机进行改造与节能配套，提高地面抽油机平衡率，大幅降低地面电机能耗，总体提高地面节能率，地面系统效率提高 10%（由 56% 上升至 66%）。

1）抽油机优化配套

(1) 自动调整平衡：平衡度自动判定、调整。

(2) 节能抽油机：齿轮齿条传动高效节能。其中推广区 DK9 井和 TK124H 井实施电动调平衡，平衡率由 70.8% 上升至 105%，日节电 65 元，抽油机应用 1 井次，系统效率提高 10.2%。

2）电机节能改造

(1) 电机更换：改善电流高、载荷波动、平衡性差。

(2) 节能变频柜：适用于产液稳定、用电高油井。

(3) 改变电机电源接线：存在"大马拉小车"，负载率偏低油井。现场改造 16 井次，吨液耗电下降 3.7kW·h。

4. 管理原因

管理原因包括抽油杆管理不规范、抽油泵间隙无选择依据、系统效率计算误差大。针对这类情况要围绕健康采油体系，在分析总结现有制度基础上，不断推进制度化、标准化建设。新增完善制度、规范和标准 19 项，另外新增制度 1 项、规范 4 项、标准 2 项。

通过机采井健康评价体系的不断推进应用，机采系统分层级实现指标提升的目标，整体机采技术指标较"十二五"大幅提高。指标提升情况如表 5-26 所示。

表 5-26 指标提升情况

指标	2016 年	2020 年
泵效/%	61.2	67.4
检泵周期/d	653	748
系统效率/%	20.7	25.8
健康率/%	65.6	85.4

参 考 文 献

[1] 李宁. 固定智能捞油机的研制[D]. 西安：西安石油大学，2016.
[2] 吉效科，许丽，荀永伟，等. 智能提捞式抽油机的试验与评价[J]. 石油机械，2014，42(6)：91-94.
[3] 窦彦辉，峇拥军，李建雄，等. 无泵采油工艺在出砂井的试验应用[J]. 石油矿场机械，2011，40(9)：69-71.

[4] 景伟. 无泵采油技术在扶余油田的应用[J]. 科技创新导报, 2010, (4): 3.
[5] 王立杰. 低产低效井智能提捞举升技术研究[D]. 大庆: 东北石油大学, 2015.
[6] 刘丹. 智能提捞抽油机应用效果浅析[J]. 中国石油和化工标准与质量, 2012, 32(5): 1.
[7] 李伟. 柔性连续抽油杆提捞式采油技术研究[D]. 武汉: 长江大学, 2011.
[8] 宋成清. 软密封柱塞泵的设计研究[J]. 中国新技术新产品, 2009, (23): 1.
[9] 张凯波, 张德实, 王新民, 等. 柔性控制超长冲程抽油机在大庆油田的应用[J]. 石油石化节能, 2017, 7(12): 3.
[10] 李季. 超长冲程采油技术研究与应用[J]. 化学工程与装备, 2019, (5): 3.
[11] 曲宝龙, 徐华静, 马卫国, 等. 沉没度对有杆泵抽油系统综合性能的影响[J]. 石油机械, 2015, 43(4): 89-93.
[12] 王翠. 抽油机合理平衡率的再认识[J]. 油气田地面工程, 2010, 29(7): 30, 31.
[13] 刘波. 抽油机井系统效率影响因素分析及对策研究[D]. 武汉: 长江大学, 2013.
[14] 孙磙礅. 塔河油田超深稠油掺稀井机采举升优化技术[J]. 油气田地面工程, 2013, 32(5): 1, 2.
[15] 甘振维, 赵普春. 塔河油田机抽井合理沉没度分析[J]. 中外能源, 2008, (1): 40-44.
[16] 王小玮. 有杆泵举升系统工况分析及设计软件开发[D]. 武汉: 长江大学, 2013.
[17] 赵可远. 影响游梁式抽油机平衡率因素研究[J]. 中国石油和化工标准与质量, 2014, 34(5): 104.
[18] 李凌全. 影响机采井效率因素及对策分析[J]. 科技创新与应用, 2014, (22): 96.
[19] 杨晓辉. 影响机采井效率因素及对策研究[J]. 化工管理, 2014, (30): 31.
[20] 尹玉琼. 影响油井检泵周期的因素分析与对策[J]. 石化技术, 2016, 23(11): 44.
[21] 陈兴元. 提高有杆泵采油系统效率方法的探讨[J]. 节能, 2005, (3): 12-14, 29.
[22] 葛林文, 魏峰, 万礼鹏, 等. 提高机采井系统效率因素及措施[J]. 石油石化节能与减排, 2012, 2(4): 27-30.
[23] 叶连波, 刘玉梅. 提高机采井系统效率的理论与措施[J]. 油气井测试, 2004, (4): 13-15, 104, 105.
[24] 李杰传. 提高机采井系统效率的理论研究与管理方法[J]. 内蒙古石油化工, 2005, (12): 108, 109.
[25] 刘海丰. 加强机采井系统效率管理提高经济产量[J]. 内江科技, 2013, 34(10): 29, 63.
[26] 李昊. 抽油机节能方法研究[D]. 成都: 西南石油大学, 2016.
[27] 吴雪琴. 有杆抽油系统能耗与节能技术研究[D]. 武汉: 长江大学, 2012.
[28] 路勇, 李侠, 黄耀达. 有杆泵合理沉没度的确定[J]. 内蒙古石油化工, 2008, (5): 103-105.
[29] 周子利. 油田回压对油井生产影响综合分析[J]. 化学工程与装备, 2015, (7): 75-78.

第6章　超稠油开采新理论与新技术

塔河油田拥有目前世界上埋藏最深(7000m)、储量最大(7.54亿t)、黏度最高(50℃时黏度为$1.0×10^7$mPa·s)的超深井超稠油油藏[1]。稠油高含盐($2.2×10^5$mg/L)、高含H_2S($>1.0×10^4$mg/m³)，国内外无成熟技术可借鉴，被公认为世界级技术难题。在"十一五"及"十二五"期间，通过一系列的技术创新及应用，稠油稳步上产，年产量约300万t。在掺稀理论及工艺的应用下，塔河稠油开发在超稠油胶体不稳定理论方法、超稠油井筒油水两相流动特征及超稠油地面热处理改质技术可行性论证方面取得了较大进展[2]。

6.1　超稠油胶体不稳定理论方法

油田常用的原油胶体稳定性方法为胶体不稳定指数法，根据原油胶体体系结构模型，只有当原油中的饱和组分、芳香组分、胶质及沥青各组分的性质、百分含量相匹配时，胶体体系才能稳定。塔河超稠油沥青质百分含量较多而胶质百分含量相对不足，胶束易形成絮凝，而随着絮凝增加甚至产生沉淀，促使不相容现象发生，常规的胶体不稳定指数法无法准确判别原油的胶体稳定性，需要开展相关的研究工作。

6.1.1　影响石油胶体稳定性的因素

影响原油稳定性的因素有内因(原油性质及组成四组分的比例关系)和外因(温度、压力)，判断胶体稳定性的方法考虑的是温度和压力变化引起原油体系四组分发生变化，原油胶体体系稳定性被破坏。原油组成是影响原油稳定性的重要因素。石油胶体稳定性取决于其各组分之间的动态平衡状态，各组分在数量、性质和组成上必须相容匹配[3]，即沥青质的含量需适当，可溶质的芳香度不能太低，并必须有相当量的、组成结构与沥青质相似的胶质作为胶溶组分。沥青质的缔合性是渣油胶体稳定性的重要因素，体系的胶体稳定性是由沥青质和可溶质共同决定的，两者的性质、含量及配伍性决定了体系的胶体稳定性。

1. 组分含量对稳定性的影响

李生华等[4,5]和张会成等[6]根据各自的研究结果推导出渣油体系的稳定性函数与渣油SARA组成的关系，并对第二液相的相分离点与渣油体系的组成和物理结构进行关联，导出渣油体系的稳定性函数与其SARA组成的关系为

$$S(R_e/A_{sp}, A_r, S_{at})=1.36R_e/A_{sp}+3.11A_r-1.86S_{at} \tag{6-1}$$

式中，R_e、A_{sp}、A_r、S_{at}分别为胶质、沥青质、芳香组分、饱和组分的含量。

此式的物理意义，首先渣油体系的稳定性与胶质和沥青质的相对数量有关，只有胶质的数量比沥青质的数量高出一定值时，渣油体系才能获得热力学稳定性。芳香组分含量是影响渣油体系稳定性的重要因素，芳香组分含量的变化将较大程度地改变渣油体系

的稳定性[7]。芳香组分的巨大保护作用除了将渣油体系中的胶团有效地"分散"在饱和组分中外，还可在热反应过程中转化为胶质，为渣油体系提供较高的动力学稳定性。饱和组分的存在不利于沥青质的稳定。

许多研究者根据组分组成预测原油稳定性高低和相分离的早晚。有研究将胶质与沥青质的比值作为表征原油稳定性的参数，也有研究将(饱和组分+沥青质)/(芳香组分+胶质)的比值作为表征石油体系的胶体稳定性参数。该比值的意思是芳香组分和胶质的量反映了它们对沥青质的分散作用，而饱和组分和沥青质的量反映了沥青质的絮凝趋势。大量四组分数据分析表明，饱和组分+沥青质与芳香组分+胶质的比值在预测原油稳定性方面的准确度高于胶质/沥青质比值。但根据四组分组成预测石油体系的稳定性时，没有考虑它们的结构对体系稳定性的影响。León 等[8]在前人研究的基础上提出用芳香组分含量/芳香度的比值表征石油体系的稳定性，该指数较易区分稳定原油和不稳定原油，芳香组分含量低且芳香度高的原油不稳定。组分含量不仅与体系稳定性相关，还决定体系的流变性能，如凝胶型沥青含有高沥青质/胶质比值，形成网状结构并且黏弹性和刚性高[9]。

Heithaus 等提出的胶体稳定性指数 S，在一定程度上反映沥青质、胶质和分散介质对石油胶体稳定性的影响，S 值大则胶体稳定，否则不稳定，容易分层[10]。其定义式为

$$S=S_o/(1-S_a) \tag{6-2}$$

式中，S_o 为表征介质分散沥青质能力的参数；S_a 为表征沥青质在介质中胶溶难易程度的参数，S_a 值大，表明沥青质在油中被胶质胶溶所形成的胶体稳定性强，沥青质不易沉淀。

研究认为除了组分组成，组分结构性质对稳定性也有影响。沥青质 C/H(原子比)愈大，缩合愈高，则愈难胶溶，S_a 值愈小，所形成的石油胶体稳定性愈差。分散介质的 C/H 比越大，化学结构越接近沥青质，则其分散能力愈强，介质的芳香度降低，石油胶体的稳定性也随之下降。下面着重介绍胶质和沥青质对石油体系稳定性的影响[11]。

2. 胶质对沥青质的稳定作用

一般来说，胶质有利于石油胶体的稳定，胶质阻止沥青质沉淀存在一临界浓度；低于此浓度沥青质发生絮凝，高于此浓度时沥青质稳定存在。石油中如果没有胶质的存在，沥青质将不溶于芳香组分和饱和组分。沥青质和胶质形成缔合物的主要作用力为分子间电荷转移作用、静电库仑力、范德瓦耳斯力及氢键和 π-π 共轭作用。沥青质分子间、沥青质与胶质分子间及胶质分子间相互作用时，分子间的面-面结合构型的能量最低，因此优先形成面-面结合构型。沥青质分子间、沥青质与胶质分子间和胶质分子间的键能分别为 12～15kcal[①]/mol、12～14kcal/mol、4～7.5kcal/mol，沥青质与胶质间相互作用的能量与沥青质分子间作用相近，说明胶质、沥青质分子间相互作用较强[12]。

胶质对沥青质的胶溶作用是通过破坏沥青质分子间 π-π 共轭作用与极性键作用实现的，当沥青质中极性物质较多时需较多的胶质来破坏沥青质分子间相互作用。当胶质含量低时，高极性或高分子量沥青质在庚烷和甲苯溶液中不溶。沥青质缔合物拥有多孔结构，胶质可吸附在孔隙中与沥青质相互作用，不排除胶质可被截留在沥青质颗粒的结构中。

不仅胶质的含量对沥青质的稳定性有影响，胶质的尺寸和形状与沥青质的稳定也有

---

① 1kcal=4184J。

关。胶质形状是否接近楔形对沥青质聚集体的大小及稳定性有重要的影响，如果胶质尺寸接近楔形，则沥青质聚集体的体积小[13]；如果形状因子不接近楔形，则形成的聚集体会快速增长，直至聚沉。这说明不同产地原油中胶质的稳定能力有差别，因为胶质中烷基侧链上所带官能团的数量和长度对胶质在沥青质表面的吸附和吸收有明显的影响。依据分子力学计算模拟 ATGSabasca 沥青质分子结构的研究发现，稳定的 ATGSabasca 沥青质分子结构具有内部空穴的球形结构，这一结构是由聚亚甲基桥键连接的芳香区域形成的。对沥青质，胶质表现出比甲苯和正庚烷强的亲和性，对沥青质外部的点位表现出明显的选择性，这种选择性也解释了一种油的胶质并不一定能较好地胶溶另一种油的沥青质，但胶质间没有绝对的胶溶性的高低。而 Pereira 等[14]认为胶质对沥青质的稳定与不稳定均有贡献，胶质分子间的相互作用强弱是决定胶质分子能否稳定胶溶沥青质胶粒的主要因素。胶质分子间的相互作用弱，吸附趋势低能使沥青质稳定存在并阻止沉淀物的形成；相反，具有强相互作用的胶质表现出强吸附性并形成较厚的黏稠吸附层，使相互接触的沥青质产生沉积，不利于稳定。

上述研究结果可看出，胶质的性质和形状均与它的胶溶能力密切相关，胶质吸附在沥青质周围形成空间位阻层阻止沥青质沉淀，但胶质使沥青质稳定存在作用机理还不是很明确，仍需对胶质的性质与结构做进一步研究。

3. 沥青质性质对稳定性的影响

由于沥青质的存在，使石油拥有胶体特性，影响胶体稳定性的核心因素是沥青质。沥青质的自缔合是沥青质发生聚沉的第一步，表面张力法研究沥青质在环己烷、四氢呋喃、四氯化碳中的临界胶束浓度发现，稳定原油沥青质在三种溶剂中的临界缔合浓度较高，不稳定原油中沥青质的聚结过程出现早于稳定原油。研究者据此认为，沥青质在原油中的稳定性，主要由其结构决定。León 等[15]通过对稳定原油和不稳定原油沥青质的研究提出相应的平均分子结构，见图 6-1 和图 6-2。

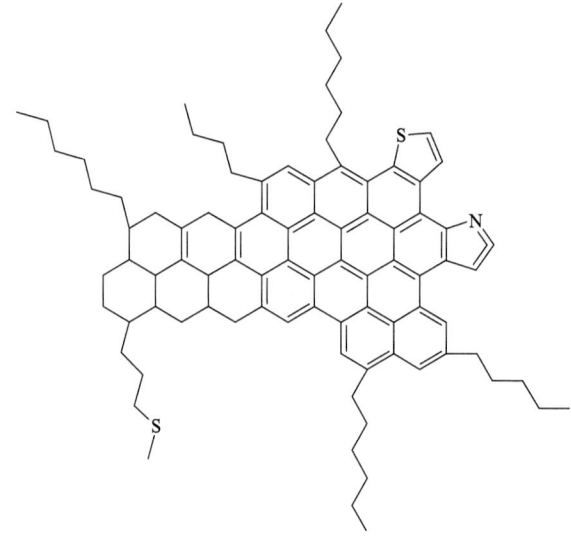

图 6-1 稳定原油沥青质平均结构

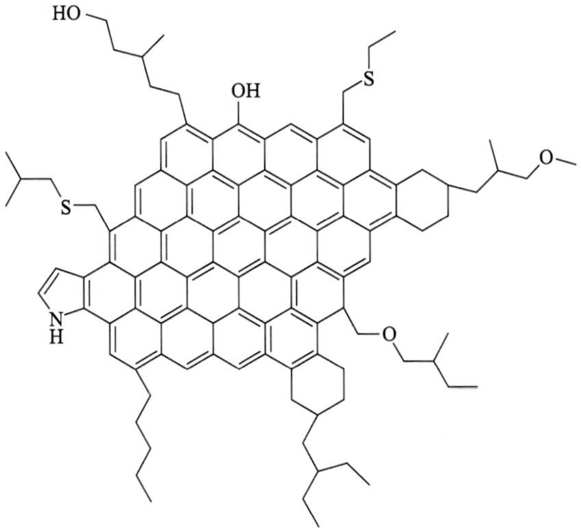

图 6-2　不稳定原油沥青质平均结构

由图 6-1 及图 6-2 可看出，不稳定原油沥青质与稳定原油沥青质相比 C/H 原子比高，芳香度高，芳香环缩合度高，芳香环数多，沥青质的结构和组成与沉积问题密切相关。氢含量低、芳香度高的沥青质在浓度较低时便发生缔合；而氢含量高、芳香度低的沥青质在较高浓度时发生缔合，即稳定原油的沥青质缔合性弱。沥青质的芳香环缩合度越高、C/H 原子比越高，越难被胶溶，沥青质浓度相同时，不稳定原油沥青质形成的缔合物尺寸大。

从不稳定原油和沉积物中抽取出的沥青质与稳定原油沥青质相比，含有较多的强极性组分，且整体极性较高。介电常数、溶解度和絮凝实验结果表明，强极性组分自缔合倾向高，难溶解。这些结果表明强极性沥青质对原油稳定性起关键作用。

6.1.2　原油胶体的结构模型

原油亦称石油，其主要成分是饱和烃、芳香烃、胶质和沥青质，通常称为原油的四组分[16]。原油中的四组分一般构成一个连续分布的动态稳定胶体体系，胶质组分相当于分散剂，由于它的作用沥青质以胶粒的形式大致均匀的悬浮在油相中，胶质对沥青质起着稳定化的作用[17]。

大量的研究认为，石油是胶体分散体系，石油胶体的胶团结构模型是：沥青质构成胶核，溶剂化的胶质吸附在沥青质表面或部分吸收在沥青质中，它们一起构成胶束，而部分胶质和烃类油分则组成分散介质，分散介质和胶束组成分散相[18]，该模型如图 6-3 所示。

石油胶体能够稳定的前提是要有足够的胶质和足够的芳香组分作为分散介质。作为稳定剂的胶质分子与胶团中的沥青质（胶核）表面之间以氢键作用，或 π-π 共轭电子给予体-接受体络合等形式相互作用，或极性的诱导作用，从沥青质（胶核）到芳香组分（分散介质）的组成是逐渐改变的。大量研究数据表明，石油胶团的相对分子质量为几万到几十万，胶团的大小在几十纳米到几百纳米不等，它们属于典型的胶态分散体粒子的范围之内。

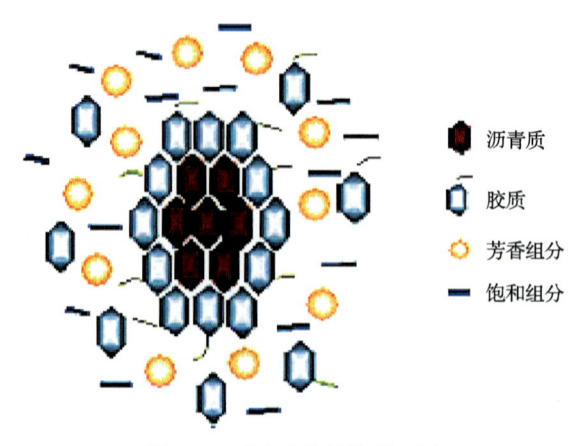

图 6-3 石油胶体结构模型图

6.1.3 原油胶体稳定性评价方法

1. 原油胶体稳定性判定方法

1) 稳定性参数法

原油分为四个组分：饱和组分、芳香组分、胶质、沥青质。其中沥青质是分散相，对渣油的稳定性起着关键作用；胶质和部分芳香组分附着在沥青质周围，形成一定的溶剂化层，起到保护沥青质的作用，是沥青质的溶剂；饱和组分和部分芳香组分是沥青质的非溶剂。因此，可以用四种组分的相对含量来评价油品的稳定性，即稳定性参数 CI：

$$CI = \frac{w_{胶质} + w_{芳香组分}}{w_{沥青质} + w_{饱和组分}} \tag{6-3}$$

式中，$w_{饱和组分}$、$w_{芳香组分}$、$w_{胶质}$ 和 $w_{沥青质}$ 分别为饱和组分、芳香组分、胶质和沥青质的质量分数。CI 值越大，油品的稳定性越好；反之，油品的稳定性越差。

该方法的缺点是只考虑了各组分的含量，没有考虑组分之间的相互作用。而四组分的含量受测定方法影响，不同的测定方法得出的四组分的含量也不同。

2) 不稳定参数法 CII

Asomaning[19]用 CI 的倒数 CII（colloidal instability index）对油样进行了测试，实验表明，当 CII≥0.9 时，油品呈现不稳定性；当 CII<0.7 时，油品稳定性较好；当介于两者之间时，油品稳定性无法确定。CII 的表达式为

$$CII = \frac{w_{沥青质} + w_{饱和组分}}{w_{胶质} + w_{芳香组分}} \tag{6-4}$$

用胶体稳定性指数来表征油品的稳定性，简单且方便。但胶体稳定性指数也有缺点，它只考虑了各组分的含量，没有考虑组分之间的相互作用。而四组分的含量受测定方法影响，不同的测定方法得出的四组分的含量也不同。

3) 新的胶体稳定性指数法

沥青质的极性影响沥青质的沉积，不稳定原油的偶极距比稳定原油的偶极距大，各组分的偶极距 δ 可以由介电常数 ε 代替：

$$\text{CSI} = \frac{\varepsilon_{沥青质}w_{沥青质} + \varepsilon_{饱和组分}w_{饱和组分}}{\varepsilon_{胶质}w_{胶质} + \varepsilon_{芳香组分}w_{芳香组分}} \tag{6-5}$$

式中，$\varepsilon_{饱和组分}$、$\varepsilon_{芳香组分}$、$\varepsilon_{胶质}$ 和 $\varepsilon_{沥青质}$ 分别为饱和组分、芳香组分、胶质和沥青质的介电常数。CSI 越小，油品的稳定性越好；反之，油品的稳定性越差。该方法的优点是考虑了组分和极性对沥青质沉积的影响。

4) P 值法

Heithaus[20]提出的 P 值法主要用于判断重质油的稳定性。油样溶于芳香性溶剂(如甲苯、α-甲基萘)，向其中加入烷烃(如正庚烷、异辛烷或正十六烷)直至出现沉淀。出现沉淀时溶剂体积为 V_S，滴入的烷烃体积为 V_T，则絮凝率(FR)公式为

$$\text{FR} = \frac{V_S}{V_S + V_T} \tag{6-6}$$

此时，油品的浓度 C 的计算公式为

$$C = \frac{W_A}{V_S + V_T} \tag{6-7}$$

式中，W_A 为加入的油样的质量；V_S 为溶剂的体积；V_T 为滴定剂的体积。

在不同溶剂浓度下做四次实验，得到四个 FR 和 C 值，以 FR 为纵坐标，C 为横坐标，将四个点绘在该坐标系中，四个点所连成的直线与横纵坐标的交点分别为 C_{min} 和 FR_{max}。此外，P 值法还涉及三个参数 P_a、P_0 和 P。P_a 表示沥青质的胶溶能力，P_a 较高说明沥青质的胶溶能力较好；P_0 表示可溶质的胶溶能力；P 值为胶溶极性的整体的状态，代表了体系的稳定性。P_a、P_0 和 P 的计算公式为

$$P_a = 1 - \text{FR}_{max} \tag{6-8}$$

P_0 计算公式为

$$P_0 = F \cdot R_{max}\left(\frac{1}{C_{min}} + 1\right) \tag{6-9}$$

P_a、P_0 和 P 的关系式为

$$P = \frac{P_0}{1 - P_a} \tag{6-10}$$

P 值越大，表明体系稳定性越好。当 $P<1$ 时，体系的胶体稳定性较差，很容易形成

沉淀；当 $P>1.6$ 时体系的稳定性较好。

传统的值法是用正构烷烃对体系进行滴定，滴定后将体系中的溶液滴在滤纸上通过直接观察或用显微镜观察到有沉淀物出现，发生相分离行为时，达到滴定终点。测试结果与操作人员的操作能力有关，数据重现性也不好。因此，Pauli[21]对 P 值法的操作方法进行了改进，改进后的装置使用自动滴定的方法，可以通过波长为的透射光检测絮凝的沥青质的变化。改进后的方法不仅可以测定某种油品中沥青质的变化，还可以测定混合油品和已氧化的油品中沥青质的变化。

5) 甲苯等价法(TE)

为了表示油样对其中的沥青质的胶溶能力的大小，Anderson 等[22]提出了 TE 的概念。TE 表示能够使沥青质保持在油样中的增溶能力。实验确定 TE 的方法是配制一系列不同比例的正庚烷和甲苯混合液。向溶液中加入一定的油样，TE 是能够保证沥青质不出现沉淀的甲苯含量的最小值。

此方法与 P 值法的 FR 值有关。由于絮凝时正庚烷的含量与油品本身的性质及每种混合物中油样与甲苯的比例有关，因此，对于特定的某种油品，会得到一系列 FR 值。传统的 TE 值为 10mL 甲苯-正庚烷溶液中含有 2g 油时的絮凝率。之后人们对 TE 的测定进行了改进，改为向 5mL 甲苯溶于 2g 油的体系中加入正庚烷直到发现沉淀。

$$TE = \frac{V_T}{V_T + V_H} \times 100\% \qquad (6-11)$$

式中，V_T 为溶剂的体积(甲苯)；V_H 为滴定剂的体积(正庚烷)；TE 值在 0%～100%，TE 值越小，稳定性越强。

6) S 值法

S 值法是向甲苯稀释过的油品中加入正庚烷，使沥青质发生絮凝，体系产生相分离。实验通过一个光学扫描装置从测试管底部向上扫描，每隔 0.04mm 扫描记录一次，每次扫描的时间间隔为 1min，记录每次扫描后的透光率。通过测定透射光强度的增加来确定相分离速率，平均透光率的标准差即为该油样的 S 值：

$$S = \sqrt{\frac{\sum_{i=1}^{n}(X_i - X_T)^2}{n-1}} \qquad (6-12)$$

式中，X_i 为每次扫描 60s 过程中的平均透光率；X_T 为 X_i 的平均值；n 为测量的次数。

该方法是一种快速灵敏地评价油品储存稳定性的方法，通过一个分离性数值来评定油品的稳定储存稳定性($X_i - X_T$ 即为分离性数值，差值越大，说明油品越不稳定)。若分离性数值较低表明油品稳定性强，分离性数值在之间时，油品被认为是稳定的，沥青质不会絮凝；分离性数值在之间时储存稳定性大大降低，但这种情况下沥青质不会絮凝；如果分离性数值超过，油样的储存稳定性很弱，沥青质会极易絮凝。

7) 稳定性指数

稳定性指数是指原油中沥青质/胶质的质量分数比，胶质被认为是沥青质的天然助剂，能使沥青保持溶解状态来保持沥青质在原油中的稳定性，Asomaning[23]通过实验测定，如果稳定性指数 A/R（沥青质与胶质的比值）比值低于 0.35，那么原油是稳定的。

8) Stankiewicz 图（SP）

该方法充分考虑了原油组成 SARA，当其与 CII 值联合使用时，测定的结果相对更加可靠。该方法的原理是以原油四组分 SARA 为基础，饱和组分/芳香组分与沥青质/胶质，用来评估沥青质沉淀的趋势，明确标出稳定区和不稳定区域。

9) 稳定交会图（stability cross plot，SCP）

Sepulveda 等[24]报道了一些基于 SARA 四组分的方法，并结合定性定量分析（QQA），确定稳定区和不稳定区之间的界限。

10) 原油相容性模型（OCM）

Wiehe[25]在 Hildebrand 溶解度参数理论的基础上，又引入了另外两个参数：混合溶解性参数 S_{BN} 和混合不溶性参数 I_N，并结合一定假设提出了预测原油相容性与否的模型。S_{BN} 和 I_N 可通过实验测定，即先配制不同体积比的甲苯和正庚烷试验液，再将其和油样按不同的体积比混合，用光学显微镜观测出混合体系的絮凝点，确定絮凝点时甲苯、正庚烷、油样的体积分别为 V_T、V_H、V_{oil}。则有

$$\frac{100+V_T}{V_T+V_H} = I_N + \frac{100V_{oil}}{V_T+V_H}\left(\frac{I_N - S_{BN}}{100}\right) \tag{6-13}$$

以 $100V_T/(V_T+V_H)$ 为纵坐标，$100V_{oil}/(V_T+V_H)$ 为横坐标作图，便可得到一条直线；再由截距和斜率便可求出 I_N 和 S_{BN}。针对原油体系而言，当 $S_{BN} > I_N$ 时，可认为该体系是稳定的；当 $S_{BN} \leq I_N$（即测定时不需要加入正庚烷体系便已发生絮凝）时，体系是不稳定的。多种原油混合时，混合原油的 S_{BN}（即 $S_{BN,mix}$）为混合油样中各单一油样 S_{BN} 的体积分数加权平均值：

$$S_{BN,mix} = \frac{V_1 S_{BN1} + V_2 S_{BN2} + V_3 S_{BN3} + \cdots}{V_1 + V_2 + V_3 + \cdots} \tag{6-14}$$

判断混合体系相容性的标准是：混合体系的 S_{BN}（$S_{BN,mix}$）大于混合原油中各单一油样 I_N 的最大值（$I_{N,max}$），即 $S_{BN,mix} > I_{N,max}$。反之，混合体系可能是不相容的。

$S_{BN,mix}/I_{N,max}$ 大于 1.4 时，混合体系完全相容。但是混合原油时不仅要注意比例适当，还要注意混合顺序，应当将 S_{BN} 小的油加入到 S_{BN} 大的油中。但此法不够精确，且用大量溶剂并进行大量实验，成本高耗时较长，且参数计算都受沥青质初始沉淀点试验测定的限制。有些油沥青质初始沉淀点无法测定，就无法用该模型预测原油混合的稳定性。

2. 影响原油混合体系相容性的因素

原油体系中的饱和组分、芳香组分、胶质及沥青质构成了一个动态平衡的稳定的胶体体系。当外界条件(如混合、加热等)发生改变时，胶体体系的稳定性有可能破坏，进而导致沥青质的聚沉。因此，影响原油混合体系稳定性(相容性)的主要因素为原油与沥青质结构、组成，以及原油的胶质含量、温度和压力等。

1) 原油组成

原油组成是影响原油相容性(或稳定性)的重要因素。根据原油胶体体系结构模型，只有当原油中的饱和组分、芳香组分、胶质及沥青各组分的性质、百分含量相匹配时，胶体体系才能稳定。在原油体系中最易被胶质吸附和溶剂化的是芳香族化合物，因而芳香族化合物的存在对原油混合体系的稳定性是有利的；烷烃对沥青质没有溶解能力[26]，对原油混合体系的稳定性是不利的；环烷族化合物对沥青质的溶解能力次于芳香族化合物的溶解能力。因此，当芳香族、环烷族化合物含量较高时，原油混合体系是稳定的；而烷烃含量较高时则是不稳定的，易发生分离而出现沉积。当沥青质含量较多而胶质含量相对不足时，胶束将形成絮凝，而随着絮凝增加甚至产生沉淀，使得不相容现象发生。利用原油混合体系组分的测量数据，如胶质与沥青质的质量的比值，或(饱和组分+沥青质)与(芳香组分+胶质)的质量比值，可以用来推断不同种类原油混合体系的稳定性。

2) 沥青质组成及结构

沥青质组成和结构是影响原油稳定性的最主要因素。目前一般把石油中溶于苯或甲苯、而不溶于非极性低分子正构烷烃(如正庚烷、正己烷、正戊烷和石油醚)的物质称为沥青质。它是石油中极性最强、分子量最大的非烃组分。研究表明，不稳定的原油胶体体系沥青质具有 H/C 比值低、芳香度高、芳香环数多等特点；而稳定的原油胶体体系具有 H/C 比值高、芳香度低等特点。在沥青质的结构中，其核心为多个芳香环组成的稠合芳香环系，若干个环烷环、芳香环链接在其周围，而芳香环和环烷环上都还带有多个长短不同的正构烷基侧链，且夹杂有各种含 O、S、N 的基团，同时还会络合 Fe、V 等金属[27]。组成沥青质或胶质的基本单元是以一个稠合的芳香环系为核心的结构。大量研究也表明，沥青质由多个这类单元构成，并通过其分子单元结构片层间的极性诱导作用及静电引力作用、氢键作用、分子片层之间的 π-π 共轭作用等以缔合状态存在。在一定的条件下，沥青质分子间可以通过芳香环间的 π-π 共轭作用与氢键发生自缔合反应[12]。

3) 胶质含量

在原油组分中，沥青质的极性最强，胶质的极性次之，对沥青质起到重要稳定作用的是胶质。若原油中没有胶质，芳香组分和饱和组分就不能将沥青质胶溶。通过分子间电荷转移作用、静电库仑力、范德瓦耳斯力、氢键和 π-π 共轭作用，胶质分子与沥青质分子相互作用构成缔合物。Victorov 和 Firoozabad[28]研究指出，若胶质形状与楔形相似，形成沥青质胶束的体积较小，否则形成的沥青质胶束就容易会聚、沉淀。Murgich 和 Abanero[29]利用分子力学理论构造了模拟模型，指出加拿大 ATGSabasca 沥青质分子内部存在空穴的球形结构，是一种稳定的结构，胶质有选择性地吸附于沥青质的外部点位上，ATGSabasca 沥青质分子对沥青质和胶质均有较好的亲和性。闫金伦等[30]研究表明，胶质附着于沥青质表面提供立体稳定性和防止沥青质絮凝。胶质首先吸附在沥青质表面，再渗透到沥青质的微孔结构里，并破坏沥青质的微孔，沥青质-胶质粒子扩散进入溶剂[31]。

4) 温度

温度对沥青质沉积的影响机制较为复杂，原因在于温度的变化并不会直接影响沥青质沉积，但是其他能够促使沥青质沉积的因素会受到温度变化带来的干扰作用，从而在温度的间接作用下加快或延缓沥青质的沉积，影响原油体系的稳定性。因此，单从温度的变化无法确定沥青质沉积现象是否会发生，或无法判断温度的某一变化是否会加速沥青质的沉积过程，需要结合原油的组成和性质逐一分析[32]。

5) 压力

Burke 等[33]研究了压力对沥青质沉淀的影响，发现当体系的压力高于泡点压力时，原油的溶解度参数随着压力的降低而减小，沥青质随之析出，原油密度减小，在泡点压力附近沉积量最大；反之，当压力低于泡点压力时，体系的溶解度参数随着压力的降低而增大，气体从中溢出，重组分含量增加，沥青质稳定性增强。生产过程中的剪切作用就是通过与压力因素共同作用促使沥青质发生沉积的。

6) CO_2

CO_2 的影响作用主要通过影响体系 pH 体现，类似的还有无机酸、有机酸等。由于沥青质分子中存在 OH 产生的酸碱吸附作用，因此在油井生产过程中，pH 的改变会影响沥青质分子在矿物质、生产设备金属表面的吸附，诱导沥青质分子定向移动，从而导致胶体体系失稳，沥青质析出。

7) 其他因素

其他因素如井筒中的高速流动状态、酸化压裂等增产措施、不互溶的有机化学品(甲醇、异丙醇、丙酮)等也会降低沥青质的溶解度。

3. TCII 方法测定稳定性

TCII(Tahe Field colloid instability index)方法源于石油胶体理论，石油是一种组成复杂的胶体分散体系，经加工后的渣油可分为饱和组分、芳香组分、胶质和沥青质四个组分。在这个分散体系中，沥青质和附着于沥青质的部分胶质构成分散相，这部分胶质在沥青质周围形成溶剂化层，对沥青质起到一定的保护作用；饱和组分、芳香组分和部分胶质构成胶体体系的分散介质[34]。形成的以沥青质为核心的胶体体系存在一个临界胶束浓度(值)，当沥青质浓度高于该值时，便会聚集形成胶束。当体系中胶质的含量较少或胶质形成的溶剂化层对沥青质的保护作用有限时，沥青质就会发生聚集，影响体系的稳定性。

当向原油体系中逐渐加入正庚烷沉淀剂，达到突变点时沥青质开始析出，体系变为不稳定体系。因此我们在 CII 值的基础上，配合浊度法或 Turbiscan 稳定性分析仪测定沥青质析出点，确定体系不稳定点的组成，修正 CII 值判定区间，进而建立适合塔河原油稳定性判断的 TCII 值，TCII 方法原理见图 6-4。

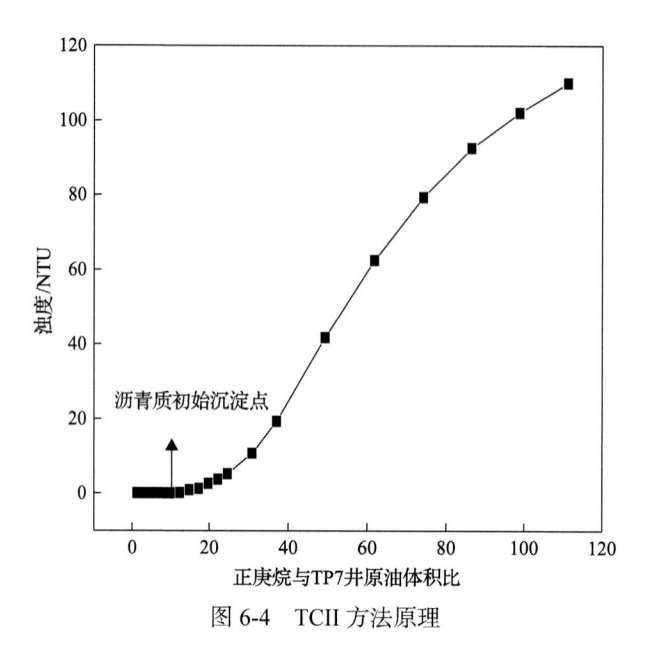

图 6-4 TCII 方法原理

4. TCII 判定方法

1) 四组分测定结果

利用棒状薄层色谱仪分别测定处于稳定区的 34 种原油的组成，计算 CII 值并判定体系的稳定性测试结果见表 6-1。

表 6-1　塔河油田 6～12 区稠油组成测定

区域	井号	沥青质/%	胶质/%	芳香组分/%	饱和组分/%	合计/%
6 区	TGS67	21.36	16.54	28.42	33.68	100.00
	TGS80	17.82	13.46	30.14	38.58	100.00
	TGS604	24.39	15.27	27.21	33.13	100.00
	TGS608	30.83	10.40	30.03	28.74	100.00
	TGS657CH	23.56	18.26	36.05	22.13	100.00
7 区	TGS715	23.58	14.90	28.49	33.03	100.00
	TGS718	13.16	15.87	32.65	38.32	100.00
	TGS7-451	30.21	9.79	30.21	29.79	100.00
8 区	TGS91	25.65	8.62	21.34	44.39	100.00
	TGS818CH	17.31	15.32	38.87	28.50	100.00
	TGS837	36.02	8.97	18.50	36.51	100.00
10 区	TGS10111	26.44	21.23	15.93	36.40	100.00
	TGS10201	31.28	15.90	31.79	21.03	100.00
	TGS10205	25.00	25.00	17.79	32.21	100.00
	TGS10217	27.65	16.02	37.10	19.23	100.00
	TGS10320	31.59	9.25	30.54	28.62	100.00

续表

区域	井号	沥青质/%	胶质/%	芳香组分/%	饱和组分/%	合计/%
10区	TGS10326	35.46	8.18	29.26	27.10	100.00
	TGS10330CX	31.98	12.07	35.11	20.84	100.00
	TGS10342	18.21	28.95	19.80	33.04	100.00
	TGS99	36.46	13.12	27.80	22.62	100.00
12区	TGS12111	27.01	24.28	32.20	16.51	100.00
	TGS12112	27.87	14.37	29.95	27.81	100.00
	TGS12114H	31.37	17.64	31.37	19.62	100.00
	TGS12118	41.38	12.07	25.86	20.69	100.00
	TGS12119	35.05	13.08	35.51	16.36	100.00
	TGS12121	34.96	20.39	26.70	17.95	100.00
	TGS12122	33.71	14.00	22.86	29.43	100.00
	TGS12135	39.07	4.57	23.64	32.72	100.00
	TGS12148	20.38	12.32	31.76	35.54	100.00
	TGS12201	36.74	13.99	34.55	14.72	100.00
	TGS12205	38.87	5.37	24.48	31.28	100.00
	TGS12215	42.05	11.45	28.97	17.53	100.00
	TGS12216	45.75	5.90	24.02	24.33	100.00
	TGS12217	31.99	14.83	27.57	25.61	100.00

2) 稳定性判定结果

利用棒状薄层色谱仪分别测定处于稳定区的34种原油的组成，计算CII值并判定体系的稳定性测试结果见表6-2。

表 6-2 塔河油田 6~8 区稠油组成测定

区域	井号	沥青质/%	胶质/%	芳香组分/%	饱和组分/%	合计/%	CII
6区	TGS67	21.36	16.54	28.42	33.68	100.00	1.22
	TGS80	17.82	13.46	30.14	38.58	100.00	1.29
	TGS604	24.39	15.27	27.21	33.13	100.00	1.35
	TGS608	30.83	10.40	30.03	28.74	100.00	1.47
	TGS657CH	23.56	18.26	36.05	22.13	100.00	0.84
7区	TGS715	23.58	14.90	28.49	33.03	100.00	1.30
	TGS718	13.16	15.87	32.65	38.32	100.00	1.06
	TGS7-451	30.21	9.79	30.21	29.79	100.00	1.50
8区	TGS91	25.65	8.62	21.34	44.39	100.00	2.34
	TGS818CH	17.31	15.32	38.87	28.50	100.00	0.85
	TGS837	36.02	8.97	18.50	36.51	100.00	2.64

塔河油田 6~8 区的油品相对较轻，沥青质含量为 13.16%~36.02%；取稳定区原油计算 CII 值发现，6~8 区油品 CII 值介于 0.84~2.64，平均值为 1.44。

塔河油田 10 区的油品取稳定区原油计算 CII 值如表 6-3 所示，10 区油品沥青质含量为 18.21%~36.46%；10 区油品 CII 值介于 0.88~1.69，平均值为 1.31，低于 6~8 区油品的 CII 值，可能原因是 6~8 区的油品较轻，组成中饱和组分含量较高。

表 6-3　塔河油田 10 区稠油组成测定

区域	井号	沥青质/%	胶质/%	芳香组分/%	饱和组分/%	合计/%	CII
10 区	TGS10111	26.44	21.23	15.93	36.40	100.00	1.69
	TGS10201	31.28	15.90	31.79	21.03	100.00	1.10
	TGS10205	25.00	25.00	17.79	32.21	100.00	1.34
	TGS10217	27.65	16.02	37.10	19.23	100.00	0.88
	TGS10320	31.59	9.25	30.54	28.62	100.00	1.51
	TGS10326	35.46	8.18	29.26	27.10	100.00	1.67
	TGS10330CX	31.98	12.07	35.11	20.84	100.00	1.12
	TGS10342	18.21	28.95	19.80	33.04	100.00	1.05
	TGS99	36.46	13.12	27.80	22.62	100.00	1.44

塔河油田 12 区的油品取稳定区原油计算 CII 值如表 6-4 所示，12 区油品沥青质含量为 20.38%~45.75%，12 区油品 CII 值介于 0.77~2.54，平均值为 1.50。沥青质含量排序为 6~8 区＜10 区＜12 区，CII 值排序为 10 区＜6~8 区＜12 区，故油品沥青质含量越高，其 CII 值不一定越高，四组分的相对含量决定油品的 CII 值和稳定性。

表 6-4　塔河油田 12 区稠油组成测定

区域	井号	沥青质/%	胶质/%	芳香组分/%	饱和组分/%	合计/%	CII
12 区	TGS12111	27.01	24.28	32.20	16.51	100.00	0.77
	TGS12112	27.87	14.37	29.95	27.81	100.00	1.26
	TGS12114H	31.37	17.64	31.37	19.62	100.00	1.04
	TGS12118	41.38	12.07	25.86	20.69	100.00	1.64
	TGS12119	35.05	13.08	35.51	16.36	100.00	1.06
	TGS12121	34.96	20.39	26.70	17.95	100.00	1.12
	TGS12122	33.71	14.00	22.86	29.43	100.00	1.71
	TGS12135	39.07	4.57	23.64	32.72	100.00	2.54
	TGS12148	20.38	12.32	31.76	35.54	100.00	1.27
	TGS12201	36.74	13.99	34.55	14.72	100.00	1.06
	TGS12205	38.87	5.37	24.48	31.28	100.00	2.35
	TGS12215	42.05	11.45	28.97	17.53	100.00	1.47
	TGS12216	45.75	5.90	24.02	24.33	100.00	2.34
	TGS12217	31.99	14.83	27.57	25.61	100.00	1.36

3) TCII 判定方法的建立

通过分析塔河不同区域、不同黏度、不同组成的油品 34 种，采用浊度法测定不同油品的沥青质析出点，并确立油品稳定和不稳定区间，在稳定区内测定稳定组成汇总结果如表 6-5 所示。

表 6-5 塔河油田各区稠油组成测定汇总

区域	平均值	最小值	最大值
6~8 区	1.44	0.84	2.64
10 区	1.31	0.88	1.69
12 区	1.50	0.77	2.54
平均	1.42	0.86	2.29

从表 6-5 可以看出，确定塔河区域油品稳定的 CII 值为平均值 1.42，因此可确立适合塔河油田的油品稳定性判定方法 TCII 值：

$$\text{TCII} = \frac{w_{沥青质} + w_{饱和组分}}{w_{胶质} + w_{芳香组分}} \tag{6-15}$$

当 TCII 值大于 1.39 时，油品不稳定；当 TCII 值小于 1.39 时，油品稳定。

6.1.4 超稠油胶体不稳定理论方法的建立与应用

1. 塔河稠油组分分子平均结构表征

由于按照溶解度等差异将稠油分成的各组分仍然是非常复杂的混合物，对单个分子结构的研究仍难以进行。

稠油中的 S、N 等杂原子的组成及含量是导致稠油极性差异的重要因素。

由表 6-6 及表 6-7 可知，塔河稠油四组分从饱和组分、芳香组分、胶质到沥青质，H/C（原子比）逐渐变小，这表明从饱和组分到沥青质其分子量是逐渐增大的；S/C、N/C（原子比）依次升高，这与它们的极性依次增大的顺序是一致的，表明组分杂原子是极性的重要来源，组分杂原子含量对极性有重要影响，杂原子含量越高，极性越强。

表 6-6 塔河稠油四组分组成

区块	饱和组分/%	芳香组分/%	胶质/%	沥青质/%	(胶质+沥青质)/%	胶质/沥青质
6 区	27.7	30.8	16.2	25.3	41.5	0.64
7 区	27.7	31.4	20	20.9	40.9	0.96
10 区	22.9	32.2	16.5	28.4	44.9	0.58
12 区	24.1	30.5	12.1	33.3	45.4	0.36
YQ 区	12.8	25.5	20.4	41.3	61.7	0.49

表 6-7 塔河稠油杂元素组成

| 区块 | 金属元素含量/(mg/L) ||||| O 含量/% | N 含量/% | S 含量/% |
	Fe	Ca	Mg	Ni	V			
10 区	14.4	261.5	190.6	50.8	304.3	1.8	0.6	2.2
12 区	71.4	271.6	201.4	56.0	344.6	1.9	0.7	2.5
YQ 西	1700	6200	445.5	58.5	449.5	2.9	0.6	3.7

2. 胶体不稳定系数 CII 值修正及 CSI 值法

常用的原油胶体稳定性评价方法见表 6-8。

表 6-8 原油胶体稳定性评价方法

影响因素	方法	方法及机理说明	方法用途
胶质与沥青质的数量匹配	稳定性指数	$SI = w_{沥青质} / w_{胶质}$	SI<0.35，稳定
四组分数量匹配	胶体不稳定性指数法	$CII = \dfrac{w_{沥青质} + w_{饱和组分}}{w_{胶质} + w_{芳香组分}}$	CII≤0.7，稳定 0.7<CII<0.9，过渡区 CII≥0.9，不稳定
四组分数量匹配及杂原子性质	胶体稳定性指数法	$CSI = \dfrac{\varepsilon_{沥青质} w_{沥青质} + \varepsilon_{饱和组分} w_{饱和组分}}{\varepsilon_{胶质} w_{胶质} + \varepsilon_{芳香组分} w_{芳香组分}}$	CII 值修正，考虑原油电性
稀释效应	P 值法	油样溶于芳香烃，滴入烷烃，直至出现沉淀	P<1.0 时，稳定性较差 P>1.6 时，稳定性较好
稀释效应	S 值法	油样溶于芳香烃，滴入正庚烷，直至出现絮凝	S=0~5，稳定 S=5~10，较稳定 S>10，不稳定

由表 6-8 可知，对于不同原油胶体不稳定评价方法，考察组分数量匹配关系的 CII 值法和考察原油介电性质的 CSI 值法具有明显优势。

传统的 CII 指数常被用来评价原油胶体不稳定性，其计算公式见式(6-4)，其评价指标见表 6-9。

表 6-9 CII 值法评价指标

CII 值	稳定与否
≤0.7	稳定
0.7~0.9	不确定稳定性
≥0.9	不稳定

表 6-9 为 CII 值法用于评价原油或者原油混合体系稳定性的指标，该值只是通过国外某些油样归纳总结出来的数值，可用于评价不同原油混合体系的相对稳定性。然而对于塔河油田稠油而言，该评价指标不适用。因此对传统 CII 值的评价指标进行了修正，在此基础上进行了改进，建立了适应塔河油田稠油的 CSI 值评价方法。

1) CII 值修正

考虑电学性质的 CII 值修正。

多元芳香环结构及 N、S、O 杂元素和 Ni、V 过渡金属的存在，偶极矩大，导致沥青质胶核极化，聚集体带电荷。胶质含量越少，扩散层越薄，ζ 电势就越高。ζ 电势越强，粒子之间斥力越大，阻止了沥青的进一步聚集(图 6-5、图 6-6)。

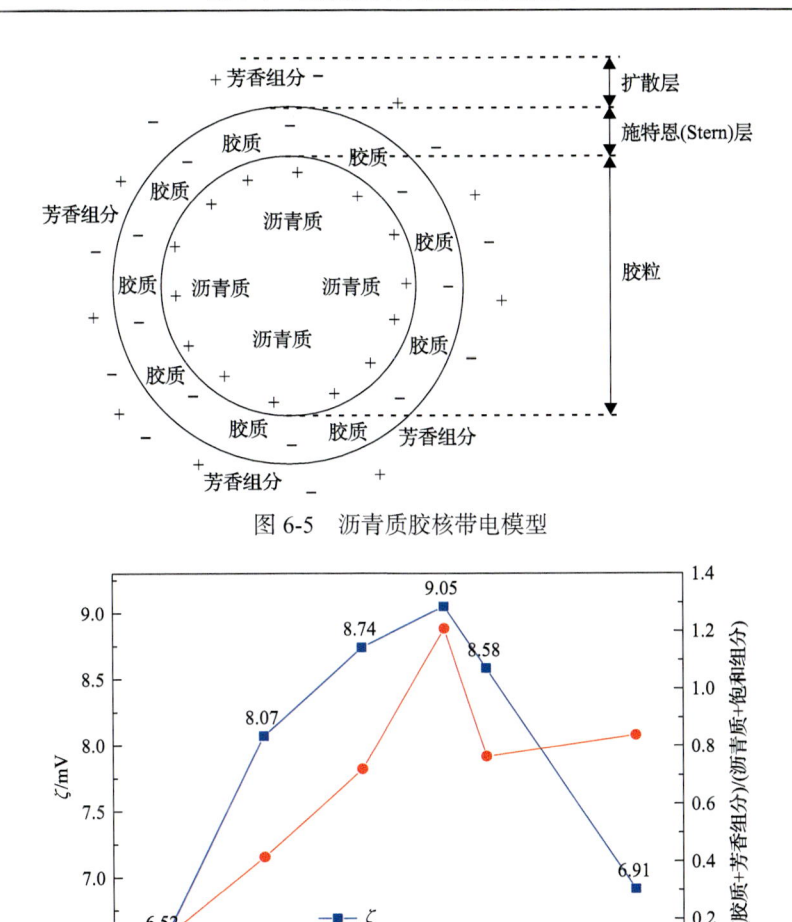

第 6 章 超稠油开采新理论与新技术

图 6-5 沥青质胶核带电模型

图 6-6 不同密度原油的介电常数

为此在稠油胶体不稳定系数 CII 值法基础上，引入组分介电常数，创新了稠油稳定评价 CSI 指数法，为不同区块稠油差异化掺稀提供了基础。TGS12126 井及 TGS12419 井测试数据为依据修正 CII 值法的测试数据（表 6-10）。

表 6-10 TGS12126 井及 TGS12419 井原油四组分电位测试结果

样品	$\varepsilon_{饱和组分}$	$\varepsilon_{芳香组分}$	$\varepsilon_{胶质}$	$\varepsilon_{沥青质}$
TGS12126 井	1.58	1.85	2.03	5.68
TGS12419 井	1.59	1.76	1.95	6.83
平均值	1.585	1.805	1.990	

对稠油 TGS12419 井介电常数与质量分数的曲线进行方程回归拟合：

$$\varepsilon = 5.831 w_{沥青质} + 4.06 \tag{6-16}$$

式中，ε 为表观介电常数。

2) CSI 稳定性判定体系的建立

根据塔河稠油胶体化学性质研究及胶体稳定性影响因素研究发现，塔河稠油的胶体稳定性除了与稠油四组分数量有关以外，还与其极性有关，这与文献报道的研究结果是一致的。为了更完善地反映出稠油体系的胶体稳定性，除了考虑四组分数量以外，还要考虑四组分的性质(主要是极性)。因此，本节在 CII 值法的基础上，引入了介电常数的影响，CSI 值的计算公式见式(6-5)。

CSI 值法除了考虑四组分的含量，同时考虑组分间的相互作用，准确度更高。实际应用可以直接根据四组分中沥青质的含量计算介电常数值，进而直接利用公式计算新胶体稳定性参数 CSI，具有操作简便的优点。如果 CSI>0.95，原油不稳定，沥青质沉积；如果 CSI<0.95，原油稳定，CSI 值越大，原油越不稳定。

$$TCS = \frac{5.831 w_{沥青质}^2 + 4.06 w_{沥青质} + 1.585 w_{饱和组分}}{1.990 w_{胶质} + 1.805 w_{芳香组分}} \tag{6-17}$$

3) CSI 指数法的校验

选取不同密度的掺稀介质，与 TGS12419 井稠油掺稀比为 0.5∶1 时混合，分别测定组分含量及介电常数(表 6-11)，CSI 值实测与计算误差一般小于 3.9%。

表 6-11 稠油与不同密度掺稀介质混合体系稳定性分析

密度(20℃) /(g/cm³)	掺稀比	含量(质量分数)/%				介电常数				CSI		
		饱和组分	芳香组分	胶质	沥青质	饱和组分	芳香组分	胶质	沥青质	实测	计算	误差/%
0.7259	0.5∶1	61.13	16.4	10.08	10.4	1.8	1.64	1.85	5.11	3.56	3.63	−2.1
0.7927	0.5∶1	61.45	16.63	10.14	10.4	1.4	1.84	1.92	6.59	3.53	3.44	2.4
0.8581	0.5∶1	60.52	17.36	10.17	10.8	1.7	1.75	1.87	6.38	3.68	3.79	−3
0.9015	0.5∶1	49.66	25.06	12.18	13.1	1.9	1.64	1.86	5.35	2.8	2.87	−2.6
0.9208	0.5∶1	36.5	31.5	12.3	19.7	1.57	1.72	1.85	7.13	2.7	2.77	−2.6
0.9413	0.5∶1	36.28	32.84	12.56	21.4	1.59	1.76	1.95	6.98	2.79	2.68	3.9

4) CSI 指数法的应用

利用不同稀油掺混后数据，优选适合各区块的掺稀介质及其室内条件下的最佳掺入比例，不同区块的不同密度稀油对应的 CSI 值见图 6-7。

依据图 6-7，6 区低黏稠油掺稀适合使用低密度稀油；10 区中高黏稠油掺稀适合采用密度为 0.89~0.91g/cm³ 中质油；12 区超稠油掺稀适合采用密度为 0.91~0.92g/cm³ 的高密度油。

在掺混后混合油稳定的基础上，以满足外输、掺入介质来源最多为条件界定，对超稠油掺入介质进行了优化，实施后常开井数由 258 口增加至 283 口，井筒堵塞井由 35 口减少至 8 口，累计年增加生产时效 9517d(图 6-8)。

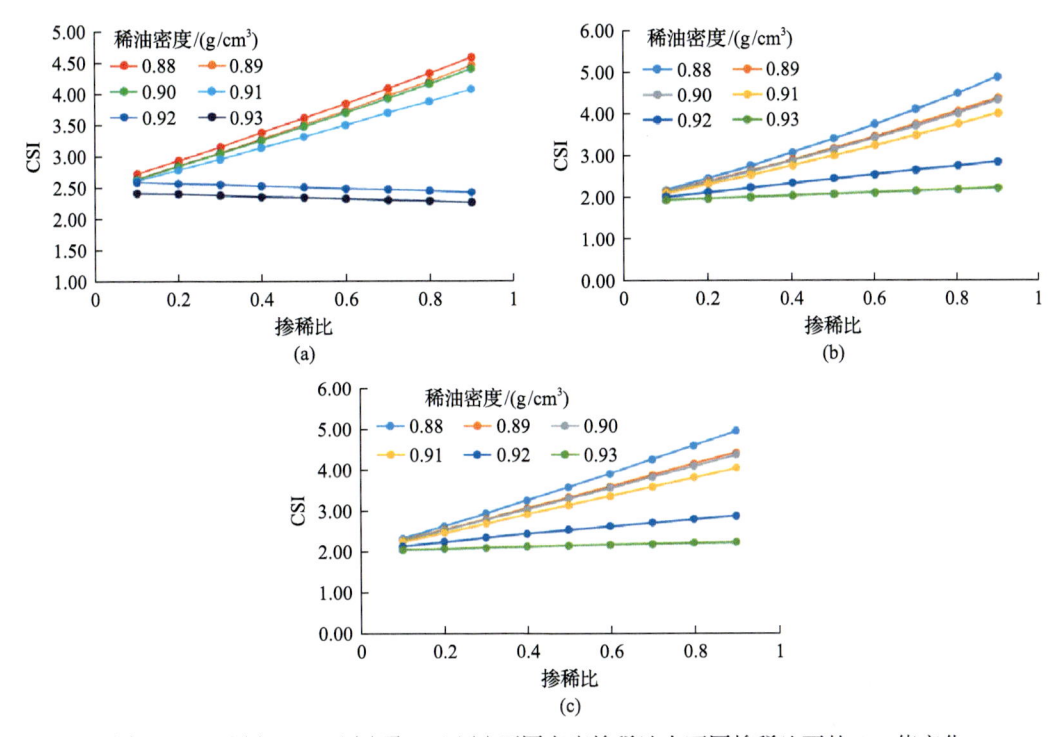

图 6-7 6 区(a)、10 区(b)及 12 区(c)不同密度掺稀油在不同掺稀比下的 CSI 值变化

图 6-8 油井堵塞井统计

6.2 超稠油井筒油水两相垂直管流流动特征

在油水两相流中,由于两相间的物理性质(如密度、黏度、界面张力等)及流动条件(如管道结构、形状流速等)的差异,流体内部会呈现各种不同的几何分布,这种流体流动时的内部形态和结构即称为流型。油水两相流在不同流型条件下具有不同的流体动力学和传质性能,每种流型都有其固有的空间分布特征和流动特性,如压力梯度、持液率及传质系数等。

6.2.1 油水两相流流型研究方法

在高温高压井筒模拟装置中(图 6-9)，分别选用井筒模拟装置中的自喷井模块，将自来水置于加药容器中，用亚甲基蓝染色便于区分水相和油相，设置分步降温降压程序，使系统温度和压力根据运行距离=运行速度×运行时间，每运行 100m 降低压力 0.91MPa、降低温度 2.1℃。在环烷油或原油循环运行过程中，利用恒速恒压泵和加药管线，将水一定温度和压力经过注药孔加入循环管道中，继续分步降温降压，模拟整个井筒的流动环境，通过高温高压可视釜(耐压 40MPa，耐温 180℃)观察在不同含水率范围、不同流速以及不同温度和压力下，油水两相垂直管流流态特征。运用电阻探针测量管道中流体的电阻率，通过电阻率的频谱变化曲线分析油水垂直管流流态特征[35]。

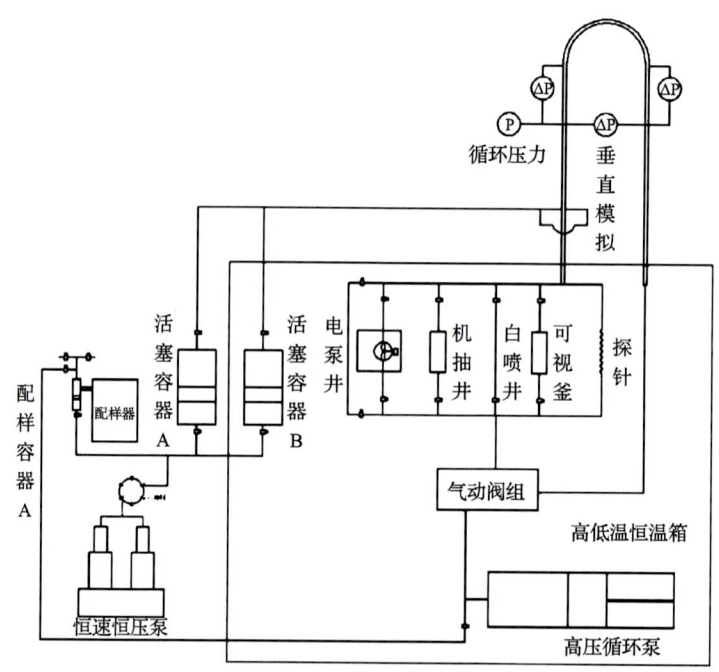

图 6-9 高温高压井筒模拟实验装置流程图

ΔP 为压差压力传感器；P 为压力传感器

6.2.2 油水两相流流动特征研究

1. 基于电阻探针的油水两相流流型识别

油水混合物的电阻抗取决于浓度、相分布，以及对混合物阻抗的测量可给出瞬时相浓度和相分布的瞬态资料，故在多相流测量技术中，阻抗法已获得广泛应用。其原理是两相混合物的电导率与各相的浓度存在着一定的依从关系。由于能给出瞬时响应，引起人们的很大兴趣。通常水的导电率大大高于油的导电率，因此随着探针的正负两极被水相接通或油相隔开，电路输出低电位或高电位信号，对不同流型的油水混合物就会得到

不同的波动信号。对泡状流有

$$a = \frac{A - A_1}{A + 2A_1} \frac{\sigma_o + 2\sigma_w}{\sigma_o - \sigma_w} \tag{6-18}$$

式中，a 为电流；A 为导纳（等于阻抗的倒数）；A_1 为管道中只充满液相时测出的导纳值；σ_o 和 σ_w 分别为油相和水相的电导率。

在测量过程中应满足三点要求：①两电极之间的流场应当均匀；②能测到所有具有代表性尺寸的气泡；③管道的横截面没有突然变化。

随着测试系统中电极设计的不断改进，用这种方法测量空泡率取得了较好的结果。但电极的设计和安装都很复杂，而且此法中空泡率对流型比较敏感，不同流型下，α 与 A/A_1 的关系曲线也会相应有所区别。在泡状流中局部空泡份额的测量最常用的方法是用电阻探针，如图 6-10 所示。

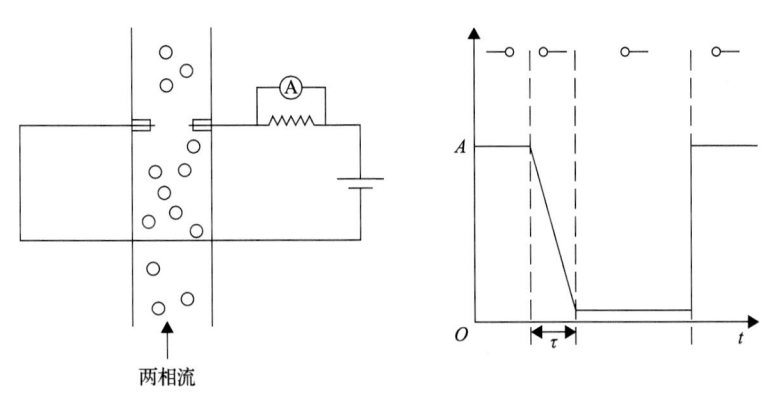

图 6-10 测量局部油水的电阻探针法原理
τ 为接触液滴的响应时间；t 为总时间

一个除尖端处都被绝缘的探针穿过液体与管壁相连接。当探针在油相中时，探针尖端与管壁间的电导很小，而当它在油相中时，电导就很高。将探针与 N 个水泡接触时电流 a 的响应曲线进行综合，便能分析出该曲线对应着何种流型。

采用 4 组平行电阻探针，连接电阻率测量仪，通过电脑实时测量并记录不同含水率下电阻值变化曲线，并分析该曲线所对应油水两相流流型，如图 6-11～图 6-18 所示。电阻率仪的测量原理是：电阻率仪本身发出一个定值电流，电流通过电阻后，测量电阻两端电压值，通过电压值大小间接反映电阻值。

从图 6-11 可以看出，单相油流（纯油相）情况下，电阻探针信号变化不明显，在低值附近波动。

从图 6-12 可以看出，在分散流流型下（含水率 10%），水滴分散在油连续相中，四组电阻探针信号小幅波动，每一个波动信号都代表一个水滴穿过电阻探针，并且波动强度及持续时间在一定程度上也能反映水滴尺寸大小。

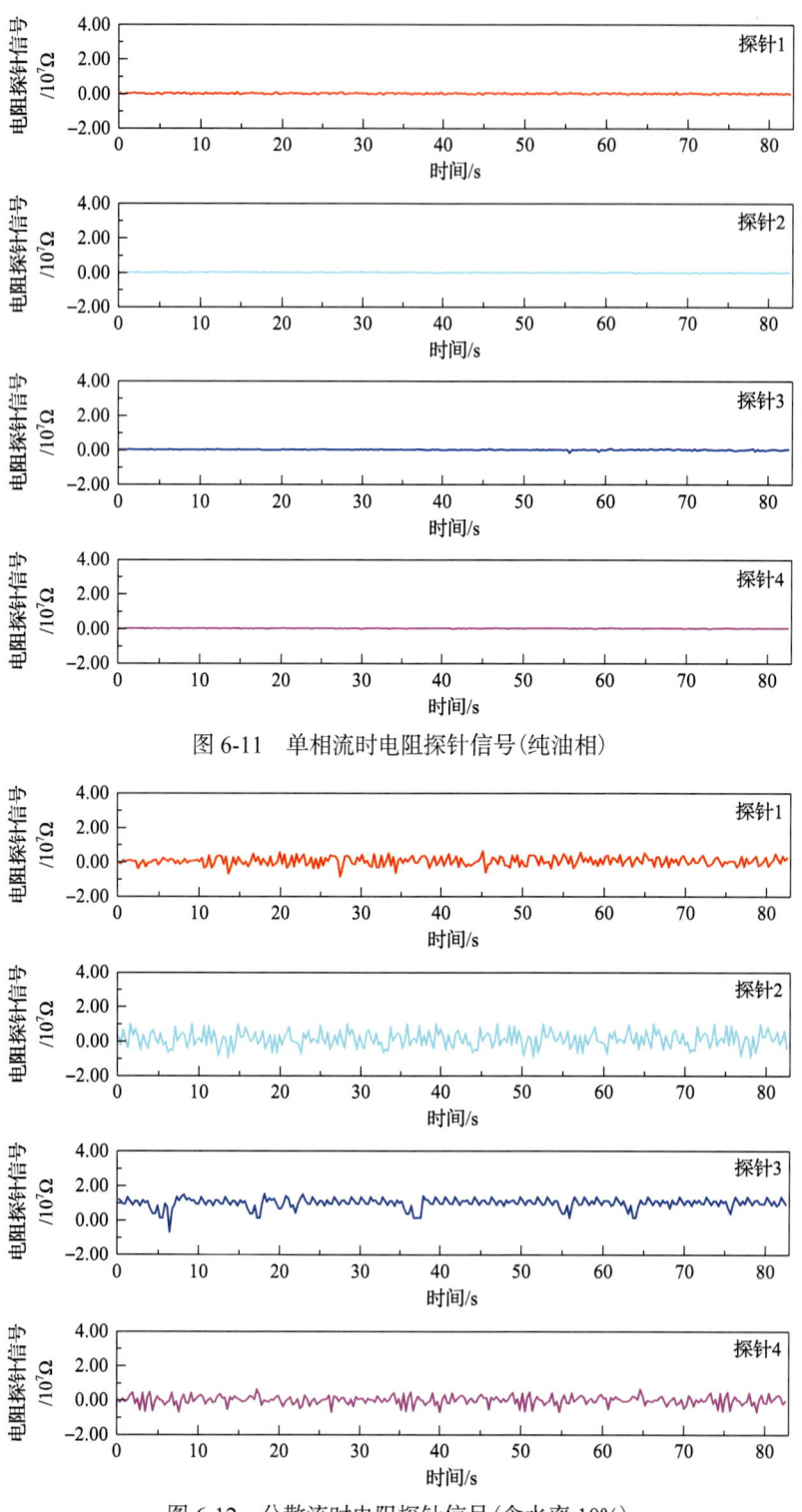

图 6-11　单相流时电阻探针信号(纯油相)

图 6-12　分散流时电阻探针信号(含水率 10%)

图 6-13　泡状流时电阻探针信号（含水率 30%）

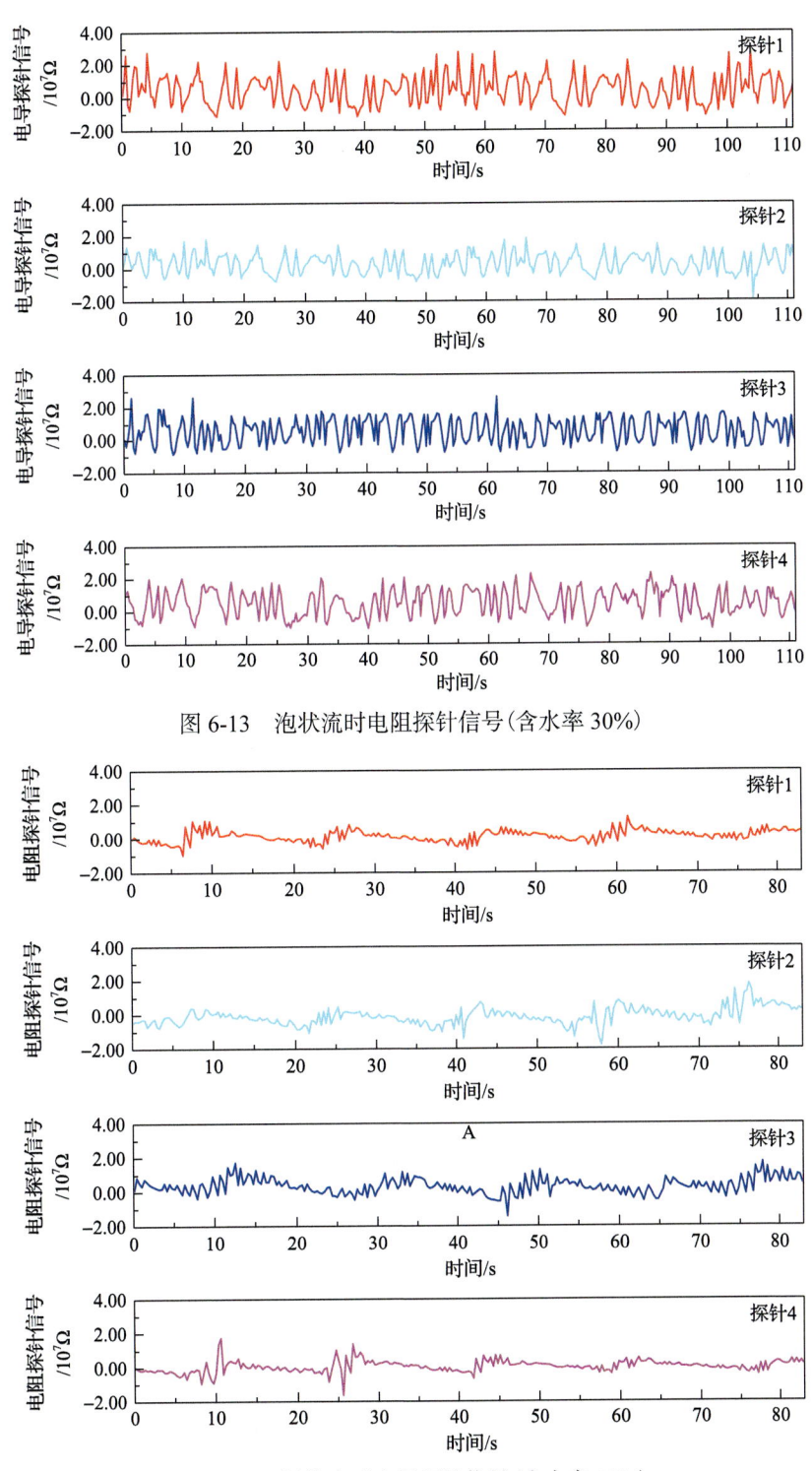

图 6-14　蠕状流时电阻探针信号（含水率 50%）

图 6-15 段塞流时电阻探针信号(含水率 70%)

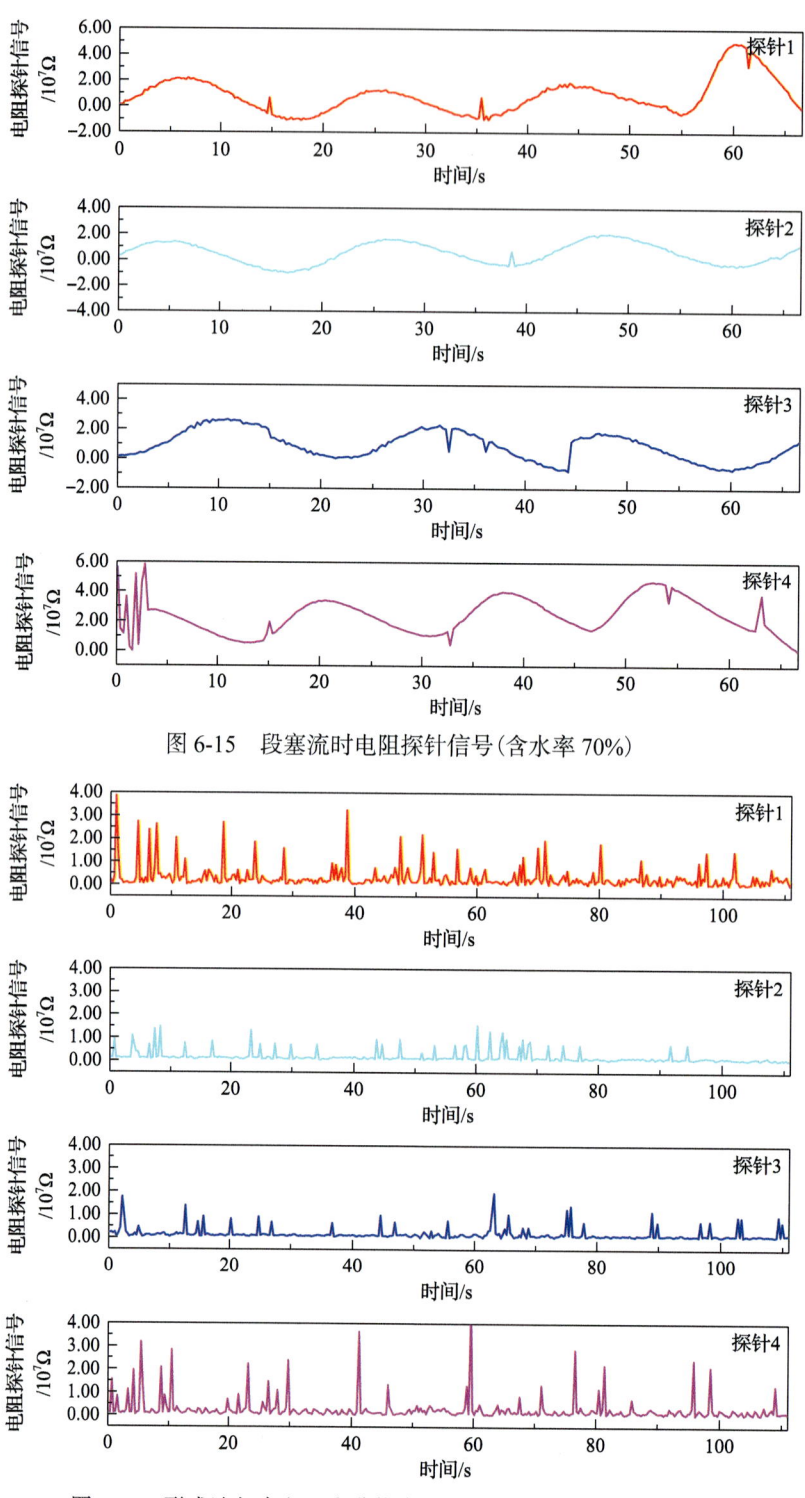

图 6-16 形成油包水(W/O)乳状液时电阻探针信号(含水率 50%)

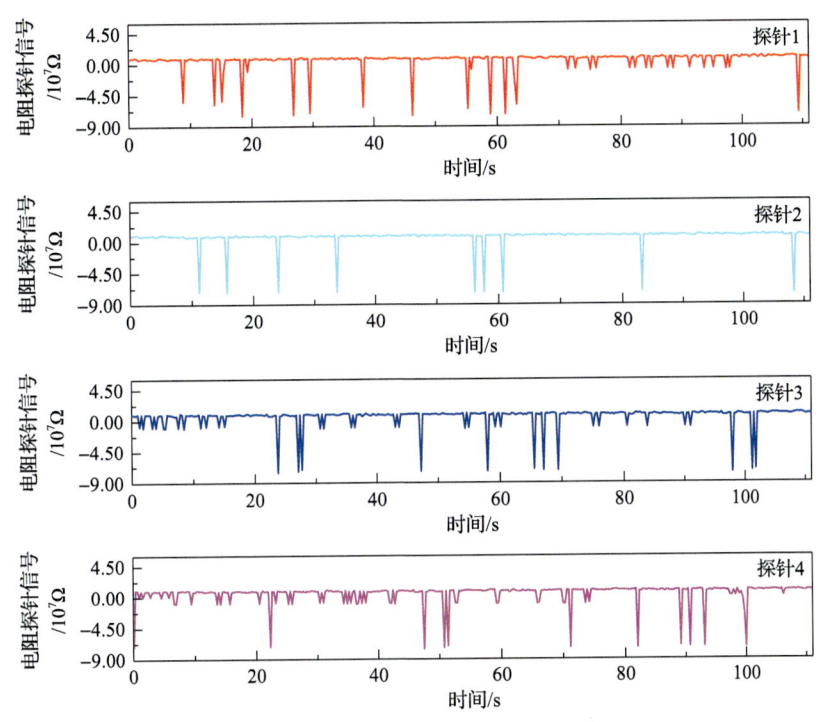

图 6-17 形成水包油（O/W）乳状液时电阻探针信号（含水率 80%）

从图 6-13 中可以看出，随着含水率增大到 30%，水泡的尺寸逐渐增大，流型转变为泡状流，此时四组电阻探针显示的电阻值均在较高值附近波动，且上下波动幅度增大，各个波峰之间的距离也有所增加，说明此时油水流型由细小分散流转变成较大尺寸水泡的泡状流。

从图 6-14 中可以看出，含水率继续增大到 50%，水泡的尺寸继续增大，流型转变为蠕状流，蠕状流的特点是水相的一侧接触管壁在油相中间歇式流动，此时四组电阻探针显示的电阻值均在较高值附近波动，且呈半周期式波动，每一个长时间域的周期波动代表油相接触探针，每一个半周期短时间域波动代表水相接触探针。

从图 6-15 中可以看出，当含水率增大到 70%，流型转变为段塞流，段塞流的特点是水相与油相在管道中间歇式流动，此时四组电阻探针显示的电阻值均在高值附近波动，且呈周期式波动，此时不存在固定的连续相，水相和油相均可作为连续相，水相和油相探针信号交替出现，每一个周期代表油相与水相的一次间歇流动。

从图 6-16 中可以看出，当油水混合流动一段时间后，油相与水相形成 W/O 乳状液，流型转变为了 W/O 乳状液流动，小水滴均匀的分散在油相中，油相为连续相，此时四组电阻探针显示的电阻值会有几秒钟的持续时间，且保持在低电阻值附近，不同时域存在的电阻值的正脉冲波动，说明有水滴在油包水乳状液中流动。

从图 6-17 中可以看出，在含水率为 80%条件下，油水混合流动一段时间后，油相与水相形成 O/W 乳状液，流型转变成了 O/W 乳状液流动，油滴均匀的分散在水相中，水相为连续相，此时四组电阻探针显示的电阻值会有几秒钟的持续时间，且保持在高电阻值附近，不同时域存在的电阻值的负脉冲波动，与油包水型乳状液流动相反，每次的负脉冲波动都说明有油滴穿过探针。

通过电阻探针对不同流型进行识别，可以克服可视窗口不耐高压、无法观察原油与水的流型的缺点，为原油与水在高温高压下流型特征识别与相关规律研究奠定基础。

2. 常温常压油水两相流动特征

通过井筒流动模拟装置，研究不同含水率（10%、20%、30%、40%、50%、60%）在常温差压下对油水两相流动特征的影响，由于塔河超稠油黏度大、颜色呈深黑色，不便于观察其流动特征，故本实验选用黏度较大、颜色呈淡黄色透明状的环烷油作为模拟油相，用于观察油水两相流动特征，目前其他研究者通过实验已经得到六种流型图（图 6-18）。

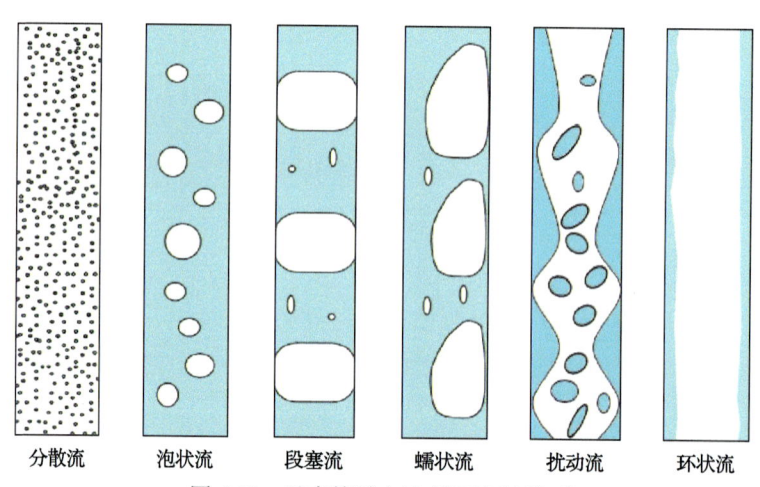

图 6-18　垂直管道中液-液两相流流型

如图 6-18 所示，在垂直上升管道中液-液两相流动型态主要分为以下四种类型：①一种液相的细小液滴在另一种液相中的分散流；②一种液相的大液滴在另一种液相中的泡状流；③一种液相在另一种液相中的间歇式流动，分为段塞流和蠕状流；④一种液相在另一种液相中紊乱流动，并与另一种液相混合式上升，故命名为扰动流；⑤一种液相形成中心，另一种液相形成外环的环状流。

固定流速为 0.03m/s，控制含水率为 10%～90%，常温常压下，观察不同含水率时，油水两相在垂直管道中的流型，如图 6-19 所示。

由图 6-19 可以看出，当含水率从 10%逐渐增加到 90%的过程中，观察到五种流型，垂直管道中油水两相流流型分别为水在油中的分散流、泡状流、蠕状流、段塞流、水包油流动，水珠分散在油相中，当运行一段时间后，整个油水体系呈乳白色，透光性变差，并逐渐变得不透明，这说明水相与油相形成油包水型乳状液。

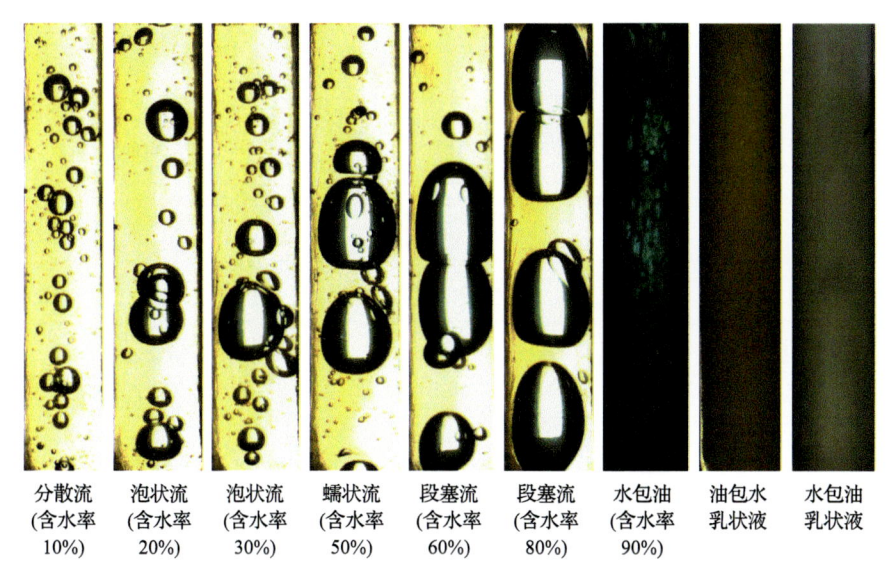

图 6-19　流速为 0.03m/s 不同含水率下油水两相流流型图
（分散流（含水率10%）　泡状流（含水率20%）　泡状流（含水率30%）　蠕状流（含水率50%）　段塞流（含水率60%）　段塞流（含水率80%）　水包油（含水率90%）　油包水乳状液　水包油乳状液）

1）温度对油水两相流动特征的影响

在实际井筒中，从井底到井口，存在温度梯度，温度逐渐降低，而原油和水在高温和低温下性质均会发生较大的改变，因此很有必要考察温度对油水两相流流型的影响。

当固定流速为 0.03m/s 时，控温含水率为 0%～60%，常压下，考察对原油和水影响程度较大的几个温度点（50℃、90℃、130℃），观察不同温度下流型的变化，如图 6-20～图 6-22 所示。

从图 6-20～图 6-22 可以看出，当温度为 50℃时，水泡易在油相中聚集成大水珠，含水率在小于 10%时为分散流，含水率为 10%～30%为泡状流，40%～50%为蠕状流，大于 60%为段塞流。当温度为 90℃时，由于温度升高使油相黏度和水相黏度降低，以及

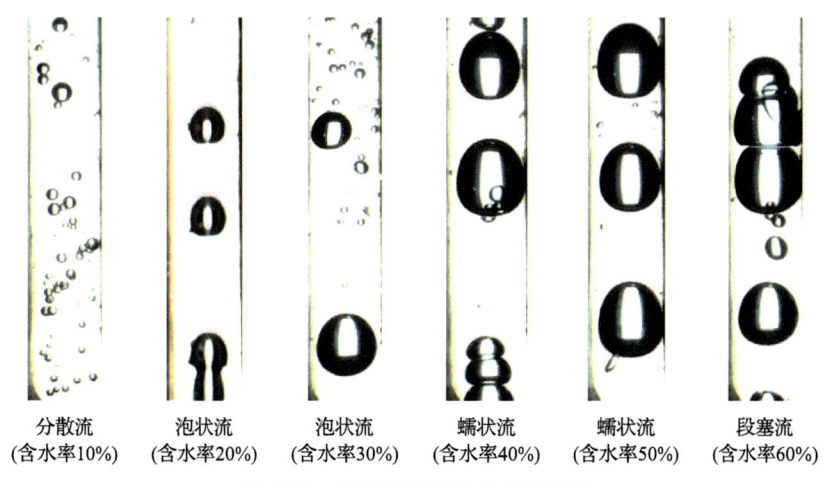

图 6-20　50℃时不同含水率流型图
（分散流（含水率10%）　泡状流（含水率20%）　泡状流（含水率30%）　蠕状流（含水率40%）　蠕状流（含水率50%）　段塞流（含水率60%））

分散流	泡状流	泡状流	泡状流	蠕状流
(含水率10%)	(含水率20%)	(含水率30%)	(含水率40%)	(含水率60%)

图 6-21　90℃时不同含水率流型图

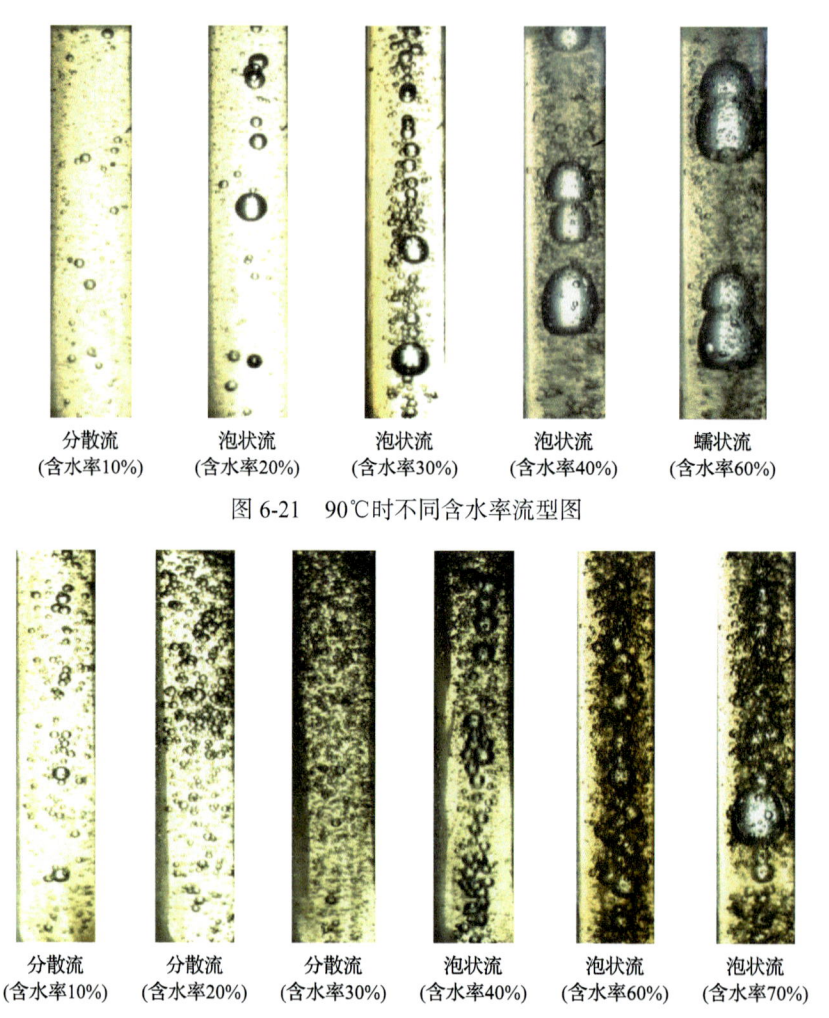

分散流	分散流	分散流	泡状流	泡状流	泡状流
(含水率10%)	(含水率20%)	(含水率30%)	(含水率40%)	(含水率60%)	(含水率70%)

图 6-22　130℃时不同含水率流型图

界面张力降低，水相更易在油相中分散成小水珠，含水率低于 20%时为分散流，20%~40%为泡状流，60%为蠕状流。当温度为 130℃时，水在此温度被蒸发成水蒸气，水相与油相之间的界面张力进一步降低，水相以小水珠的形式分散在油相中，在含水率低于 30%的情况下为分散流，含水率高于 40%以上都为泡状流。从温度对油水两相流流型的影响对比可以看出，在水的沸点温度(常压 100℃)以下，温度越高，水在油中的分散性越强，水珠粒径越小；当温度高于沸点后，水以小水滴的形式分散在油相中。

2)压力对油水两相流动特征的影响

实际井筒中，压力从井底到井口逐渐递减，压力通过影响油相和水相黏度，以及水相的沸点温度来影响油水两相流流型，在同一含水率下，不同压力对油水两相流流型也会有一定影响，考察不同压力对油水两相流流型的影响意义重大。低温下，油相和水相均为液相，液相压缩性小，而压力对油水两相流流型的影响主要是通过压缩流体实现，因此考虑低温下压力对油水两相流流型的影响较小，选择高于水的沸点温度，在温度 130℃

条件下，考察压力对油水两相流流型的影响，结果如图 6-23～图 6-25 所示。

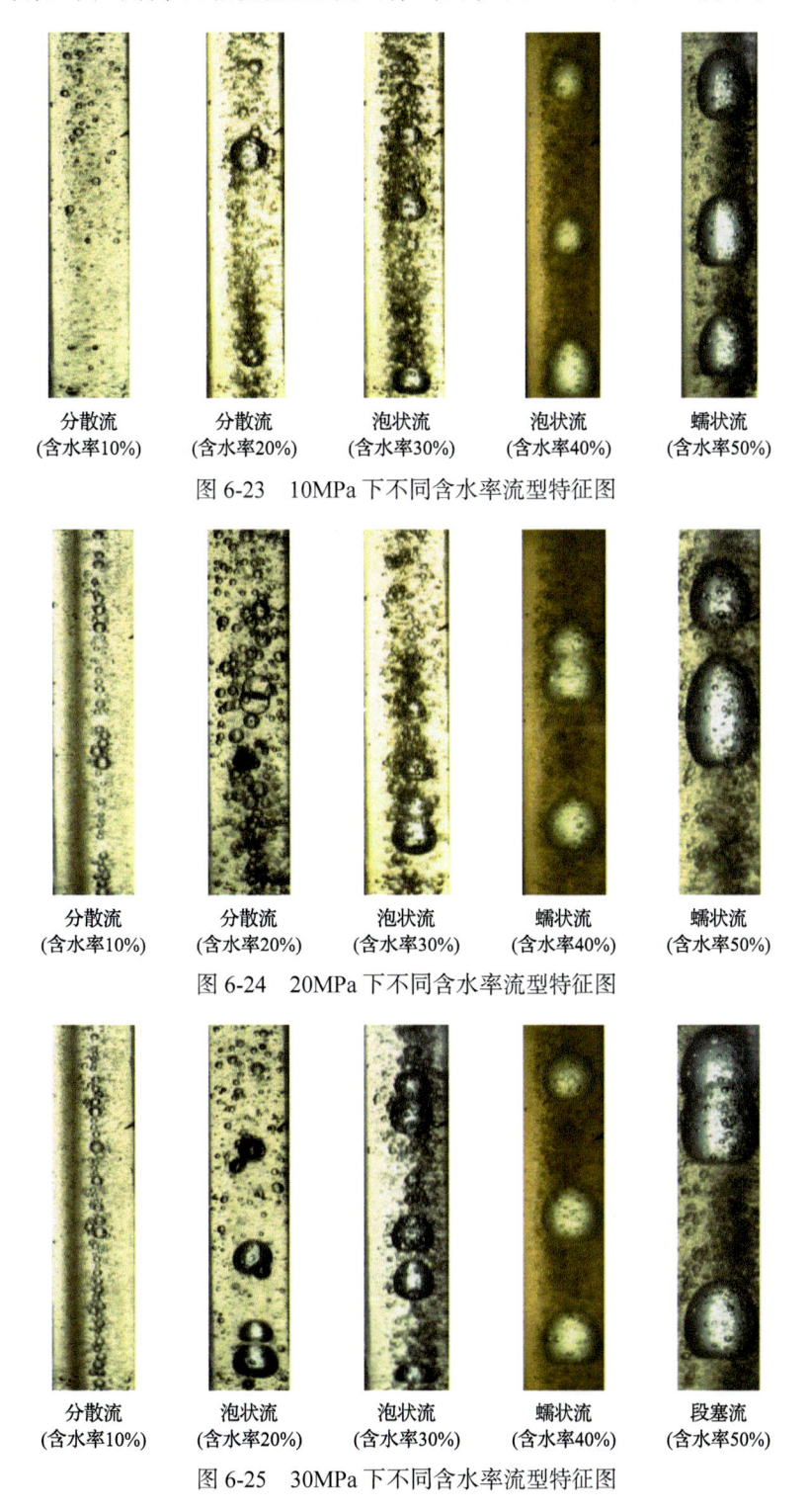

分散流　　　分散流　　　泡状流　　　泡状流　　　蠕状流
(含水率10%)　(含水率20%)　(含水率30%)　(含水率40%)　(含水率50%)

图 6-23　10MPa 下不同含水率流型特征图

分散流　　　分散流　　　泡状流　　　蠕状流　　　蠕状流
(含水率10%)　(含水率20%)　(含水率30%)　(含水率40%)　(含水率50%)

图 6-24　20MPa 下不同含水率流型特征图

分散流　　　泡状流　　　泡状流　　　蠕状流　　　段塞流
(含水率10%)　(含水率20%)　(含水率30%)　(含水率40%)　(含水率50%)

图 6-25　30MPa 下不同含水率流型特征图

从图 6-23～图 6-25 可以看出，温度为 130℃时，压力为 10MPa 条件下，含水率为 10%、20%时，油水两相流流型为分散流，含水率为 30%～40%时为泡状流，含水率为 50%时为蠕状流；压力为 20MPa 条件下，含水率为 10%～20%时为分散流，含水率为 30%时为泡状流，含水率为 40%～50%时为蠕状流；压力为 30MPa 条件下，含水率为 10%时为分散流，含水率为 20%～30%时为泡状流，含水率为 40%时为蠕状流，含水率大于 50%时为段塞流。

从压力对油水两相流流型的影响可以看出，压力越大，小水珠越易在油相中聚集成大水珠；相同含水率下，流型易从泡状流向蠕状流或段塞流转变。这是由于压力增大，水相和油相密度增大，分散在油相中的小水珠易接触聚集，增大水相密度，从而增大水珠粒径。

3）流速对油水两相流动特征的影响

实际生产过程中会出现油井产量忽高忽低、地层周期性出水的现象，含水率大小影响油水两相流流型，流速大小影响油水混合物在垂直井筒中流动摩阻，尤其对于超稠油井，含水率过高、流速过大，原油与水极易形成油包水乳状液，致使井筒流体黏度大大增加，严重者甚至导致关井。因此，研究不同流速下，不同含水率范围油水两相垂直管流流态特征对实际生产指导具有重要意义[36]。

在常温常压下，改变含水率为 10%～70%，考察流速分别为 0.03m/s、0.06m/s、0.09m/s、0.15m/s 时油水两相流流型特征，如图 6-26～图 6-29 所示。

从图 6-26～图 6-29 可以看出，流速为 0.06m/s、含水率为 70%时，出现了扰动流；流速为 0.09m/s、含水率为 50%时，大的水段塞尾端形成了段塞流，含水率为 70%时形成了完全扰动流；流速为 0.15m/s、含水率为 40%时，水段塞尾端形成扰动流，含水率大于 50%时，形成完全扰动流。说明流速越高，含水率越大，越易形成扰动流，而扰动流下，水段塞被油滴打破，水珠中混有油滴，极易形成油包水乳状液，使原油黏度增大。因此，在高含水率（40%～80%）条件下，应尽量降低开采速度，防止油包水乳状液在更深的井下形成，增大开采阻力。

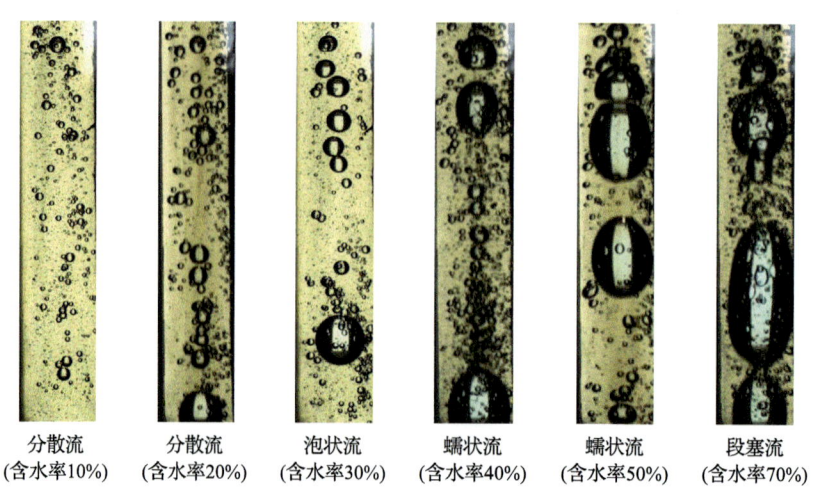

分散流	分散流	泡状流	蠕状流	蠕状流	段塞流
(含水率10%)	(含水率20%)	(含水率30%)	(含水率40%)	(含水率50%)	(含水率70%)

图 6-26　流速为 0.03m/s 时的不同含水率油水两相流流型图

图 6-27　流速为 0.06m/s 时的不同含水率油水两相流流型图

分散流(含水率10%)　泡状流(含水率20%)　泡状流(含水率30%)　蠕状流(含水率40%)　段塞流(含水率50%)　扰动流(含水率70%)

图 6-28　流速为 0.09m/s 时的不同含水率油水两相流流型图

分散流(含水率10%)　泡状流(含水率20%)　泡状流(含水率30%)　蠕状流(含水率40%)　段塞流(含水率50%)　扰动流(含水率70%)

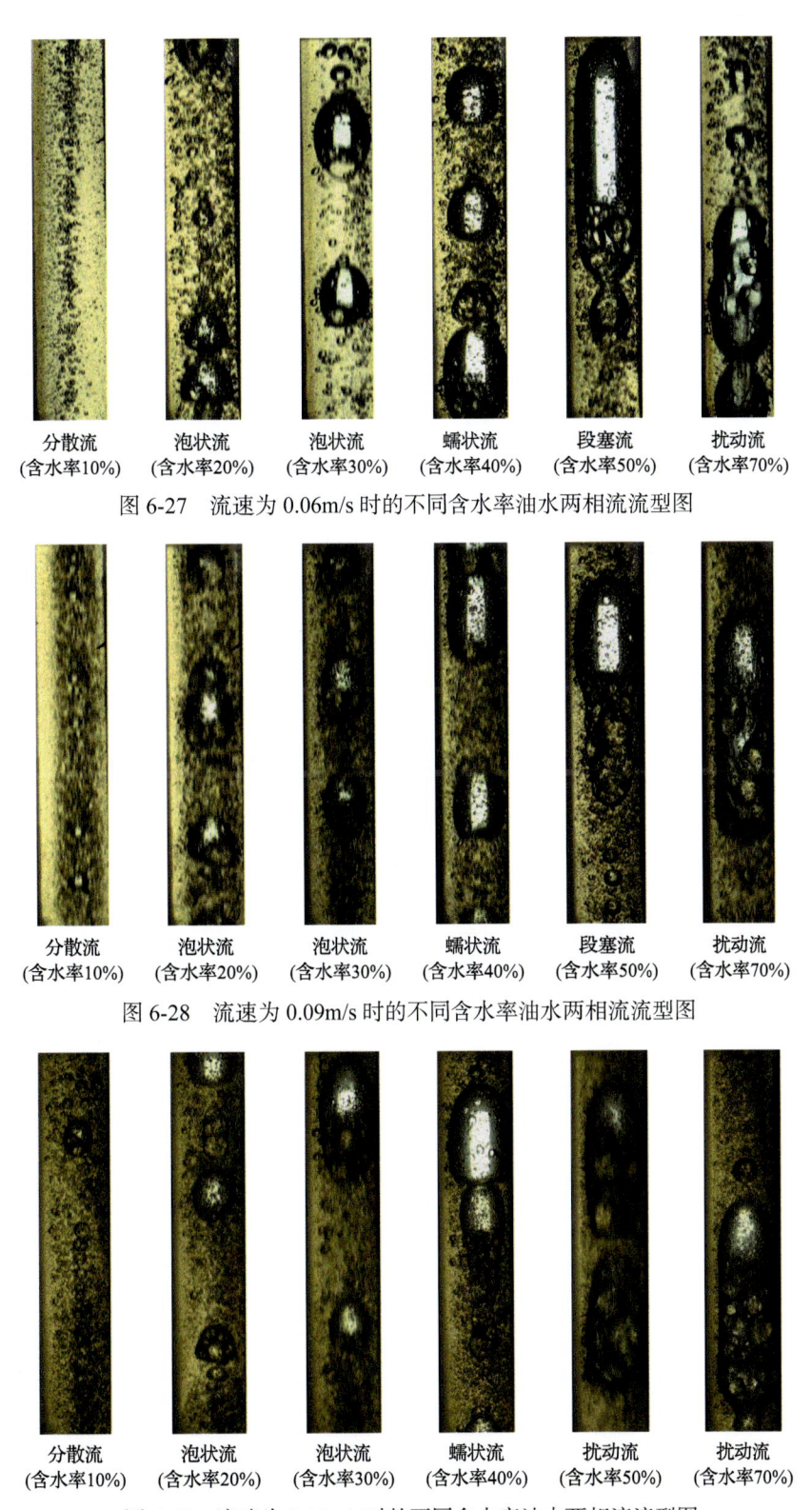

图 6-29　流速为 0.15m/s 时的不同含水率油水两相流流型图

分散流(含水率10%)　泡状流(含水率20%)　泡状流(含水率30%)　蠕状流(含水率40%)　扰动流(含水率50%)　扰动流(含水率70%)

4）油水两相流流型特征图

根据对油水两相流动特征研究实验结果，建立油水两相流流型特征图，图中划分了各个流型的界限，在混合流速与含水率已知的情况下，可根据流型图找到该状态属于何种流型，如图6-30～图6-33所示。

（1）常温常压下油水两相流流型如图6-30所示。

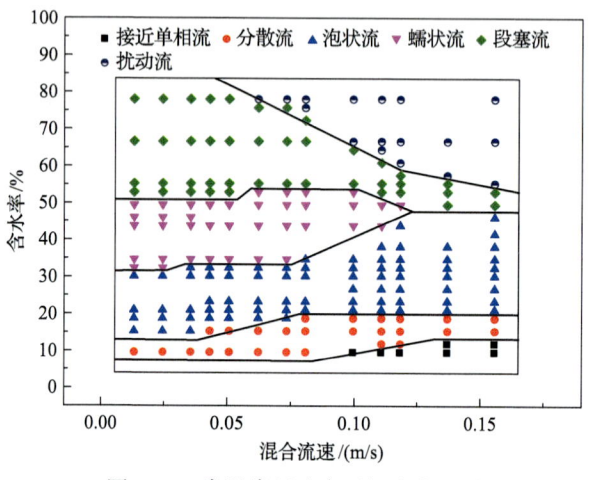

图6-30 常温常压油水两相流流型图

（2）130℃时，不同压力下油水两相流流型如图6-31～图6-34所示。

（3）常压下不同温度油水两相流流型如图6-35～图6-38所示。

图6-30～图6-38总结了不同流速、不同含水率、不同温度和不同压力下油水两相流的流型。从图6-34可以看出，压力增加时油水两相流流型向大水珠流型（蠕状流、段塞流）移动，且压力越大，蠕状流的含水率范围越宽，泡状流和分散流含水率范围变窄。从图6-38可以看出，温度增加使油水两相流流型向细小分散流型（分散流、泡状流）移动，且温度越高，分散流和泡状流流型下的含水率范围变宽，蠕状流和段塞流流型下的含水

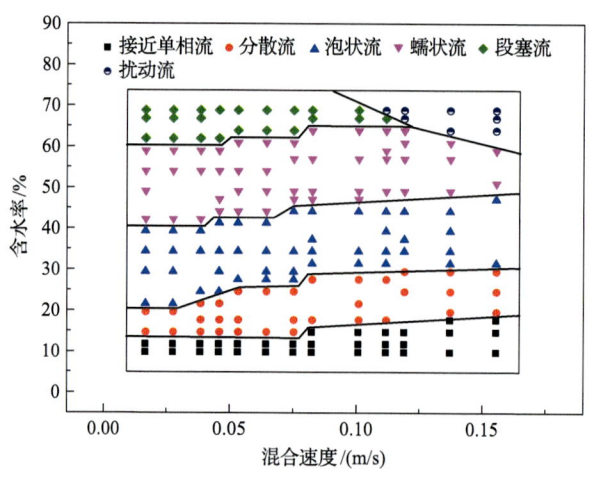

图6-31 130℃、10MPa条件下油水两相流流型图

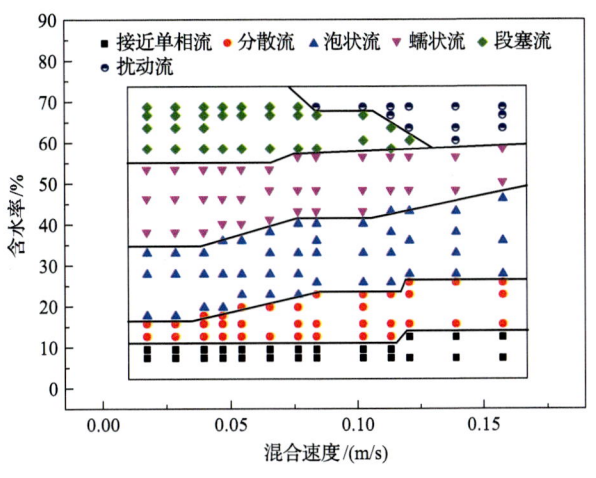

第 6 章　超稠油开采新理论与新技术

图 6-32　130℃、20MPa 条件下油水两相流流型图

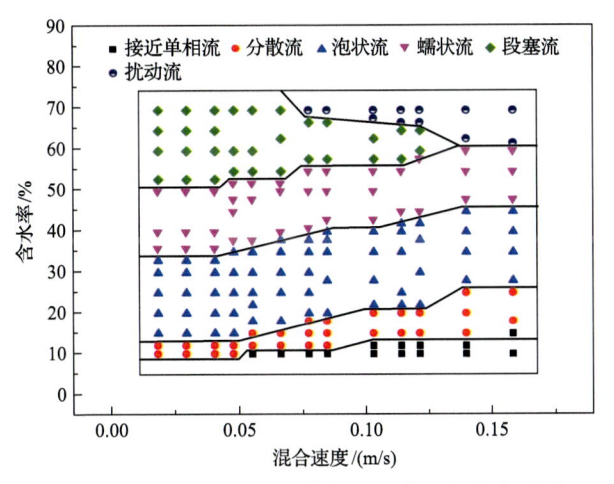

图 6-33　130℃、30MPa 条件下油水两相流流型图

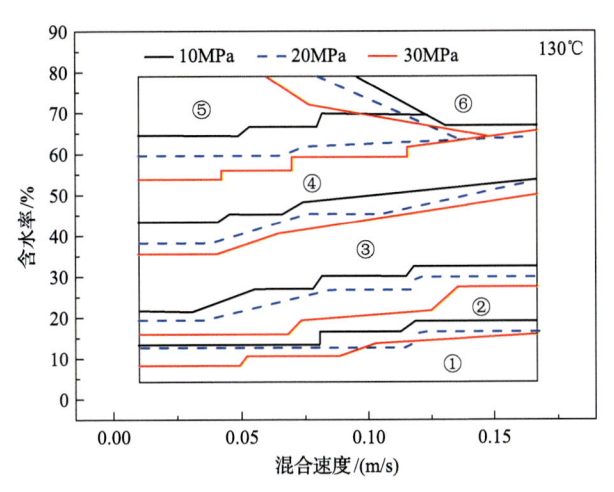

图 6-34　压力对油水两相流流型的影响
①接近单相流；②分散流；③泡状流；④蠕状流；⑤段塞流；⑥扰动流

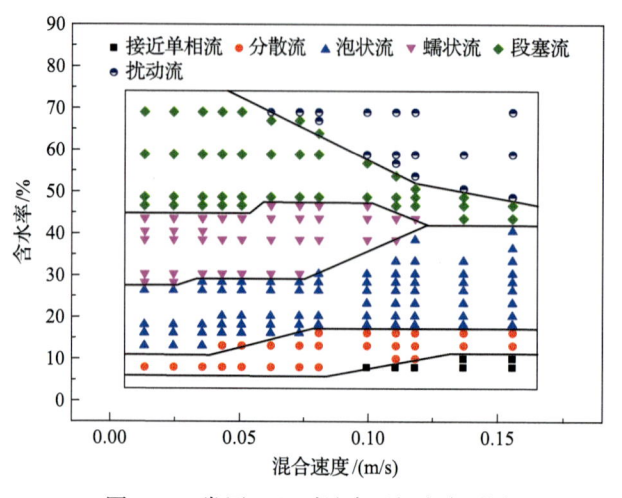

图 6-35　常压 50℃时油水两相流流型图

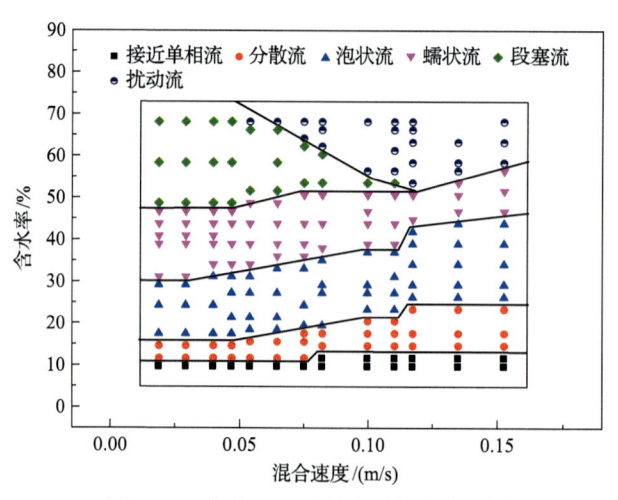

图 6-36　常压 90℃时油水两相流流型图

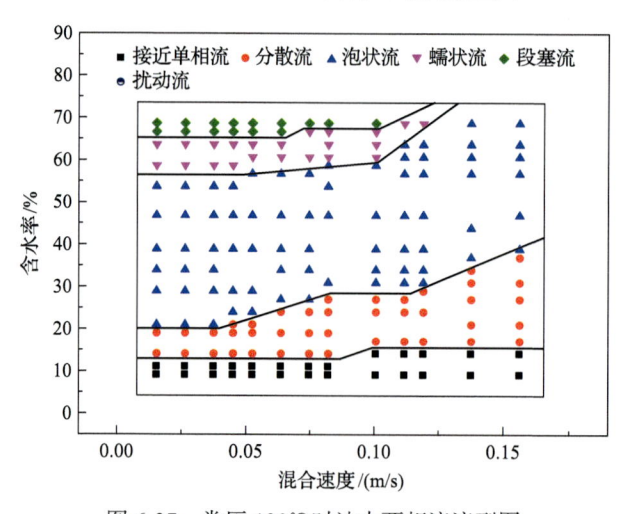

图 6-37　常压 130℃时油水两相流流型图

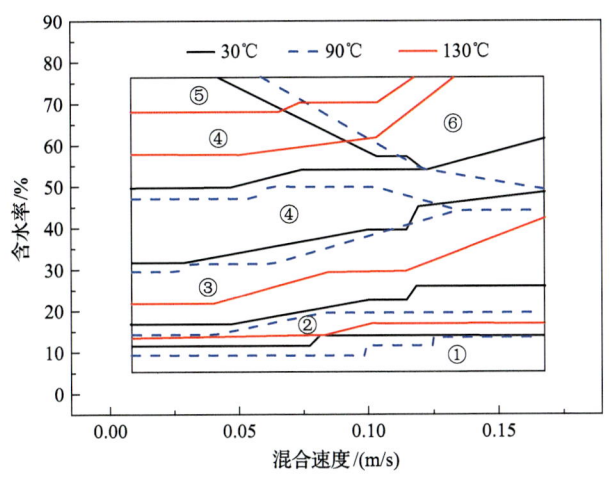

图 6-38 常压下温度对油水两相流流型的影响
①接近单相流；②分散流；③泡状流；④蠕状流；⑤段塞流；⑥扰动流

率范围变窄。温度和压力对油水两相流流型起着截然相反的作用，这是由于温度升高，增加流体内能和加快分子扩散，使油水表面自由能增大，大水珠更易分散成小水滴，压力增大，增加了分子扩散阻力，降低油水表面自由能，小水滴更易聚集形成大水珠，且压力在高温下对油水两相流流型影响更加明显。

6.3 超稠油地面热处理改质技术可行性论证

6.3.1 稠油地面热处理改质技术可行性

1. 稠油地面改质技术概述

我国稠油资源分布十分广泛，已在 12 个盆地发现了 70 多个重质油田，预计资源量可达 300 亿 t 以上。随着轻质油可采储量的减少及石油开采技术的不断提高，21 世纪开采稠油所占的比重将会不断增大。稠油具有特殊的高黏度和高凝固点特性，高含量的胶质和沥青质是造成稠油黏度高的主要原因。解决稠油的黏度问题，对稠油开采和管输等有重要的意义[37]。目前，稠油改质降黏技术主要有催化裂化改质技术、减黏裂化改质技术、HTL(heavy to light) 改质技术、离子液体改质技术、PetroBeam 稠油改质技术①和水热催化裂解改质技术，对各种技术进行调研分析。

对现场进行过应用的工艺进行改质效果分析，结果见表 6-12。

塔河稠油由于高硫、高氮和高含量的重金属，其改质和加工难度加大。稠油改质技术是建立在多学科基础上的综合技术，虽然上述催化裂化、减黏裂化、供氢热裂化、HTL 技术理论上讲都是可用于稠油改质，但这些加工技术成熟度、工艺过程、操作成本、投资规模及产物品质相差较大[38]。根据改质技术的优缺点和塔河稠油性质，优选了相对较好的塔河稠油地面改质技术：HTL 技术、减黏裂化技术和掺入介质改质方案。

---

① 美国 PetroBeam 石油有限公司开发的一项基于油原料低温辐射引起自身链条分裂反应的稠油改质新技术。

表 6-12 各工艺改质效果对比

工艺	工艺条件	降黏效果	产物分析
催化裂化	温度 500℃，压力 0.2~0.4MPa		气体产率为 10%~20%，汽油产率为 30%~60%，柴油产率为 20%~40%，焦炭产率为 8%~10%
水热催化裂解	温度 200~360℃，常压	降黏率高达到 98.9%	初馏点至 180℃在 5.95%(馏分段占总馏分的比例，质量分数，下同)，180~350℃在 23.4%，350~490℃在 29.26%，大于 490℃在 41.39%，裂化转化率 33.58%
减黏裂化	温度 390~450℃，压力 0.2~0.5MPa	降黏率 52%~83%	汽油+气体的最佳转化率为 5.5%~7.0%，可得到 23.3%(质量分数)的轻馏分油，裂化转化率 25%(质量分数)
供氢热裂化	温度 420~450℃，压力 0.2MPa	降黏率大于 80%	气体为 5.77%，汽油为 9.72%，柴油为 18.03%，蜡油为 11.21%，残渣油为 57.43，生焦量小于等于 0.2%
HTL	温度大于 530℃，常压	改质 90%的沥青质	90%沥青质转化成焦炭、轻质油和尾气
PetroBeam 技术	室温至 400℃，接近大气压	降黏率 68%	

2. 塔河稠油间歇热处理小釜实验

1) 小釜实验仪器与试剂

试剂：塔河常压渣油馏分(馏程温度大于 350℃)、甲苯、石油醚。

仪器：500mL 高温高压釜式反应器(小釜)、残炭加热炉、电热鼓风干燥箱、旋转黏度计、电子天平、索氏抽提器等。

2) 小釜实验装置

此实验部分所采用的实验装置为高温高压釜式反应器，为间歇式反应器，金属材质，加热炉内的温度由电子温控仪自动控制。该反应装置流程如图 6-39 所示。

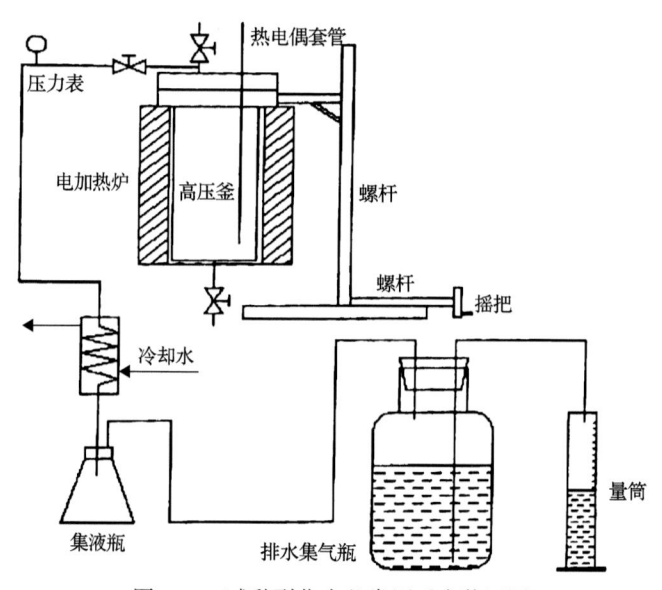

图 6-39 减黏裂化小釜常压反应装置图

3) 小釜实验结果与讨论

(1) 基本数据分析。

由表 6-13 数据可知：①总体而言，常压条件下的反应深度更浅，减黏程度较带压低一些，生焦量得到较明显抑制（因轻组分可较早逸出体系而减少了二次反应的发生，所得生焦率小于加压体系）；②在缓和反应条件下（400℃、80min），所得到的减黏油勉强满足外输需求，黏度和焦炭含量均卡边（即外输需求、黏度、焦炭含量均为边界值）。

表 6-13 塔河常渣减黏常压小釜数据

反应条件	轻油收率/%	重油收率(质量分数)/%	气体收率/%	沉积焦/%	绝对黏度/(mPa·s) 50℃	80℃
390℃条件下改质 210min	9.6	86.3	1.9	0.04	7018	1595
390℃条件下改质 270min	14.7	76.8	2.6	1.17	1048	377
400℃条件下改质 60min	9.4	88.8	0.7	0.03	11801	6258
400℃条件下改质 70min	10.6	87.5	1	0.27	3553	1557
400℃条件下改质 80min（一）	11.3	86.1	1.4	0.12	2522	920
400℃条件下改质 80min（二）	11.5	85	1.8	0.18	3397	1124
400℃条件下改质 90min	17	79.8	2.8	0.7	1360	433
405℃条件下改质 60min	15.2	81.3	2.9	0.16	4129	1359
410℃条件下改质 40min	19.4	78.7	1.8	0.12	3642	1106
410℃条件下改质 60min	22.5	70.4	3.6	1.12	1227	393
420℃条件下改质 30min	28.9	65.5	3.5	2.06	427	168

注：因为 400℃条件下改质 80min 的产物满足现场需求，所以补充了一组平行实验。

(2) 反应条件对减黏油黏度的影响。

由图 6-40 及图 6-41 可知：①同一反应温度下，随反应时间延长，减黏油黏度呈下

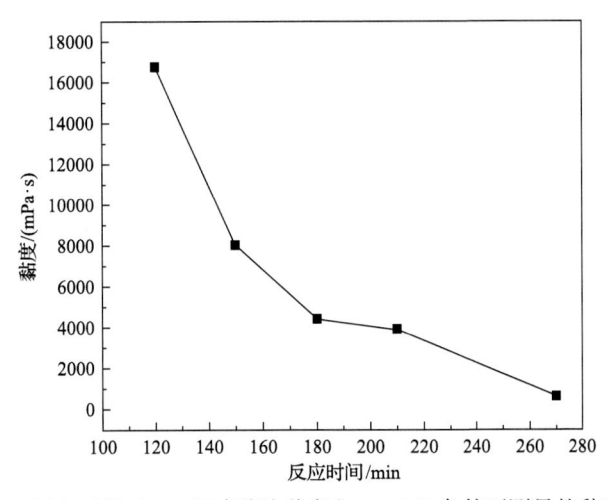

图 6-40 反应时间对 390℃减黏油黏度（η_{60}，60℃条件下测量的黏度）影响

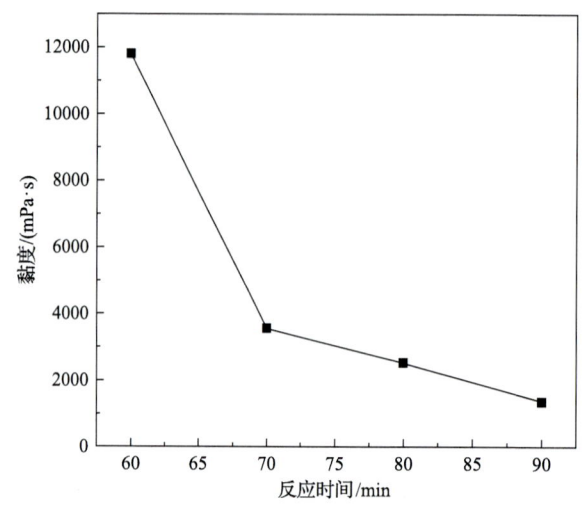

图 6-41　反应时间对 400℃减黏油黏度(η_{50}，50℃条件下测量的黏度)影响

降趋势；②高温短时间和低温长时间可以达到相同的降黏效果；③小釜实验所得出的降黏规律与微反实验结果大致相符。

(3) 反应条件对生焦率的影响。

由图 6-42 可知：①相同反应温度下，随反应时间延长，生焦率总体呈上升趋势。②高温更有利于缩合反应的进行，生焦诱导期明显缩短。与 390℃相比，420℃高温条件下，即使在短时间(30min)内反应也可产生大量焦炭，应合理控制反应温度不要过高。

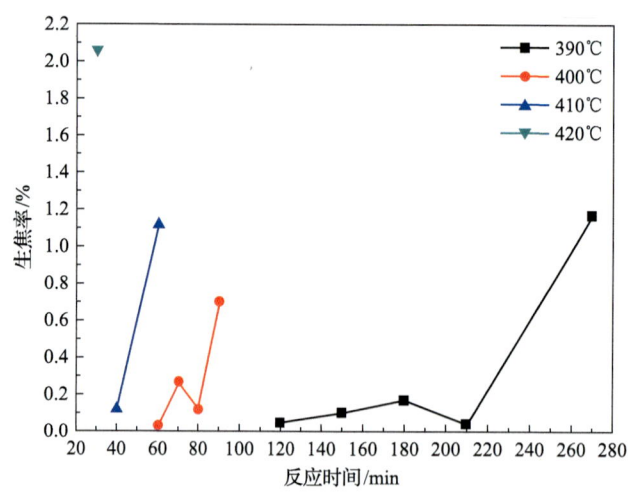

图 6-42　不同反应条件下的生焦率

(4) 不同反应条件下黏度与生焦率关系。

由图 6-43 可知，高温短时间和低温长时间对减黏效果和生焦情况不是等价的，当各反应温度下减黏程度相同时，其生焦率并不相同。总体而言，高温下更易缩合生焦，而低温长时间也可产生大量焦炭。

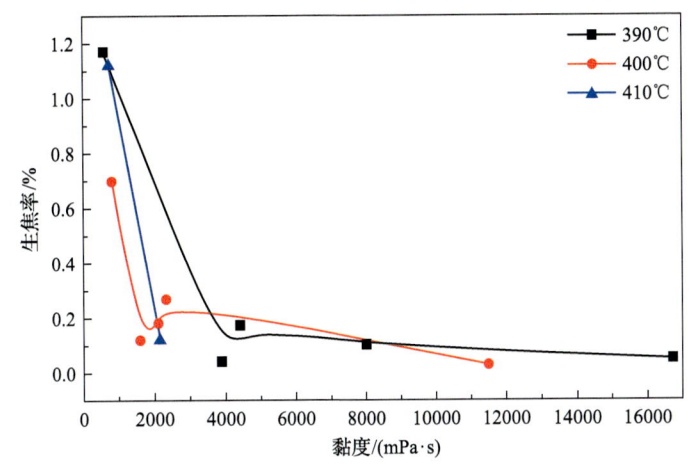

图 6-43　不同反应温度下黏度(60℃条件下测定的黏度)与生焦率关系图

4) 稳定性评价

将 400℃条件下改质 80min 的混合油，静置，并分取不同部位油样进行沉淀，对比组分变化及黏度，以判断其稳定性(表 6-14)。

表 6-14　小釜实验(400℃条件下改质 80min)减黏油稳定性考察结果

类别	观察现象	未沉积相沥青质含量/%	未沉积相总焦炭含量/%	未沉积相 50℃黏度/(mPa·s)
第 3 天上层	未见附壁	26	11.5	2341
第 3 天下层		26.1	10.5	2633
第 6 天上层	见少量附壁沉积	18.8	14.8	1581
第 6 天下层		21.4	12.8	2971
第 9 天上层	可见明显附壁沉积	8.2	12.4	1917
第 9 天下层		12.8	12.1	2744

在小釜实验(400℃条件下改质 80min)减黏油长周期稳定性考察过程中，通过观察发现：

(1) 第 3 天：减黏油上下层黏度、沥青质和焦炭含量基本无差别，未见附壁现象，说明油品未出现不稳定分层现象。

(2) 第 6 天：减黏油上下层黏度和沥青质含量出现一定差异，见少量附壁沉积，说明油品开始出现不稳定分层现象。

(3) 第 9 天：减黏油上下层黏度和沥青质含量差异进一步增大，可见明显附壁沉积，说明油品已经处于不稳定分层状态。

由此可知小釜实验(400℃条件下改质 80min)减黏油稳定性评价为：3 天内稳定性良好，第 6 天开始出现分层现象，第 9 天已处于不稳定分层状态。

3. 塔河稠油连续热处理改质中试实验

1) 中试参数确定

文献研究表明，渣油热反应过程中，体系胶体稳定性下降会导致沥青质聚沉，进而生焦，沥青质聚沉生焦是限制裂化反应深度的关键因素[39]。生焦率为 0.1%所对应的反应时间即为该油样在相应实验条件下的生焦诱导期。热反应初期生焦率随时间的变化并不明显，当其达到或者快要达到生焦诱导期时生焦率会急剧增加[40]。某渣油生焦诱导期的规律见图 6-44。

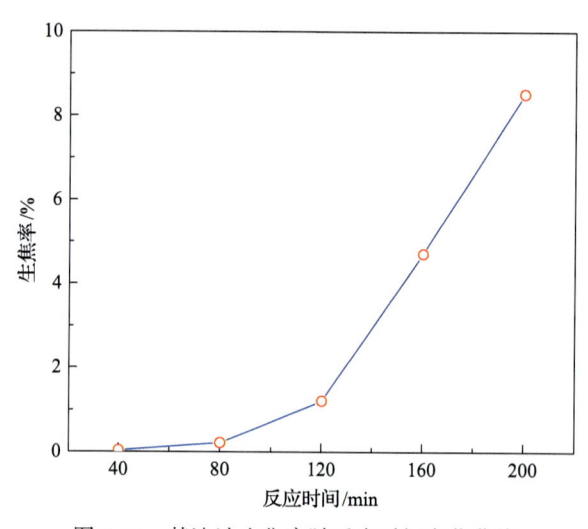

图 6-44 某渣油生焦率随反应时间变化曲线

根据前期室内小釜实验结果，在较缓和反应条件下（400℃条件下改质 80min），所得到的减黏生成油 50℃黏度可降低至 2522mPa·s，勉强可满足 η_{50}=2000mPa·s 的外输需求，生焦率为 0.12%（略高于 0.1%），减黏油黏度和焦炭含量均要比要求的高（η_{50}≤2000mPa·s，生焦率不超过 0.1%）。

在体系生焦率不超过 0.1%的前提下，外输油的 50℃黏度 η_{50} 要求不超过 2000mPa·s。综合生焦率和黏度的要求，确定中试试验的第一组工艺条件为 400℃条件下改质 80min。

延长反应时间与提高反应温度有一定的互补性，都能提高反应深度。但反应温度对生焦影响更显著。第二组工艺条件根据第一组条件的生焦率来进行确定，初步确定为 405℃条件下改质 60min。

2) 中试实验装置

塔河稠油热改质中试试验在减黏中试装置上进行，减黏中试装置如图 6-45 所示。

减黏裂化中型试验装置由进料系统、加热系统、反应系统、油气回收系统、烧焦系统、系统压力控制系统、计算机控制系统等单元组成。

(1) 进料系统由 2 个 50L 的重油罐、3 台高温齿轮泵（其中 1 台为循环泵）、2 台Ⅱ型平流泵、4 个电子秤等组成。

(2) 加热系统由 1 个重油加热炉、2 个注气（水蒸气）加热炉、1 个分馏塔进料加热炉

第 6 章　超稠油开采新理论与新技术

图 6-45　减黏中试装置

以及加热炉盘管和水蒸气发生器等组成。

(3) 反应系统由 1 个减黏反应器组成。

(4) 油气回收系统由 1 个分馏塔、一级套管冷凝器、二级冷却器、轻油和重油接收罐、冷阱、湿式流量计等组成。

(5) 烧焦系统由氮气、空气减压阀、质量流量计等组成。

(6) 系统压力控制系统由系统压力测定、压力控制阀及系统背压阀等组成。

(7) 计算机控制系统由数据采集单元、软件控制单元等组成。实现各温度点的自动控制、压力和液位的检测和控制、流量跟踪以及安全保护等。计算机控制系统如图 6-46 所示。

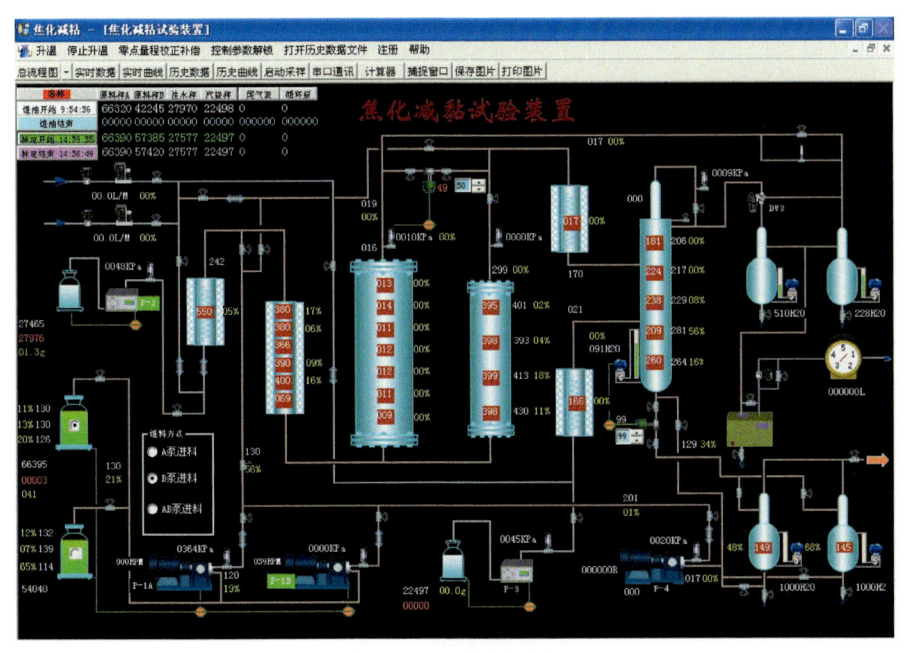

图 6-46　减黏裂化中控图

3）减黏中试流程

减黏中试流程简图见图 6-47。

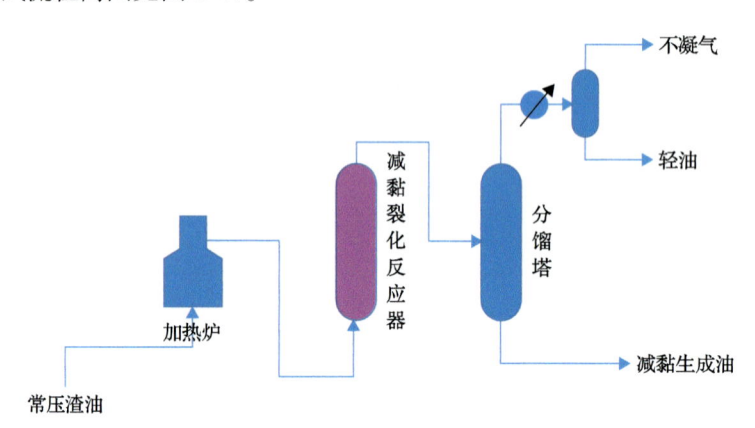

图 6-47　减黏中试流程简图

减黏中试流程简述如下。

（1）原料油加热到 120℃左右，由原料泵抽出，经计量（试验前先确定减黏的停留时间）与一定比例的高温水蒸气混合后进入重油加热炉加热，控制加热炉的出口温度。

（2）高温物料经转油线进入减黏反应器进行减黏裂化反应。

（3）减黏裂化产物不经分馏塔分馏，液相产物直接从塔底流出收集于塔底产物罐中。

4）中试试验结果

根据两种条件下中试试验结果，将中试所得减黏生成油的改质效果与小试进行对比，结果见表 6-15。

表 6-15　塔河常压渣油热改质中试与小试对比分析表

反应条件	400℃条件下改质 80min		405℃条件下改质 60min	
	小试	中试	小试	中试
进料量/(L/h)		2.39		3.18
焦含量(质量分数)/%	0.12	0.21	0.16	0.30
斑点等级		II		III
黏度(50℃)/(mPa·s)	2522	3452	4129	4508
降黏率/%	98.7	98.2	97.8	97.6

由表 6-15 可知，塔河常压渣油中试减黏生成油的焦含量较小试略高。中试减黏生成油的降黏率与小试基本一致。400℃条件下改质 80min 中试所得减黏裂化生成油稳定性较好。

5）改质油稳定性评价

一般而言，稠油在开采、改质、集输过程中需储存至 10d 左右，本节主要对塔河稠油改质油的稳定性进行了评价。将塔河常压渣油在反应条件 400℃条件下改质 80min、405℃条件下改质 60min 所得改质油混合均匀后，倒入具塞量筒中密闭保存，分别静置 3d、6d、9d、15d，分别取上、中、下层油样，采用斑点实验法评价改质油体系的稳定性。塔河常压渣油减黏改质油黏度、斑点等级随储存时间的变化分别见表 6-16～表 6-20。

表 6-16 400℃条件下改质 80min 所得减黏改质油储存 3d 性质分析

管编号	取样点	黏度(50℃)/(mPa·s)	斑点等级
T1	上	3349	Ⅱ
	中	3482	Ⅱ
	下	3608	Ⅲ

由表 6-16 可知，当塔河常压渣油减黏改质油储存 3d 后，上、中、下取样部位油样的黏度呈递增趋势，且下部油样黏度较 400℃条件下改质 80min 所得减黏改质油的黏度 3452mPa·s 高。上部、中部斑点等级为Ⅱ级，表明上部、中部油样稳定性较好，但下部斑点等级为Ⅲ级，表明下部油样稳定性较差。总体而言，400℃条件下改质 80min 所得减黏改质油储存 3d 时上、中、下部位斑点等级存在一定的差异，说明油样已经出现不稳定分层现象。

表 6-17 400℃条件下改质 80min 所得减黏改质油储存 6d 性质分析

管编号	取样点	黏度(50℃)/(mPa·s)	斑点等级
T2	上	3253	Ⅱ
	中	3574	Ⅲ
	下	3826	Ⅲ

由表 6-17 可知，当塔河常压渣油减黏改质油储存 6d 后，上、中、下取样部位油样的黏度变化规律与 3d 基本一致。上部、中部、下部斑点等级分别为Ⅱ级、Ⅲ级、Ⅲ级，表明 400℃条件下改质 80min 所得减黏改质油储存 6d 时稳定性一般。

表 6-18 400℃条件下改质 80min 所得减黏改质油储存 9d 性质分析

管编号	取样点	黏度(50℃)/(mPa·s)	斑点等级
T3	上	3281	Ⅱ
	中	3608	Ⅲ
	下	3957	Ⅳ

由表 6-18 可知，当塔河常压渣油减黏改质油储存 9d 后，上、中、下部斑点等级分别为Ⅱ级、Ⅲ级、Ⅳ级，表明 400℃条件下改质 80min 所得减黏改质油储存 9d 时上、中、下部位稳定性进一步恶化，油样稳定性较差。

表 6-19　400℃条件下改质 80min 所得减黏改质油储存 15d 性质分析

管编号	取样点	黏度(50℃)/(mPa·s)	斑点等级
T4	上	3179	Ⅱ
	中	3664	Ⅳ
	下	3851	Ⅴ

由表 6-19 可知，当塔河常压渣油减黏改质油储存 15d 后，上、中、下部斑点等级分别为Ⅱ级、Ⅳ级、Ⅴ级，表明 400℃条件下改质 80min 所得减黏改质油储存 15d 时稳定性很差。

6.3.2　稠油地面热处理改质经济可行性

1. 稠油改质工艺方案研究

1) 基础数据

(1) 油品物性。

根据塔河稠油开采及集输需要，以 100 万 t 规模的稠油地面改质装置为例，稠油混合油物性及流量等参数见表 6-20，塔河掺稀混合原油组成见表 6-21。

表 6-20　塔河稠油组分（采用塔河二号联化验数据）

序号	组分名称	摩尔分数/%	序号	组分名称	摩尔分数/%
1	乙烷	0.12	17	十六烷	1.04
2	丙烷	0.38	18	十七烷	0.69
3	异丁烷	0.21	19	十八烷	0.73
4	正丁烷	0.88	20	十九烷	0.53
5	异戊烷	0.75	21	二十烷	0.32
6	正戊烷	1.36	22	二十一烷	0.25
7	己烷	3.11	23	二十二烷	0.21
8	庚烷	4.56	24	二十三烷	0.15
9	辛烷	5.94	25	二十四烷	0.13
10	壬烷	4.73	26	二十五烷	0.12
11	癸烷	4.36	27	二十六烷	0.1
12	十一烷	2.7	28	二十七烷	0.09
13	十二烷	2.43	29	二十八烷	0.08
14	十三烷	1.91	30	二十九烷	0.07
15	十四烷	1.56	31	三十烷以上	59.21
16	十五烷	1.28			

表 6-21 塔河掺稀混合原油组成表

参数	参数值
年处理量/万 t	100
原油相对密度	0.95
年生产天数/d	350
日处理油量/t	2857
日处理油量/m³	3175
小时处理油量/t	119
小时处理油量/m³	132
原油含水率/%	0.50
小时处理水量/t	0.60
来油温度/℃	50

(2) 热裂化反应时间和反应温度。

根据小釜实验主要研究结论，本次设计热裂化装置反应温度按照 400℃、反应时间按照 80min 考虑，热裂反应在常压下进行。

(3) 常渣减黏常压小釜实验结论。

400℃条件下改质 80min 下塔河常渣减黏常压小釜数据见表 6-22。

表 6-22 塔河常渣减黏常压小釜数据（400℃条件下改质 80min）

反应条件	轻油收率/%	重油收率/%	气体收率/%	生焦率（沉积焦）/%	不同温度下的绝对黏度/(mPa·s)				
					40℃	50℃	60℃	70℃	80℃
塔河常渣					$\eta_{100}=12465\mathrm{mPa\cdot s}$				
400℃条件下改质 80min	11.3	86.1	1.4	0.12	3759	2522	1590	1187	920
400℃条件下改质 80min	11.5	85.0	1.8	0.18	6132	3397	2098	1501	1124

从表 6-22 可以得出，反应温度 400℃，反应压力为常压，停留时间 80min 时，塔河常渣黏度由 12465mPa·s（100℃）降到了 2000mPa·s（60℃）以内，这说明塔河常渣利用减黏裂化工艺可以达到降黏的目的。此外，经过上述工况下热裂化，将得到 11.3%~11.5%的轻油，85%~86.1%的重油及 1.4%~1.8%的裂化气。

2）稠油地面改质工艺技术方案研究

(1) 稠油地面改质工艺总体技术方案研究。

国内外地面改质主要集中在渣油、沥青、油砂等重油的轻质化处理方面，主要有延迟焦化、热裂化、加氢裂化、催化裂化等，结合塔河油田油品及工艺成熟度，热裂化改质具有可行性[41]。

根据塔河稠油改质需求，通过对塔河稠油进行实验研究（塔河掺稀稠油蒸馏再减黏微反实验和塔河掺稀稠油直接减黏裂化微反实验），确定了塔河掺稀稠油先进行蒸馏，将得到轻组分再打入地底循环使用，重组分进行减黏达到管输要求后外输，且初步明确了塔河稠油改质的基本技术路线及五大工艺模块[42]。先蒸馏后减黏方案加工工艺流程图如图 6-48 所示。

整个工艺由预处理、常压闪蒸、热裂化、循环掺稀、外输五个模块组成。

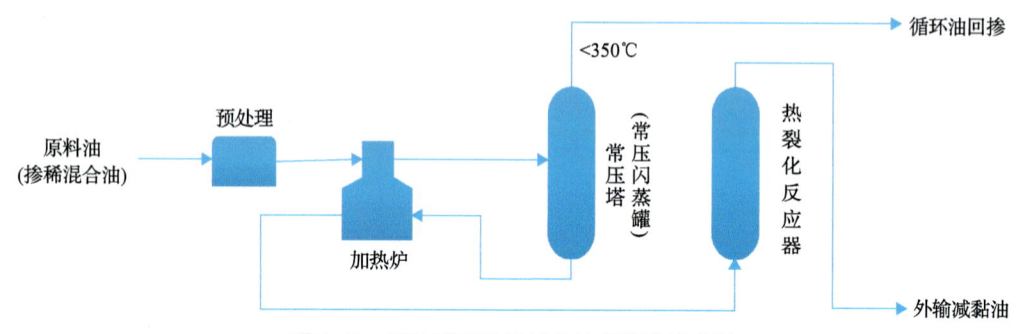

图 6-48　稠油地面改质基本技术路线示意图

(2) 减黏裂化工艺技术方案研究。

减黏裂化的原料多为重质油料，可加工处理重质稠油、减压渣油，其烃类组成非常复杂，且含多种非烃物质及金属，因此转化反应也非常复杂。但总的来看，热转化可看成是两种主要反应，即大分子转化成小分子的链断裂吸热反应和部分断裂产生的活性分子又转化成更大分子的缩合放热反应。

根据塔河常渣减黏常压小釜实验结论，确定本次设计热裂化装置反应温度为 400℃、反应时间为 80min，热裂反应在常压下进行，因此，选用上流式反应塔减黏裂化工艺。

(3) 稠油地面改质工艺流程研究。

塔河稠油地面改质拟采用"两级电脱盐+常压闪蒸+热裂化"工艺，主要工艺流程见图 6-49，工艺流程具体描述如下。

塔河稠油(50℃)经过原油增压泵增压至 980kPaA(绝对压力，下同含义，其中的 A 通常用于表示材料或物体所承受的机械压力强度)，经两级换热至 140℃后进入一级电脱盐器和二级电脱盐器，脱盐后的污水进入污水处理系统。脱盐后的原油(含盐小于 6mg/L)经两级换热至 295℃后，采用常压炉进行加热至 336℃进入常压闪蒸罐进行闪蒸分离，闪蒸分离器的操作压力为 200kPaA，其中闪顶油与站场来油两级换热及空冷却至 60℃后进入外输轻油缓冲罐，然后通过轻油外输泵增压后外输作为循环油回掺。

从常压罐底部出来的闪底油经泵提升后至 600kPaA 后进入裂化炉加热至 400℃，然后从塔底部进入裂化塔(塔底压力 500kPaA)进行热裂化，其中从顶部出来的裂化气通过裂化气空冷器冷却至 60℃，分离器分出的凝液(主要成分为裂化汽油和裂化柴油)进入外输泵，裂化气作为常压炉和裂化炉的燃料，分出的污水进入污水处理系统。从塔顶出来渣油与急冷油汇合后快速冷却至 350℃(345℃)以中止热裂化反应，然后经两级换热后冷却至 148℃，然后通过风冷器冷却至 60℃，经外输泵增压后外输至炼厂，一路作为急冷油打入裂化塔渣油出口。

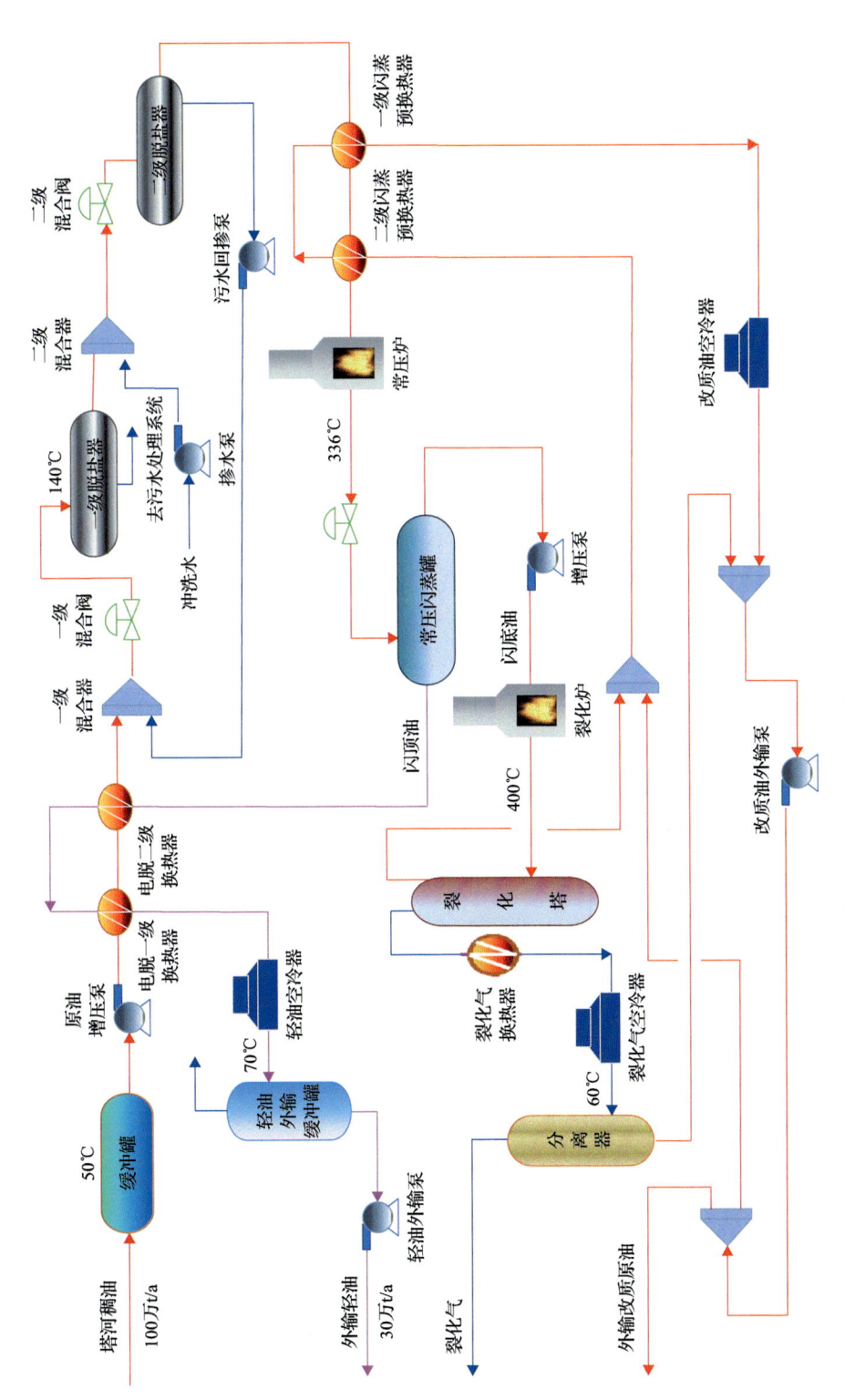

图 6-49　塔河稠油地面改质工艺流程示意图

此外，为了防止常渣在裂化炉炉管中结焦，在裂化炉炉管的辐射段入口注入脱氧水，以增大炉管内的流速，减少炉管结焦。为了防止返混、减少二次反应，裂化塔内设有开孔率不同的筛孔板。反应塔顶设压力控制阀控制反应塔的压力。

2. 稠油热裂化工艺计算及设备选型

1）装置处理规模的确定

（1）闪蒸压力的确定。

以 100 万 t/a 的来油处理规模为例，采用 HYSYS 软件对不同闪蒸压力下获得的轻组分质量流量进行了模拟计算，其变化趋势见图 6-50。

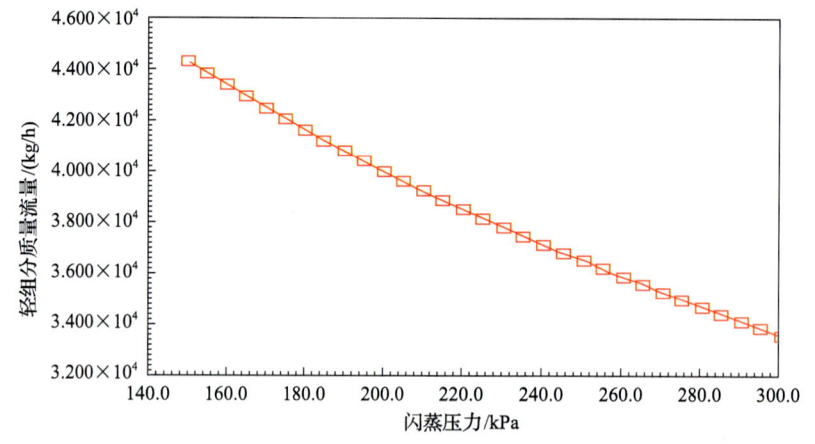

图 6-50　不同闪蒸压力下获得的轻组分质量流量关系曲线（闪蒸温度 350℃）

从图 6-50 中可以得出，闪蒸压力越低，闪蒸出的轻组分越多，因此，降低闪蒸压力有利于轻组分的析出。再综合考虑蒸馏罐气相压降要求，闪蒸压力取 200kPaA。

（2）闪蒸温度及来油处理规模的确定。

根据方案规划，需要得到 30 万 t/a 的稀油，在闪蒸压力为 200kPaA 的情况下，对不同规模下的闪蒸罐中原油闪蒸温度进行了模拟计算，结果见表 6-23。

表 6-23　不同来油规模下的原油闪蒸温度（闪蒸压力 200kPaA）

参数	90 万 t/a	100 万 t/a	200 万 t/a	300 万 t/a	400 万 t/a
闪蒸温度/℃	349	336	263	231	214

从图 6-51 中可以得出，在得到 30 万 t/a 回掺用轻质油的前提下，来油处理规模越大，闪蒸罐原油所需的闪蒸温度越低，但系统的热负荷越大，能耗越高。防止原油结焦，闪蒸温度需控制在 350℃以下。从模拟结果可以得出，当来油量为 90 万 t/a 时，闪蒸罐原油闪蒸温度为 349℃。当来油量为 100 万 t/a 时，闪蒸罐原油闪蒸温度为 336℃，均满足要求，考虑模拟计算结果与实际生产存在一定的差值，因此，确定装置的规模为 100 万 t/a，闪蒸罐的原油闪蒸温度为 336℃。

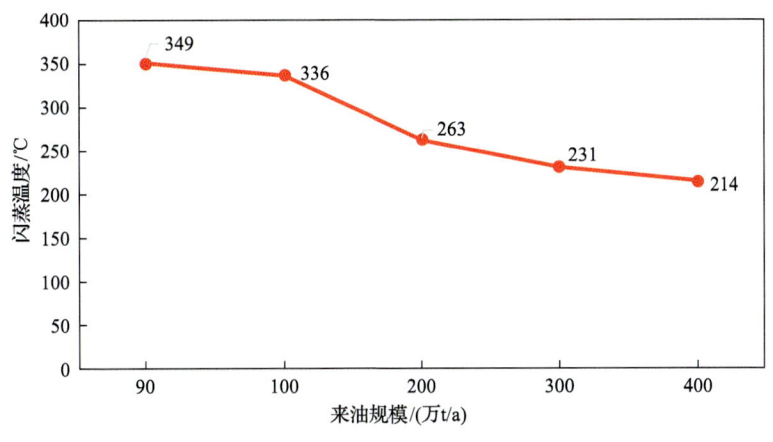

图 6-51 不同来油规模下的原油闪蒸温度

2) 热改质装置物料平衡

根据小釜实验结果及软件模拟得到热改质装置物料平衡见表 6-24。热改质装置的产品和副产品有裂化气、轻质油和改质原油。

表 6-24 物料平衡表

	名称	收率(质量分数)/%	不同时间尺度下的物料质量			备注
			kg/h	t/d	10^4t/a	
原料	塔河混合原油	100	119190	2857	100	
	其中 塔河中质油	100	47760	1714	60	
	塔河重质油	100	71430	1143	40	
产品	轻油	30.25	36010	864	30.25	年生产天数 350d
	裂化气	1.12	1329	32	1.12	
	热改质原油	67.62	80505	1932	67.62	
	结焦及损失	1.01	1206	28.75	1.01	
	合计	100.00	119050	2857	100	

3) 工艺计算及设备选型

(1) 系统工艺模拟计算。

采用 Aspen HYSYS 软件对塔河稠油热裂化工艺流程进行了模拟计算，得到各个节点的压力、温度以及换热器、加热炉等设备的功率的工艺参数。

热改质装置主要操作条件见表 6-25。

换热器、空冷器和加热炉等设备的功率等参数见表 6-26。

表 6-25 热改质装置主要操作条件表

序号	名称	单位	数值
1	混合油进装置温度	℃	50
2	混合油进装置压力	kPaA	980
3	混合油进一级电脱盐器温度	℃	140
4	混合油进一级电脱盐器压力	kPaA	700
5	混合油进二级电脱盐器温度	℃	130
6	混合油进二级电脱盐器压力	kPaA	600
7	混合油进常压闪蒸罐温度	℃	336
8	混合油进常压闪蒸罐压力	kPaA	200
9	常渣进裂化塔温度(塔底)	℃	400
10	常渣进裂化塔压力	kPaA	500
11	裂化塔塔顶温度	℃	390
12	轻油外输温度	℃	70
13	改质油外输温度	℃	70

表 6-26 换热器、空冷器和加热炉的总功率需求统计表

序号	名称	单位	数值
1	电脱一级换热器	kW	2609
2	电脱二级换热器	kW	3603
3	一级闪蒸预换热器	kW	4125
4	二级闪蒸预换热器	kW	10439
5	裂化气换热器	kW	200
6	轻油空冷器	kW	191
7	改质油空冷器	kW	4761
8	裂化气空冷器	kW	2847
9	常压炉	kW	4967
10	裂化炉	kW	4353

(2)电脱盐器。

原油脱盐通常采用水洗方法。原油脱盐的机理是利用盐易溶解于水的特点，用淡水稀释原油中的盐分，使水中含盐浓度降低，再经过脱水后，残留的水中盐浓度也降低，从而达到规定的要求。

原油脱盐的工艺参数主要有原油含盐量的计算、稀释水的量、脱盐级数选择及压力温度等。

脱盐级数选择，脱盐工艺主要分为单级脱盐工艺和二级循环脱盐工艺。

当需要进行脱盐处理时，必须确定级数。级数的确定取决于原油性质、水中含盐量、外输含盐要求、是否有冲洗水及冲洗水的质量。确定合适系统的一般步骤如下。

①采用单级脱盐工艺时，确定原油的含盐量，原油含水率为0.5%。

②将计算结果与外输含盐要求相比较。若含盐量高于外输含盐所允许的6mg/L，确定使用电单级脱盐能达到的含盐量。

③求出单级脱盐系统所需冲洗水。一般而言，冲洗水的体积分数为3%~8%。

④确定满足考虑冲洗水量的脱盐器尺寸(若所需量合理)。

⑤若单级脱盐器尺寸太大，且所需冲洗水量过大，则计算二级处理器所需冲洗水量。

⑥确定满足二级处理能力的脱盐器的尺寸。

原油的含盐量 Z 可用以下公式确定：

$$Z = 100 \times X_1 \times K_1 \tag{6-19}$$

式中，Z 为原油含盐量，$lb/10^3 bbl$①；X_1 为脱盐器出口端原油中的水的体积分数；K_1 为水的含盐量，$lb/10^3 bbl$，其表达式为

$$K_1 = \frac{350 \times K \times SG_W}{1000000} \tag{6-20}$$

其中，SG_W 为含盐水的相对密度，若未知，可假设为1.07；K 为盐的浓度，$\mu g/g$。

处理后的原油含盐量若超过规定要求，则必须在处理过程中进行一级或多级脱盐。为了使含盐量达到可接受的标准，可以减少油中残余水量或可采用淡水稀释以降低残余水中的含盐量，或综合考虑这两个因素。稀释水也尽可能要与原油混合充分，达到稀释盐分的目的。

目前，塔河炼化电脱盐装置出口原油含盐约为6mg/L，且无法进一步脱除剩余的盐。考虑到过低的含盐量要求将大幅增加运行成本，因此，本节改质装置出口含盐量也按照6mg/L 考虑。

按照上述计算步骤，在掺水含盐量为500mg/L 的情况下，对塔河烟油采用单级电脱盐所需要的水量进行了计算，为23m³/h，冲洗水量为17.5%。一般而言，单级电脱盐冲洗水的体积分数为3%~8%，最大为10%。因此，该方案需要采用两级电脱盐工艺。为了减少冲洗水量，将二级电脱盐后的分出水回掺到一级电脱水器入口。

针对塔河原油，编制了电脱盐器冲洗水量计算程序，具体见表6-27。

通过计算得到二级电脱盐器的冲洗水量为4.1m³，掺水比为3.1%。因此，掺水泵的排量按照5m³/h 考虑。

---

① 1lb=0.4536kg；1bbl=159L。

表 6-27 两级电脱工艺计算程序

工况及过程	参数及其含义	参数值	单位
一级电脱工艺计算			
入口工况下	盐的浓度 K	21880	mg/L
	来流中水的体积分数 X_1	0.0046	
	来流中每桶水的含盐量 K_1	8.19	lb/bbl
	脱盐器出口油流中的含盐量 Z	37.86	lb/10³bbl
		106.00	mg/L
出口工况下	盐的浓度 K	4400.00	mg/L
	来流中水的体积分数 X_1	0.0046	
	来流中每桶水的含盐量 K_1	1.65	bbl
	脱盐器出口油流中的含盐量 Z	7.61	lb/10³bbl
		21.32	mg/L
计算过程	来油中每 10³bbl 原油中的水量 A	4.64	bbl
	脱盐器出口油流中每 10³bbl 原油中的水 B	5.00	bbl
	稀释水域产出水的混合效率 E（以分数表示）	0.80	
	来流中每桶水的含盐量 K_1	8.19	bbl
	冲洗水含盐量	500.00	μg/g
	每桶稀释水中的盐 K_2	0.18	bbl
	脱盐器出口油流中的含盐量 Z	7.61	lb/10³bbl
	每桶进入第一级脱盐器入口的水量 K_3，$K_3=Z/B$	1.52	bbl
	来流中水的体积分数 X_1	0.0046	
	脱盐器出口油流中水的体积分数 X_2	0.0046	
	每 10³bbl 原油进入脱盐器的水量 C	5.00	bbl
	每 10³bbl 原油中所需要的稀释水量 Y	28.72	bbl
结果输出	日处理油量	3170.00	m³
	小时处理油量	132.08	m³
	日掺水量	91.05	m³
	小时掺水量	3.79	m³
二级电脱工艺计算			
入口工况下	盐的浓度 K	4400.0000	mg/L
	来流中水的体积分数 X_1	0.0046	
	来流中每桶水的含盐量 K_1	1.65	lb/bbl
	脱盐器出口油流中的含盐量 Z	7.61	lb/10³bbl
		21.32	mg/L

续表

工况及过程	参数及其含义	参数值	单位
出口工况下	盐的浓度 K	1240.00	mg/L
	来流中水的体积分数 X_1	0.0046	
	来流中每桶水的含盐量 K_1	0.46	bbl
	脱盐器出口油流中的含盐量 Z	2.15	lb/10³bbl
		6.01	mg/L
计算过程	来油中的水量 A	4.64	bbl 水
	脱盐器出口油流中的水 B	5.00	bbl 水
	稀释水域产出水的混合效率 E（以分数表示）	0.80	
	来流中每桶水的含盐量 K_1	1.65	bbl
	冲洗水含盐量	500.00	µg/g
	每桶稀释水中的盐 K_2	0.18	bbl
	脱盐器出口油流中的含盐量 Z	2.15	lb/10³bbl
	每桶进入第一级脱盐器入口的水量 K_3，$K_3=Z/B$	0.43	bbl
	来流中水的体积分数 X_1	0.0046	
	脱盐器出口油流中水的体积分数 X_2	0.0046	
	每 10³bbl 原油进入脱盐器的水量 C	5.00	bbl
	每 10³bbl 原油中所需要的稀释水量 Y	27.83	bbl
结果输出	日处理油量	3170.00	m³
	小时处理油量	132.08	m³
	日掺水量	88.21	m³
	小时掺水量	3.68	m³

(3) 常压闪蒸罐。

该方案采用加热闪蒸的方式实现原油轻组分和重组分的分离。现场常用的闪蒸分离设备主要有闪蒸塔和闪蒸罐两种类型。从一定意义上来说，闪蒸塔是立式的闪蒸分离器，而闪蒸分离器的另一种形式是卧式闪蒸罐，闪蒸罐尤其适合于黏度较大的原油做稳定处理。结合塔河原油黏度，考虑到闪蒸塔造价比闪蒸罐高，且安装复杂，因此，本次选用卧式闪蒸罐，其结构示意见图 6-52。

闪蒸罐顶部安装有一层筛板，并装有立式分离头。加热后原油从分离头进入，经分离伞形成直径不同的油膜柱淋降至卧罐的筛板上，达到油气分离的目的。

闪蒸罐液体停留时间按照 5min 考虑的工况下，来液流量为 139m³/h，考虑波动系数 1.2，正常液面按照 50%考虑，因此，通过计算得到闪蒸罐的尺寸为 2400mm×7200mm，总容积为 36m³。

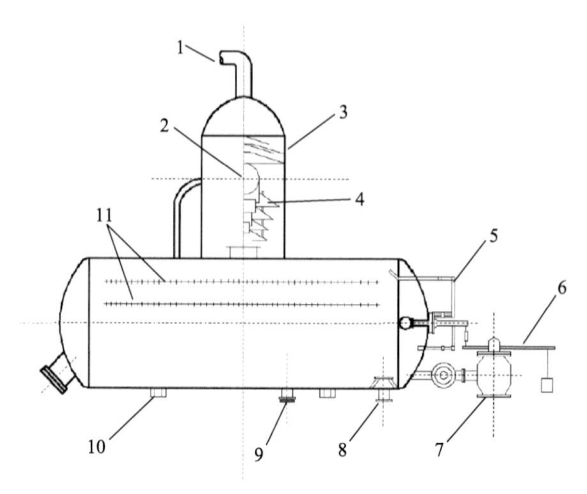

图 6-52 闪蒸罐结构示意图

1-闪蒸气出口；2-未稳定原油入口；3-立式分离头；4-分离伞；5-液位计；6-浮子连杆机杆；7-出油阀；
8-出油口；9-排污口；10-入孔；11-筛板

(4)换热设备。

①换热器选型。

换热器的类型很多，每种型式都有特定的应用范围，换热器选型时需要考虑的因素是多方面的，主要有热负荷及流量大小，流体的性质，温度、压力及允许压降的范围，对清洗、维修的要求，设备结构、材料、尺寸、质量，价格、使用安全性和寿命[43]。

几种常用换热器主要性能对比见表 6-28。

表 6-28 常用换热器性能对比

序号	性能与参数对比	管壳式	螺旋板式	板式	
				平板加筋(垫片)	平板加筋(全焊)
1	结构形式	直管	钢板卷制	平板加筋(垫片)	平板加筋(全焊)
2	温度范围/℃	−200~600	−80~500	−40~260	−50~1000
3	端面温差/℃	>25	>5	>5	>5
4	单位体积传热面积/(m²/m³)	40~50	44~200	1000	300~1500
5	最大传热面积/m²	3000	500	1500	1500
6	承压范围/MPa	0~30.0	4.0(大面积 1.0)	0~2.5	0~4.0
7	单位传热面积质量/(kg/m²)	约 46	约 50	约 16	约 16
8	紧凑性	中等	较高	高	高
9	单位传热面积价格	中等	中等	低	低
10	制造难度	中等	中等	较难	较难
11	维修难度	中等	难(焊接式)	易	难
12	机械清洗	中等	不能(焊接式)	易	不能

续表

序号	性能与参数对比	管壳式	螺旋板式	板式	
13	化学清洗	可	可	可	
14	抗泄漏性	中	好	差	好
15	抗结垢性	中	较好	好	
16	传热系数	中	较高	高	
17	扩大可能	否	否	可	
18	设备持液量	较高	较低	低	
19	其他特性	这种类型的换热器安全、可靠，应用广泛，适应性强	适用介质面广，在适合的温压范围内费用低于管壳式换热器，检修困难是其制约因素	在适用的温压范围内，相对制造成本最低，但流动阻力略高，垫片的耐温压与抗腐蚀性是其制约因素。可用于带颗粒的流体	

通过以上对比，结合换热的工艺要求及塔河原油性质，考虑到管壳式换热器安全可靠、应用广泛、适应性强，因此所有的换热器均推荐采用管壳式换热器。换热器执行标准为《热交换器》(GB/T 151—2014)。选用的换热器参数见表6-29。

表6-29 换热器计算汇总表

序号	名称	电脱一级换热器	电脱二级换热器	一级闪蒸预换热器	二级闪蒸预换热器	裂化气换热器				
1	型号	AES-1000-1.6-110	AES-1200-1.6-100	AES-1800-1.0-800	AES-1800-1.0-500	AES-400-1.0-10				
2	数量/台	1	1	1	2	1				
3	单台传热面积/m^2	110	100	800	500	10				
4	计算热负荷/kW	2609	3603	4125	5220	200				
5	选取功率	3000	4000	4500	5500	250				
4	工作参数及介质	壳程	管程	壳程	管程	壳程	管程	壳程	管程	壳程	管程
5	介质名称	裂化油	混合油	裂化油	混合油	裂化油	混合油	裂化油	混合油	水	裂化气
6	介质总流率/(t/h)	106.4	119.4	106.4	119.4	106.4	119.4	53	60	5	2.5
7	进口温度/℃	234	50	336	90	208.5	133	342	185	50	336
8	进口压力/MPaA	0.17	0.98	0.2	0.9	0.35	0.6	0.4	0.52	0.5	0.2
9	出口温度/℃	161	90	234	140	148	185	208	295	83	240
10	出口压力/MPaA	0.14	0.9	0.17	0.82	0.3	0.52	0.35	0.44	0.45	0.15
11	最大允许压降/kPa	30	80	30	80	50	80	50	80	50	50
12	平均温差/℃	127		169		26		33.6		220	
13	采用总传热系数/[kcal/($m^2 \cdot h \cdot ℃$)]	200		200		200		200		200	

②空冷器选型。

由于原油加热的温度较高，为了达到外输要求，部分热量无法通过来油进行回收，需要采用水冷或空冷方式进行冷却。

下面对空冷和水冷两种方式的优缺点进行了对比分析，具体见表6-30。

表6-30 空冷和水冷优缺点对比表

类型	优点	缺点
空气冷却	①空气可以免费获取 ②采用空冷，厂址选择不受限制 ③空气腐蚀性低，无需采取任何清垢措施 ④由于空冷器空气侧压力降为100～200Pa，运行费用低 ⑤空冷系统维护费一般为水冷系统维护费的20%～30%	①冷却效果取决于空气的干球温度，不能将流体冷却到环境气温 ②空气侧换热系数低、比热容小，因此空冷器需较大的面积 ③空冷器性能易受环境气温、雨雪和大风的影响 ④空冷器不能靠近大的建筑物，以免形成热风再循环 ⑤空冷器要求采用特殊制造的翅片管
水冷却	①水冷却能将工艺流体冷却到比空气低2～6℃，且循环水在冷却塔中可被冷却到接近环境湿球温度 ②水冷却器结构紧凑，所需冷却面积远小于空冷器 ③水冷却对环境气温变化不敏感 ④水冷器可以放在其他设备之间 ⑤一般的管壳式换热器即可满足要求	①冷却水一般难以获取，即使可取得，也须设置泵和配套管线 ②特别是大厂的厂址，取决于水源条件 ③水具有腐蚀性且有水垢，需进行清理 ④水的运行费高，循环水泵压头高 ⑤在水冷器中，某些生物能附着在换热器表面上，需停下设备清除，增加了维护费用和检修的频次

综合对比空冷和水冷的优缺点，考虑塔河油田淡水资源较少，难以获得，空冷运行成本低、配套简单，因此，选用空冷的方式。

通过计算得到空冷器的主要设备参数，详见表6-31。详细的工艺计算程序及设备参数见表6-32。执行标准为《空冷式热交换器》（NB/T 47007—2018）。

表6-31 空冷器主要设备参数简表

序号	名称	改质油空冷器	裂化气空冷器	轻油空冷器
1	型号	GP9×2-6（Ⅵ）	GP3×2-6（Ⅵ）	GP6×2-8（Ⅷ）
2	数量/台	3	1	3
3	选取功率/kW	1600	500	1000

表6-32 空冷器工艺计算程序及设备参数

类型	名称	单位	类型		
			改质油空冷器	裂化气空冷器	轻油空冷器
计算总传热系数	设备台数	台	3	1	3
	介质名称		改质油	裂化油	闪顶油
	流体质量流率	kg/h	35467	1780	12053
	入口温度 T_1	℃	148	245	161
	出口温度 T_2	℃	70	60	70

续表

类型	名称	单位	类型 改质油空冷器	裂化气空冷器	轻油空冷器
计算总传热系数	入口压力	MPa	0.30	0.50	0.10
	出口压力	MPa	0.25	0.48	0.05
	允许压降	kPa	50	20	50
	空气设计温度 t_1	℃	36.5	36.5	36.5
	密度	kg/m³	890	712	9
	比热容	kJ/(kg·℃)	2.2	3.0	2.4
	出口与设计温差	℃	33.5	23.5	33.5
	选取总传热系数 K	W/(m²·℃)	310	155	167
	T_1-t_1	℃	112	209	125
	$(T_1-t_1)/K$		0.31	1.16	0.64
	管排数选择	排	6	6	8
	液体流量	m³/h	39.9	2.5	1296.1
	分子量		503	487	157
	迎面风速	m/s	2.5	2.5	2.3
	高低翅选取		低翅	低翅	低翅
	计算热负荷	kW	1600	500	1000
	假设空气温升	℃	40	25	35
	查图得光管热强度	W/m²	16000	11000	10000
	计算得光管传热面积	m²	100	45	100
	查表光管传热面积	m²	127	47	128
	光管(长×宽)	m×m	9×2	3×2	6×2
	光管面积/传热面积		8.7	8.7	11.6
	迎风面积	m²	14.5	5.4	11.0
	风量	m³/h	130778	48398	91366
	迎风面积反算	m²	14.5	5.4	11.0
	管束长度	m	9×2	3×2	6×2
	管束迎风面	m²	18	6	12
	带走热量	kW	1890	732	1156
	计算得光管热强度	W/m²	14880	15575	9030
	黏度	mPa·s	7.34	0.37	
	流体膜传热系数 a_i	W/(m²·℃)	971	238	238

续表

类型	名称	单位	类型 改质油空冷器	类型 裂化气空冷器	类型 轻油空冷器
计算总传热系数	管外空气膜传热系数 a_0	W/(m²·℃)	700	750	660
	管外结垢热阻 r_0	W/(m²·℃)	0.00025	0.00025	0.00025
	管内流体结垢热阻 r_i	W/(m²·℃)	0.00047	0.00023	0.00023
	计算总传热系数	W/(m²·℃)	315	166	161
计算平均温差	核算空气温升	℃	42	27	37
	空气终温 t_2	℃	78.5	84.5	73.5
	计算对数平均温差	℃	49.4	71.4	56.3
	P		0.4	0.2	0.3
	R		1.9	3.9	2.5
	低翅管内径	mm	25	25	25
	管子数 n	个	328	179	234
	每排管数	个	55	30	29
	管内流体速度	m/s	23	1	734
	质量流速 G_i	kg/(m²·s)	61	6	29
	选取管程数	个	6	6	8
	平均温差校正系数 F_T		0.98	0.98	0.99
	计算平均温差	℃	49	71	56
	可传热量	kW	1941	553	1147
	可传热量/热负荷		1.21	1.11	1.15
	选型		GP9×2-6(Ⅵ)	GP3×2-6(Ⅵ)	GP6×2-8(Ⅷ)
计算空气压力降和电机功率	全风压	Pa	190	190	210
	单位迎风面风机功率	kW/m²	0.88	0.88	0.96
	计算风机功率	kW	15.8	5.3	11.5
	风机选型	kW	11.0	7.5	7.5
	每台风量	m³/h	120000	80000	80000
	单台空冷器风机台数	台	3(1台备用)	2(1台备用)	3(1台备用)
	风机总台数	台	9	2	9
干空气需风量	塔河油田海拔高度	m	940	940	940
	15℃ T_0	K	288	288	288
	15℃大气压	Pa	101325	101325	101325
	15℃空气密度	kg/m³	1.2	1.2	1.2

续表

类型	名称	单位	类型		
			改质油空冷器	裂化气空冷器	轻油空冷器
干空气需风量	出入口空气平均温度	℃	57.5	60.5	55.0
	海拔高度修正系数		2.26×10^{-5}	2.26×10^{-5}	2.26×10^{-5}
	空气平均温度下空气密度	kg/m³	1.07	1.06	1.08
	干空气需风量	m³/h	93824	28118	60844

注：所选风机应满足干空气需风量要求。

(5) 轻油分离器。

由于从闪蒸塔闪蒸后的轻组分经过换热器冷却至 60℃后进入分离器(兼做外输缓冲罐)进行两相分离，将凝液中事故工况及投产过程中可能析出的气体分出，得到的轻油进入轻油泵增压后进入回掺流程。

该分离器为气液体两相分离，根据《油气分离器规范》(SY/T 0515—2014)，相对密度小于 0.8467 的原油典型停留时间为 1min，通过模拟得到该工况下清油密度为 0.755，停留时间可按照 1min 考虑。但考虑该分类器兼做外输缓冲罐，根据《油田油气集输设计规范》(GB 50350—2015) 第 4.3.6 条，缓冲时间按照 10min 考虑。

分离器主要有立式和卧式两种形式。立式分离器具有占地面积小的优点，一般用于处理高气液比的油气混合物，如气体洗涤器、分液罐等，以便除去大量气体中所含有的少量液体。卧式分离器大多用于液气比较高的情况，像原油分离器和缓冲罐等。因此，本节采用卧式分离器。

考虑波动系数后，10min 的原油体积为 10m³，分离器有效容积按照 50%考虑，计算得到分离器的总容积为 20m³，因此，选用 1 台 2000mm×6000mm 的分离器，总容积为 21m³。

(6) 裂化气分离器。

来自常压闪蒸塔的闪底油经过裂化炉加热至 400℃进入裂化塔，来自裂化塔顶部气相出来的油气水经过裂化气空冷器冷却至60℃进入裂化气分离器，将裂化气分出，分出的裂化汽油和裂化柴油与裂化渣油混合后经泵外输至炼厂，分出的污水输送至污水处理系统进行集中处理。

该分离器为油、气、水三相分离，根据《油气分离器规范》(SY/T 0515—2014)，相对密度大于 0.8467、温度大于37.8℃的原油典型停留时间为 5~10min，因此，停留时间按照 8min 考虑。

根据立式和卧式分离器的特点及使用范围，本节采用卧式三相分离器。体积流量一定时，考虑波动系数 1.2，10min 能够通过的最大油流为 2.2m³，分离器有效容积按照 50%考虑，计算得到分离器的总容积为 4.4m³，因此，选用 1 台 1200mm×3600mm 的分离器，总容积为 4.4m³。三相分离器计算过程见表 6-33。

表 6-33 裂化气分离器尺寸计算表格

参数			单位	参数值
操作压力			kPaG	380
操作温度			℃	60
液体流量(单台分离器)			m³/d	312
液体密度(20℃下)			kg/m³	935.6
气体流量(单台分离器)			Nm³/d	31896
气体相对密度				1
气体黏度 μ_g			Pa·s	0.00001
气体中液体分离粒径			m	0.0001
波动系数				1.2
分离器长径比				3
气体中分离油滴的计算	操作状态下气体和液体的密度换算	压缩因子 Z_g		0.9594
		气体密度 ρ_g	kg/m³	4.8316
		液体密度 ρ_L	kg/m³	911.8797
		气体流量 Q_g	m³/s	0.0988
	液体沉降速度的计算	阿基米德准数 A_r		343.9567
		气体中的液滴处于		过渡区
		气体中液滴沉降速度 W_o	m/s	0.227
	允许气体流速的计算	允许气体流速 W_g	m/s	0.6675
初算卧式分离器的直径		分离器直径 D	m	0.6727
		初选三相分离器的直径	mm	1200
		长度	mm	4800
核停留时间		根据油的重度确定停留时间	min	5～10
		停留时间	min	9.391
		重新选择分离器直径	m	1
		长度	m	4
		实际停留时间	min	9.391
结论		停留时间能够满足要求		

注：Nm³ 表示标准立方米，是指 0℃、1 个大气压条件下的体积；kPaG 为与某种气体相关的压力单位。

(7)常压闪蒸炉。

根据工艺模拟计算结果，常压闪蒸炉的热负荷为 4967kW，因此，选用 1 台 5500kW

的加热炉,不再设计备用的加热炉。

根据《石油工业用加热炉型式与基本参数》(SY/T 0540—2013),按照基本结构分,加热炉可分为火筒式加热炉和管式加热炉。按照燃料的种类分为燃油加热炉、燃气加热炉、燃油燃气加热炉和燃煤加热炉。考虑到装置在投产过程中裂化气燃料不足,因此,考虑采用燃油和燃气两用加热炉。由于本节加热介质为稠油,为了防止原油在炉管内结焦,选用管式加热炉。为了减少占地面积及投资,选用立式结构的加热炉。由此确定加热炉的型号 GL5500-Y/1.6-Y, Q/Q。常压闪蒸加热炉出口原油进出温度分别为295℃和340℃,炉管操作压力为440kPaA。

(8)热裂化炉。

根据工艺模拟计算结果,常压闪蒸炉的热负荷为4353kW,因此,选用1台5000kW的加热炉,不设备用热裂化炉。设备选型过程同常压闪蒸炉,热裂化炉采用立式结构的管式加热炉,油气两用。裂化炉的型号 GL5000-Y/1.6-Y, Q/Q。热裂化炉进出口常渣温度分别为335℃和400℃,炉管操作压力为600kPaA。

为了防止原油在裂化炉炉管内结焦,在炉管辐射段内注入脱氧水,注入量为来油的0.2%,约为0.25m³/h。

(9)裂化塔。

通过模拟计算得到进入裂化塔的常渣体积流量为118m³/h,按照停留时间80min计算,裂化塔的有效体积流量为157m³,因此,确定裂化塔的尺寸为 Φ3m×24m。裂化塔的工艺计算汇总见表6-34。

表6-34 裂化塔工艺计算汇总

序号	名称	单位	数值
1	进口温度	℃	400
2	出口温度	℃	390
3	塔顶压力	kPaA	500
4	直径	mm	3000
5	筒体高度	mm	24000
6	筛板数	块	6
7	筛孔孔径	mm	40~60
8	筛板开孔率	%	10~20
9	A7/A1 开孔	mm	2.25
10	停留时间	min	80

(10)泵类。

本节主要设计有原油增压泵、闪底油增压泵、改质油外输泵、轻油外输泵、掺水泵、污水回掺泵等,见表6-35。

表 6-35 泵类设备汇总表

名称	原油增压泵	闪底油增压泵	改质油外输泵	轻油外输泵	掺水泵	污水回掺泵
运行台数	2	1	1	1	1	1
备用台数	1	1	1		1	1
总台数	3	2	2	2	2	2
泵类型	双螺杆	离心泵	双螺杆	离心泵	离心泵	离心泵
正常流量/(m³/h)	67	87	58	48	5	5
额定流量/(m³/h)	70	90	60	50	5	5
入口压力/kPaA	100	200	150	150	200	600
出口压力/kPaA	980	600	4500	600	700	820
Δp/kPaA	880	400	4850	450	500	220
介质名称	原油	闪底油	改质油	轻油	清水	污水
介质温度/℃	50	336	70	70	60	133
介质黏度/(mPa·s)	2000		2000	3	0.5	0.2
介质密度/(kg/m³)	897	756	941	737	980	920
实际流体扬程/m	100	54	504	62	52	24
额定扬程/m	110	60	526	70	60	26
泵型号		OH2		OH1	OH1	OH1
防爆要求	$D_{II}BT4$	$D_{II}BT4$	$D_{II}BT4$	$D_{II}BT4$	IP54	$D_{II}BT4$
防护要求	IP54	IP54	IP54	IP54	IP54	IP54
驱动机类型	电机	电机	电机	电机	电机	电机
泵效率	70	75	70	75	58	58
电机超负荷安全系数 K	1.2	1.25	1.08	1.3	1.7	1.7
计算电机功率/kW	28	14	115	9	2	1
选用电机功率/kW	45	22	160	15	6	3

按照《油田油气集输设计规范》(GB 50350—2015)中的 4.3.6 条，"连续运行的泵宜选用 3 台，且包括 1 台备用泵"，因此，结合各泵的排量，确定原油增压泵和改质油外输泵均设 3 台泵，其中 1 台备用。闪底油增压泵和轻油外输泵由于其排量相对较小，共设置 2 台泵，其中 1 台运行，1 台备用。

根据《油田油气集输设计规范》(GB 50350—2015)中的 4.3.4 条，由于塔河原油和改质油黏度较高，均超出了离心泵的使用范围，因此，确定原油增压泵和改质油外输泵采用双螺杆泵，其他泵均采用离心泵。根据《油田油气集输设计规范》(GB 50350—2015)中的 4.3.5 条，确定螺杆泵的扬程取计算扬程的 1.2 倍；根据《油田油气集输设计规范》(GB 50350—2015)中的4.3.2条，离心泵的扬程取计算扬程的1.1倍。

本装置配套系统主要包括配套辅助工艺设施及其他配套设施，将不进行详细研究。

①配套辅助工艺设施。

为了满足生产需求，配套工艺系统主要有化学燃料油/燃料气系统、加药系统、闭排系统、火炬放空系统、公用风/仪表风系统和制氮系统等。

②其他配套系统。

配套系统主要包括电气、自控、通信、给排水及消防、暖通、土建、道路等。

4）技术经济指标

装置设计的主要技术经济指标见表6-36。

表6-36 装置设计的主要技术经济指标

指标序号	指标名称	单位	数量	备注
1	设计规模	万t/a	100	年开工8000h
2	消耗指标			
2.1	原料用量	万t/a	100	
2.2	缓蚀剂浓度	ppm	20	
2.3	破乳剂	ppm	20	
2.4	脱氧水	m³/h	0.2	
2.5	新鲜水	m³/h	5	
2.6	燃料气（裂化气）	m³/h	1103	
2.7	电	kW	738	
3	占地面积	m²	40000	
4	三废排放量			
4.1	废气	m³/h	227	
4.2	废水	m³/h	5	
5	总定员	人	68	单班17人
6	年总能耗	MJ/a	30151	
7	单位能耗	MJ/t	30.15	

5）敏感性分析

下面对闪蒸罐闪蒸温度、来油中的轻组分及重组分对从闪蒸罐获得轻组分质量流量的影响进行分析。

(1)闪蒸温度对获得轻组分质量流量的影响。

通过HYSYS软件模拟得到不同闪蒸温度下从闪蒸罐中获得轻组分的质量流量及百分偏差[百分偏差=(实际值−设计值)/设计值×100%]，结果见表6-37及图6-53。

表 6-37　不同闪蒸温度下获得轻组分的质量流量及百分偏差

闪蒸温度/℃	轻组分质量流量/(kg/h)	百分偏差/%
300	26139	−26.7
305	27403	−23.3
310	28701	−19.7
315	30032	−16.0
320	31393	−12.0
325	32781	−8.3
330	34194	−4.3
335	35627	−0.3
340	37078	3.7
345	38543	8.0
350	40019	12.0

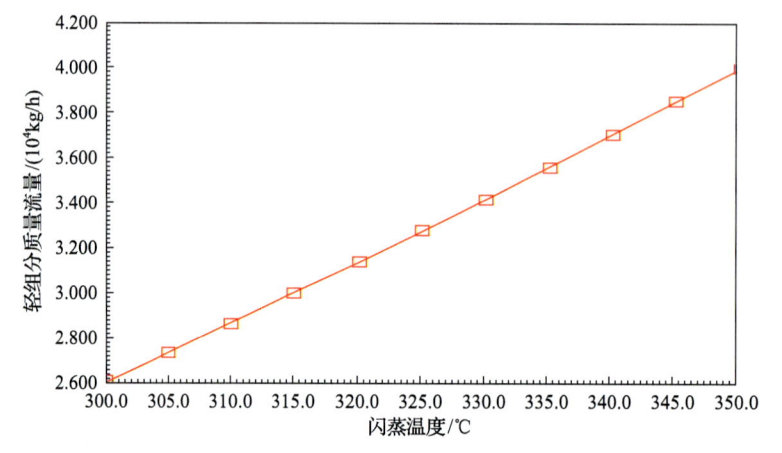

图 6-53　不同闪蒸温度下获得轻组分的质量流量曲线

从图 6-54 可以得出，当闪蒸罐闪蒸温度偏离设计的 336℃时，从闪蒸罐中获得轻组分的量将随之变化，当温度偏差 10℃时，从闪蒸罐中获得轻组分的量将偏差 8%左右；当闪蒸温度从 336℃下降至 300℃时，从闪蒸罐中获得轻组分的量将随之减少 26.7%。因此，保证系统的闪蒸温度对轻组分的收率是非常重要的。

(2)来油稀油和重质原油掺入比对获得轻组分流量的影响。

下面对来油为 100 万 t/a、操作压力为 200kPaA、闪蒸温度为 336℃的工况下不同来油稀油和重质原油掺入比对从闪蒸罐中获得轻组分流量的影响进行模拟计算，结果见表 6-38。

从图 6-55 可以得出，当来油中质和重质原油掺入比变化时，从闪蒸罐中获得轻组分的质量流量将随之变化，但总体变化幅度较小。来油中质(稀油)和重质原油掺入比从设计的 1.5∶1 变化到 1∶1 时，从闪蒸罐中获得轻组分的量将偏差 7%左右。

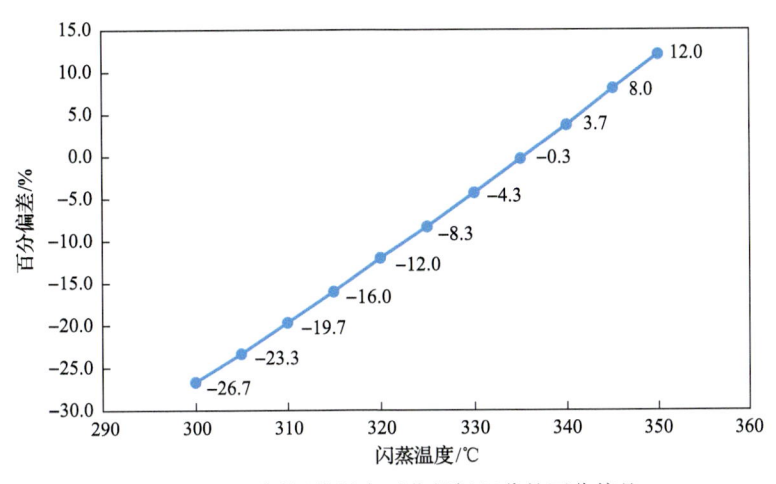

第 6 章　超稠油开采新理论与新技术

图 6-54　不同闪蒸温度下获得轻组分的百分偏差

表 6-38　不同稀油和重质原油掺稀比下从闪蒸罐中获得轻组分质量流量

总原油量/(万 t/a)	稀油/重质原油掺稀比	轻组分质量流量/(kg/h)	轻组分质量流量/(万 t/a)
100	2∶1	37680	31.7
100	1.9∶1	37220	31.3
100	1.8∶1	36960	31.0
100	1.7∶1	36650	30.8
100	1.6∶1	36310	30.5
100	1.5∶1	35920	30.2
100	1.4∶1	35500	29.8
100	1.3∶1	35090	29.5
100	1.2∶1	34560	29.0
100	1.1∶1	34040	28.6
100	1∶1	33440	28.1

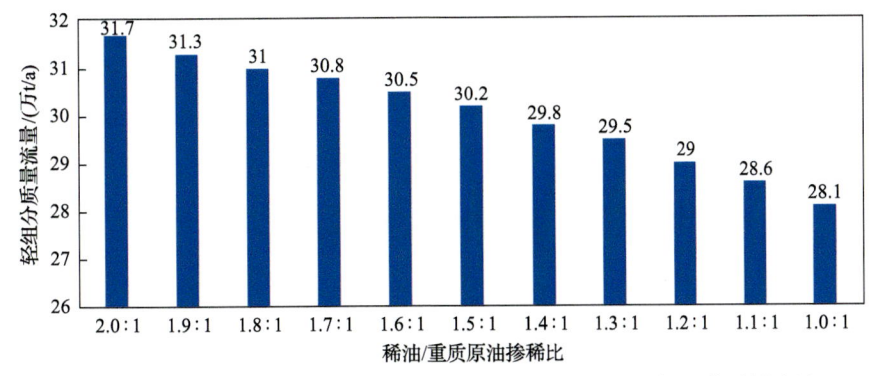

图 6-55　不同稀油和重质原油掺稀比下从闪蒸罐中获得的轻组分质量流量

3. 稠油改质工程投资估算研究

1）稠油地面改质工程主要工作量分析研究

50万 t/a、100万 t/a、150万 t/a 和200万 t/a 四种规模的稠油热裂化装置中主要工艺设施分别见表6-39～表6-42。

表6-39　50万 t/a 规模的装置主要工艺设备表

序号	设备名称及规格	单位	数量	备注
1	电脱盐器：3000mm×14000mm，V=106.6m^3	台	2	交直流双电场
2	常压闪蒸罐：1600mm×6000mm，V=12.1m^3	台	1	卧式闪蒸罐
3	轻油分离器：1500mm×4500mm，V=9m^3	台	1	卧式分离器
4	裂化气分离器：1200mm×3600mm，V=4.4m^3	台	1	卧式三相分离器
5	立式常压闪蒸炉热负荷：4000kW	台	1	管式、油气两用
6	立式热裂化炉热负荷：2500kW	台	1	管式、油气两用
7	裂化塔：2200mm×1600mm，V=62m^3	座	1	上流式裂化塔
8	电脱一级换热器热负荷：1500kW，S=51m^2	台	1	管式换热器
9	电脱二级换热器热负荷：2000kW，S=51m^2	台	1	管式换热器
10	一级闪蒸预换热器热负荷：2500kW，S=331m^2	台	1	管式换热器
11	二级闪蒸预换热器热负荷：2500kW，S=341m^2	台	2	管式换热器
12	裂化气换热器：150kW，S=5m^2	台	1	管式换热器
13	改质油空冷器热负荷：2000kW	台	2	鼓风式空冷器
14	裂化气空冷器热负荷：300kW	台	1	鼓风式空冷器
15	轻油空冷器热负荷：1600kW	台	1	鼓风式空冷器
16	原油增压泵，双螺杆，H=125m，Q=67m^3/h，功率 30kW	台	2	配防爆电机
17	闪底油增压泵，离心泵，H=60m，Q=55m^3/h，功率 15kW	台	2	配防爆电机
18	改质油外输泵，双螺杆，H=526m，Q=69m^3/h，功率 200kW	台	2	配防爆电机
19	轻油外输泵，离心泵，H=75m，Q=24m^3/h，功率 7.5kW	台	2	配防爆电机
20	掺水泵，离心泵，H=57m，Q=2.55m^3/h，功率 2.2kW	台	2	配普通电机
21	污水回掺泵，离心泵，H=26.4m，Q=2.73m^3/h，功率 1.2kW	台	2	配防爆电机

注：V 为器皿容积；S 为换热面积；H 为扬程；Q 为流量；下同含义。

表6-40　100万 t/a 规模的装置主要工艺设备表

序号	设备名称及规格	单位	数量	备注
1	电脱盐器：3600mm×17000mm，V=183m^3	台	2	交直流双电场
2	常压闪蒸罐：2400mm×7200mm，V=36m^3	台	1	卧式闪蒸罐
3	轻油分离器：2000mm×6000mm，V=21m^3	台	1	卧式分离器

续表

序号	设备名称及规格	单位	数量	备注
4	裂化气分离器：1200mm×3600mm，V=4.4m^3	台	1	卧式三相分离器
5	立式常压闪蒸炉热负荷：5500kW	台	1	管式、油气两用
6	立式热裂化炉热负荷：5000kW	台	1	管式、油气两用
7	裂化塔：ϕ3000mm×24000mm，V=157m^3	座	1	上流式裂化塔
8	电脱一级换热器热负荷：3000kW，S=110m^2	台	1	管式换热器
9	电脱二级换热器热负荷：4000kW，S=100m^2	台	1	管式换热器
10	一级闪蒸预换热器热负荷：4500kW，S=800m^2	台	1	管式换热器
11	二级闪蒸预换热器热负荷：5500kW，S=500m^2	台	2	管式换热器
12	裂化气换热器：250kW，S=10m^2	台	1	管式换热器
13	改质油空冷器热负荷：700kW	台	4	鼓风式空冷器
14	裂化气空冷器热负荷：450kW	台	1	鼓风式空冷器
15	轻油空冷器热负荷：1500kW	台	4	鼓风式空冷器
16	原油增压泵，双螺杆，H=125m，Q=70m^3/h，功率 45kW	台	3	配防爆电机
17	闪底油增压泵，离心泵，H=60m，Q=90m^3/h，功率 22kW	台	2	配防爆电机
18	改质油外输泵，双螺杆，H=526m，Q=60m^3/h，功率 160kW	台	3	配防爆电机
19	轻油外输泵，离心泵，H=68m，Q=50m^3/h，功率 15kW	台	2	配防爆电机
20	掺水泵，离心泵，H=57m，Q=5m^3/h，功率 6kW	台	2	配普通电机
21	污水回掺泵，离心泵，H=25m，Q=5m^3/h，功率 3kW	台	2	配防爆电机

表 6-41 150 万 t/a 规模的装置主要工艺设备表

序号	设备名称及规格	单位	数量	备注
1	电脱盐罐：4000mm×20000mm，V=269m^3	台	2	交直流双电场
2	常压闪蒸罐：2600mm×7800mm，V=46m^3	台	1	卧式闪蒸罐
3	轻油分离器：2200mm×6600mm，V=28m^3	台	1	卧式分离器
4	裂化气分离器：1600mm×4800mm，V=10.8m^3	台	1	卧式三相分离器
5	立式常压闪蒸炉热负荷：8000kW	台	1	管式、油气两用
6	立式热裂化炉热负荷：7000kW	台	1	管式、油气两用
7	裂化塔：ϕ3600mm×24000mm，V=244m^3	座	1	上流式裂化塔
8	电脱一级换热器热负荷：4500kW，S=146m^2	台	1	管式换热器
9	电脱二级换热器热负荷：5500kW，S=139m^2	台	1	管式换热器
10	一级闪蒸预换热器热负荷：2500kW，S=405m^2	台	2	管式换热器
11	二级闪蒸预换热器热负荷：5500kW，S=506m^2	台	3	管式换热器
12	裂化气换热器：350kW，S=6m^2	台	1	管式换热器

续表

序号	设备名称及规格	单位	数量	备注
13	改质油空冷器热负荷：3600kW	台	2	鼓风式空冷器
14	裂化气空冷器热负荷：700kW	台	1	鼓风式空冷器
15	轻油空冷器热负荷：2500kW	台	2	鼓风式空冷器
16	原油增压泵，双螺杆，$H=125m$，$Q=105m^3/h$，功率55kW	台	3	配防爆电机
17	闪底油增压泵，离心泵，$H=60m$，$Q=130m^3/h$，功率30kW	台	2	配防爆电机
18	改质油外输泵，双螺杆，$H=526m$，$Q=80m^3/h$，功率11kW	台	3	配防爆电机
19	轻油外输泵，离心泵，$H=75m$，$Q=70m^3/h$，功率22kW	台	2	配防爆电机
20	掺水泵，离心泵，$H=57m$，$Q=7.5m^3/h$，功率5.5kW	台	2	配普通电机
21	污水回掺泵，离心泵，$H=26.4m$，$Q=7.5m^3/h$，功率3kW	台	2	配防爆电机

表6-42 200万t/a规模的装置主要工艺设备表

序号	设备名称及规格	单位	数量	备注
1	电脱盐器：3600mm×17000mm，$V=186.3m^3$	台	4	交直流双电场
2	常压闪蒸罐：2800mm×7600mm，$V=46.8m^3$	台	1	卧式闪蒸罐
3	轻油分离器：2500mm×7500mm，$V=41m^3$	台	1	卧式分离器
4	裂化气分离器：1800mm×5400mm，$V=15m^3$	台	1	卧式三相分离器
5	立式常压闪蒸炉热负荷：12000kW	台	1	管式、油气两用
6	立式热裂化炉热负荷：10000kW	台	1	管式、油气两用
7	裂化塔：ϕ3800mm×28000mm，$V=317m^3$	座	1	上流式裂化塔
8	电脱一级换热器热负荷：5500kW，$S=203m^2$	台	1	管式换热器
9	电脱二级换热器热负荷：8000kW，$S=139m^2$	台	1	管式换热器
10	一级闪蒸预换热器热负荷：3000kW，$S=401m^2$	台	3	管式换热器
11	二级闪蒸预换热器热负荷：5500kW，$S=506m^2$	台	4	管式换热器
12	裂化气换热器：450kW，$S=8m^2$	台	1	管式换热器
13	改质油空冷器热负荷：3300kW	台	3	鼓风式空冷器
14	裂化气空冷器热负荷：800kW	台	1	鼓风式空冷器
15	轻油空冷器热负荷：2000kW	台	3	鼓风式空冷器
16	原油增压泵，双螺杆，$H=125m$，$Q=133.5m^3/h$，功率75kW	台	3	配防爆电机
17	闪底油增压泵，离心泵，$H=60m$，$Q=221m^3/h$，功率45kW	台	2	配防爆电机
18	改质油外输泵，双螺杆，$H=526m$，$Q=103m^3/h$，功率280kW	台	3	配防爆电机
19	轻油外输泵，离心泵，$H=75m$，$Q=97m^3/h$，功率30kW	台	2	配防爆电机
20	掺水泵，离心泵，$H=57m$，$Q=10m^3/h$，功率5.5kW	台	2	配普通电机
21	污水回掺泵，离心泵，$H=26.4m$，$Q=10.9m^3/h$，功率3kW	台	2	配防爆电机

2) 多规模下的投资估算分析研究

(1) 投资估算编制依据。

①西北油田分公司地面工程前期设计二类、三类费用取费规范。

②《中国石油天然气集团公司建设项目其他费用和相关费用规定》(〔2010〕543号)。

③《关于公布实施自治区征地统一年产值标准的通知》(新国土资源发〔2011〕19号)等相关文件。

④《中国石化石油地面建设工程西北油田投资估算指标》(2008年)。

⑤国家发展计划委员会、建设部《工程勘察设计收费管理规定》(计价格〔2002〕10号)。

⑥国家发展和改革委员会、建设部关于发布《建设工程监理与相关服务收费管理规定》的通知(发改价格〔2007〕670号)。

⑦《关于新疆维吾尔自治区安全评价服务收费标准有关问题的通知》(新计价费〔2004〕1512号)。

⑧《石油炼制与化工装置工艺设计包编制规范》(Q/SY 06503.14—2020)。

⑨《中国石油化工总公司石油化工项目可行性研究投资估算编制办法》。

⑩《石油建设安装工程预算定额》及《石油建设安装工程概算指标》。

(2) 估算结果。

下面主要对50万t/a、100万t/a、150万t/a和200万t/a四种规模的稠油热裂化装置的工程建设投资估算进行了编制，费用单位为万元，投资简表见表6-43。

表6-43 四种规模的稠油热裂化装置投资估算简表　　(单位：万元)

序号	名称	不同装置设计规模投资估算			
		50万t/a	100万t/a	150万t/a	200万t/a
1	工程费(含增值税)	5536.28	6778.63	8467.62	10467.30
2	工程费(不含增值税)	4771.30	5840.10	7294.60	9014.40
3	预备费	481.81	584.74	722.75	884.87
4	建设投资(不含增值税)	6504.45	7893.96	9757.09	11945.73
5	应计增值税	802.62	983.19	1226.63	1516.76
6	建设投资(含增值税)	7307.07	8877.15	10983.71	13462.49

4. 稠油改质经济效益评价研究

1) 经济评价模型的建立

(1) 基本原理及公式。

该项目经济评价模型的建立主要采用投资内部收益率法(FIRR)和财务净现值法(FNPV)。

投资内部收益率法即计算能使项目计算期内净现金流量现值累计等于零时的折现

率，当财务内部收益率(FIRR)大于或等于基准收益率(i_c)时，项目方案在财务上可考虑接受。计算公式如下：

$$\sum_{t=1}^{n}(CI-CO)_t\ (1+FIRR)^{-t}=0 \qquad (6-21)$$

式中，CI 为现金流入量；CO 为现金流出量；$(CI-CO)_t$ 为第 t 期的净现金流量；n 为项目计算期。

财务净现值法指按设定的折现率及基准收益率(i_c)计算项目计算期内净现金流量的现值之和，当在设定的折现率下计算的财务净现值大于或等于零，项目方案在财务上可考虑接受。计算公式如下：

$$FNPV=\sum_{t=1}^{n}(CI-CO)_t\ (1+i_c)^{-t} \qquad (6-22)$$

式中，i_c 为设定的折现率，即基准收益率。

(2)现金流入 CI 的确定。

本节进行经济评价以预测的可投入运行处理的稠油储量为基础，考虑稠油改质前后产品销售的收益差额。现金流入只有在完成产能建设、投入运行后才会发生，由四部分构成，即销售收入、增值税销项税额、固定资产残值回收、流动资金回收[42]。

销售收入为项目投入运行改质后的产成品(轻油、裂化原油及其他附属产品)销售量和各产品销售单价的乘积与改质前稠油的销售量和销售单价的乘积之差。

增值税销项税额为销售收入乘以增值税税率。

固定资产残值回收按照石油天然气投资项目有关规定，按固定资产原值的 3%取值。

流动资金回收是指投资项目在项目计算期结束时，收回原来投放在各种流动资产上的营运资金。

(3)现金流出 CO 的确定。

从项目筹建到投入运行产生收益的整个过程，都会有现金流出，主要包括工程建设投资、流动资金、经营成本、增值税进项税额和营业税金及附加。

(4)模型的建立。

现金流入：

①按各种规模 Q(50 万 t/a、100 万 t/a、150 万 t/a 和 200 万 t/a)，分别按不同油价下 P(塔河原油市场价、国际油价 60 美元/bbl 和 70 美元/bbl)，在计算期内逐年计算改质前稠油的销售收入和改质后轻质油的销售收入，即年营业收入=处理后原油产量(Q_1)×单价(P_1)−处理前原油产量(Q_2)×单价(P_2)。

②逐年计算增值税。

增值税=销项税额−进项税额。

销项税额=营业收入×增值税税率。

进项税额=操作成本×操作成本中进项税所占比例×增值税税率

③在计算期最后一年按固定资产原值的3%计算回收固定资产余值。

④在计算期最后一年计算回收流动资金,即各年流动资金增加额之和。

流动资金增加额=当年流动资金-上一年流动资金。

流动资金=流动资产-流动负债。

流动资产=存货+应收账款+现金。

流动负债=应付账款。

现金流出:

①建设投资通常为建设期(计算期第一年)现金流出。

②流动资金,通过分项详细估算法计算各年流动资产及流动负债相减得到。

③经营成本,指运营期内为生产产品和提供劳务而发生的各种耗费,是项目财务现金流量分析中所采用的一个特定概念,作为运营期内主要现金流出。经营成本为总成本费用扣除固定资产折旧费、无形资产及其他资产摊销费和财务费用后的成本费用。

①增值税进项税额,即计算期内各年操作成本×操作成本中进项税所占比例×增值税税率。

②营业税金及附加,包括城市维护建设税、教育费附加和地方教育费附加,分别按增值税乘以相应税率。

税前净现金流量及累计税前净现金流量:

①分别计算各年税前净现金流量,计算公式为:本年现金流出-本年现金流入。

②累计税前净现金流量为本年累计税前净现金流量+上年税前净现金流量。

(5)税后净现金流量及累计税后净现金流量。

税后净现金流量及累计税后净现金流量分别用税前净现金流量及累计税前净现金流量减去调整所得税。

调整所得税=息税前利润×所得税税率。

依据上述基础数据的计算和投资内部收益率法(FIRR)、财务净现值法(FNPV)的计算公式求得税前及税后内部收益率、财务净现值及投资回收期。计算依据:国家发展改革委、建设部发布的《建设项目经济评价方法与参数》(第三版);中国石油天然气集团公司文件《中国石油天然气集团公司建设项目经济评价参数》(2017版)。

(6)基础参数及数据。

①计算期15年,其中建设期1年,生产期14年。

②税后基准收益率10%。

(7)资金来源及融资方案。

①建设投资:40%为自有资金,其余60%贷款,建设期贷款有效年利率4.99%。

②流动资金:30%为自有资金,其余70%贷款,短期贷款有效年利率4.42%。

(8)成本和费用估算参数。

①营运成本。

(a)水(不含税):8.85元/t。

(b)电(不含税):0.46元/(kW·h)。

(c)药剂成本(不含税)：80万元/a。

(d)生产人员工资：8万元/a。

(e)折旧：采用平均折旧法计算，综合折旧年限为14年，净残值率为3%。

(f)维护修理费：固定资产投资的2.5%计取。

(g)其他制造费：固定资产投资的1.0%计取。

②管理费用。

管理费用采用指标估算法进行估算，包括摊销费、其他管理费用。

其他管理费：按3.5万元/(人·a)估算。

安全生产费：营业收入的1.5%计取。

③财务费用。

财务费用包括流动资金借款的利息和生产经营期间长期借款的利息及其他财务费用。

(9)营业收入、税金及附加估算。

①营业收入。

根据处理前后油品销售量及销售单价计算收益差额，年营业收入=处理后原油产量(Q_1)×单价(P_1)–处理前原油产量(Q_2)×单价(P_2)。

②税金及附加。

本书研究所缴纳的税金为增值税、城市维护建设税、教育费附加及地方教育费附加。

增值税：依据财政部国家税务总局《关于简并增值税税率有关政策的通知》(财税〔2017〕37号)，营业收入按11%计取。

城市维护建设税：按增值税的7%计取。

教育费附加：按增值税的3%计取。

地方教育费附加：按增值税的2%计取。

销项税额=销售收入×17%。

③利润和所得税。

根据《财政部 海关总署 国家税务总局关于深入实施西部大开发战略有关税收政策问题的通知》(财税〔2011〕58号)相关规定，自2011年1月1日至2020年12月31日，对设在西部地区的鼓励类产业企业按15%税率缴纳企业所得税，2021年以后暂时按照25%计取。

2)多规模、多油价条件下的经济评价研究

主要对多规模(50万t/a、100万t/a、150万t/a和200万t/a)、多油价(塔河原油市场价、国际油价60美元/bbl和70美元/bbl)条件下稠油地面改质工程进行了经济评价，下面进行详细介绍。

(1)50万t/a规模。

按照塔河原油市场价、国际油价60美元/bbl和70美元/bbl对50万t/a规模的稠油热裂化装置进行了经济评价，结果见表6-44~表6-46。

表 6-44　50 万 t/a 规模的稠油热裂化装置主要财务评价指标汇总表（市场价）

序号			项目名称	单位	数额	备注
1	1.1	基本数据	总投资（含税）	万元	7467.33	
			总投资（不含税）	万元	6664.70	
	1.1.1		建设投资（含税）	万元	7307.07	
	1.1.2		建设投资（不含税）	万元	6504.45	
	1.1.3		铺底流动资金	万元	50.87	
	1.1.4		建设期利息	万元	109.39	
	1.2		销售收入（生产期平均）	万元/a	1452.25	
	1.3		营运成本费用（生产期平均）	万元/a	1207.71	
	1.4		折旧费	万元/a	458.24	
	1.5		营运税金及附加（生产期平均）	万元/a		
	1.6		年均利润总额	万元/a	−1221.94	
2	2.1	评价指标	总投资收益率（ROI）	%	−20.14	
	2.2		财务内部收益率（税后）	%	−2.93	全部投资
	2.3		财务净现值（税后）	万元	−30493	$I=10\%$
	2.4		财务内部收益率（税前）	%	−0.71	全部投资
	2.5		财务净现值（税前）	万元	−27882	$I=10\%$
	2.6		投资回收期（税后）	年	15.37	包括建设期
	2.7		投资回收期（税前）	年	15.08	包括建设期

表 6-45　50 万 t/a 规模的稠油热裂化装置主要财务评价指标汇总表（油价 60 美元/bbl）

序号			项目名称	单位	数额	备注
1	1.1	基本数据	总投资（含税）	万元	7467.70	
			总投资（不含税）	万元	6665.07	
	1.1.1		建设投资（含税）	万元	7307.07	
	1.1.2		建设投资（不含税）	万元	6504.45	
	1.1.3		铺底流动资金	万元	51.24	
	1.1.4		建设期利息	万元	109.39	
	1.2		销售收入（生产期平均）	万元/a	2463.83	
	1.3		营运成本费用（生产期平均）	万元/a	1216.89	
	1.4		折旧费	万元/a	458.24	
	1.5		营运税金及附加（生产期平均）	万元/a		
	1.6		年均利润总额	万元/a	−230.64	

续表

序号		项目名称	单位	数额	备注
2	2.1	总投资收益率(ROI)	%	−18.13	
	2.2	财务内部收益率(税后)	%	−0.99	全部投资
	2.3	财务净现值(税后)	万元	−27100	I=10%
	2.4	财务内部收益率(税前)	%	1.03	全部投资
	2.5	财务净现值(税前)	万元	−24338	I=10%
	2.6	投资回收期(税后)	年	15.12	包括建设期
	2.7	投资回收期(税前)	年	14.89	包括建设期

表6-46 50万t/a规模的稠油热裂化装置主要财务评价指标汇总表(油价70美元/bbl)

序号		项目名称	单位	数额	备注
1	1.1	总投资(含税)	万元	7469.73	
		总投资(不含税)	万元	6667.11	
	1.1.1	建设投资(含税)	万元	7307.07	
	1.1.2	建设投资(不含税)	万元	6504.45	
	1.1.3	铺底流动资金	万元	53.27	
	1.1.4	建设期利息	万元	109.39	
	1.2	销售收入(生产期平均)	万元/a	8032.06	
	1.3	营运成本费用(生产期平均)	万元/a	1267.38	
	1.4	折旧费	万元/a	458.24	
	1.5	营运税金及附加(生产期平均)	万元/a	59.63	
	1.6	年均利润总额	万元/a	5236.68	
2	2.1	总投资收益率(ROI)	%	−7.35	
	2.2	财务内部收益率(税后)	%	6.51	全部投资
	2.3	财务净现值(税后)	万元	−10940	I=10%
	2.4	财务内部收益率(税前)	%	8.90	全部投资
	2.5	财务净现值(税前)	万元	−3721	I=10%
	2.6	投资回收期(税后)	年	14.22	包括建设期
	2.7	投资回收期(税前)	年	14.07	包括建设期

注：I为贴现率。

研究结论：对于50万t/a规模稠油热裂化装置，当前市场价、国际油价为60美元/bbl和70美元/bbl条件下，财务内部收益率(税后)分别为−2.93%、−0.99%和6.51%，均小于财务基准收益率(油品提标项目 10%)，在经济上不可行。

(2)100 万 t/a 规模。

按照塔河原油市场价、国际原油价格 60 美元/bbl 和 70 美元/bbl 情况下对 100 万 t/a 规模的稠油热裂化装置进行了经济评价，结果见表 6-47～表 6-49。

表 6-47　100 万 t/a 规模的稠油热裂化装置主要财务评价指标汇总表(市场价)

序号		项目名称	单位	数额	备注
1	1.1	基本数据	总投资(含税)	万元	9066.24	
			总投资(不含税)	万元	8083.06	
	1.1.1		建设投资(含税)	万元	8877.15	
	1.1.2		建设投资(不含税)	万元	7893.96	
	1.1.3		铺底流动资金	万元	56.20	
	1.1.4		建设期利息	万元	132.89	
	1.2		销售收入(生产期平均)	万元/a	2904.50	
	1.3		营运成本费用(生产期平均)	万元/a	1291.45	
	1.4		折旧费	万元	556.15	
	1.5		营运税金及附加(生产期平均)	万元/a		
	1.6		年均利润总额	万元/a	-168.87	
2	2.1	评价指标	总投资收益率(ROI)	%	-27.72	
	2.2		财务内部收益率(税后)	%	-0.82	全部投资
	2.3		财务净现值(税后)	万元	-47216	I=10%
	2.4		财务内部收益率(税前)	%	1.31	全部投资
	2.5		财务净现值(税前)	万元	-41927	I=10%
	2.6		投资回收期(税后)	年	15.10	包括建设期
	2.7		投资回收期(税前)	年	14.86	包括建设期

表 6-48　100 万 t/a 规模的稠油热裂化装置主要财务评价指标汇总表(油价 60 美元/bbl)

序号		项目名称	单位	数额	备注
1	1.1	基本数据	总投资(含税)	万元	9066.98	
			总投资(不含税)	万元	8083.79	
	1.1.1		建设投资(含税)	万元	8877.15	
	1.1.2		建设投资(不含税)	万元	7893.96	
	1.1.3		铺底流动资金	万元	56.94	

续表

序号		项目名称	单位	数额	备注
1	1.1.4	建设期利息	万元	132.89	
	1.2	销售收入(生产期平均)	万元/a	4927.65	
	1.3	基本数据 营运成本费用(生产期平均)	万元/a	1309.80	
	1.4	折旧费	万元/a	556.15	
	1.5	营运税金及附加(生产期平均)	万元/a		
	1.6	年均利润总额	万元/a	1813.74	
2	2.1	总投资收益率(ROI)	%	−24.41	
	2.2	财务内部收益率(税后)	%	1.16	全部投资
	2.3	财务净现值(税后)	万元	−40430	$I=10\%$
	2.4	评价指标 财务内部收益率(税前)	%	3.09	全部投资
	2.5	财务净现值(税前)	万元	−34839	$I=10\%$
	2.6	投资回收期(税后)	年	14.87	包括建设期
	2.7	投资回收期(税前)	年	14.68	包括建设期

表 6-49　100 万 t/a 规模的稠油热裂化装置主要财务评价指标汇总表(油价 70 美元/bbl)

序号		项目名称	单位	数额	备注
1	1.1	总投资(含税)	万元	9071.05	
		总投资(不含税)	万元	8087.87	
	1.1.1	建设投资(含税)	万元	8877.15	
	1.1.2	建设投资(不含税)	万元	7893.96	
	1.1.3	基本数据 铺底流动资金	万元	61.01	
	1.1.4	建设期利息	万元	132.89	
	1.2	销售收入(生产期平均)	万元/a	16064.12	
	1.3	营运成本费用(生产期平均)	万元/a	1410.78	
	1.4	折旧费	万元/a	556.15	
	1.5	营运税金及附加(生产期平均)	万元/a	130.88	
	1.6	年均利润总额	万元/a	12691.94	
2	2.1	总投资收益率(ROI)	%	−6.70	
	2.2	财务内部收益率(税后)	%	8.14	全部投资
	2.3	财务净现值(税后)	万元	−11011	$I=10\%$
	2.4	评价指标 财务内部收益率(税前)	%	10.92	全部投资
	2.5	财务净现值(税前)	万元	5871	$I=10\%$
	2.6	投资回收期(税后)	年	14.07	包括建设期
	2.7	投资回收期(税前)	年	12.61	包括建设期

研究结论：对于 100 万 t/a 规模稠油热裂化装置，当前市场价、国际油价为 60 美元/bbl 和 70 美元/bbl 油价下，财务内部收益率(税后)分别为-0.82%、1.16%和 8.14%，均小于财务基准收益率(油品提标项目10%)，在经济上不可行。

(3) 150 万 t/a 规模。

按照塔河原油市场价、国际原油价格 60 美元/bbl 和 70 美元/bbl 条件下对 150 万 t/a 规模的稠油热裂化装置进行了经济评价，结果见表 6-50～表 6-52。

表 6-50　150 万 t/a 规模的稠油热裂化装置主要财务评价指标汇总表（市场价）

序号			项目名称	单位	数额	备注
1	1.1	基本数据	总投资(含税)	万元	11210.77	
			总投资(不含税)	万元	9984.14	
	1.1.1		建设投资(含税)	万元	10983.71	
	1.1.2		建设投资(不含税)	万元	9757.09	
	1.1.3		铺底流动资金	万元	62.63	
	1.1.4		建设期利息	万元	164.43	
	1.2		销售收入(生产期平均)	万元/a	4356.74	
	1.3		营运成本费用(生产期平均)	万元/a	1405.35	
	1.4		折旧费	万元/a	687.42	
	1.5		营运税金及附加(生产期平均)	万元/a		
	1.6		年均利润总额	万元/a	784.75	
2	2.1	评价指标	总投资收益率(ROI)	%	-31.60	
	2.2		财务内部收益率(税后)	%	-0.12	全部投资
	2.3		财务净现值(税后)	万元	-64653	I=10%
	2.4		财务内部收益率(税前)	%	1.98	全部投资
	2.5		财务净现值(税前)	万元	-56688	I=10%
	2.6		投资回收期(税后)	年	15.01	包括建设期
	2.7		投资回收期(税前)	年	14.80	包括建设期

表 6-51　150 万 t/a 规模的稠油热裂化装置主要财务评价指标汇总表（油价 60 美元/bbl）

序号			项目名称	单位	数额	备注
1	1.1	基本数据	总投资(含税)	万元	11211.88	
			总投资(不含税)	万元	9985.25	
	1.1.1		建设投资(含税)	万元	10983.71	
	1.1.2		建设投资(不含税)	万元	9757.09	

续表

序号		项目名称	单位	数额	备注
1	1.1.3	铺底流动资金	万元	63.74	
	1.1.4	建设期利息	万元	164.43	
	1.2	销售收入(生产期平均)	万元/a	7391.48	
	1.3 基本数据	营运成本费用(生产期平均)	万元/a	1432.87	
	1.4	折旧费	万元/a	687.42	
	1.5	营运税金及附加(生产期平均)	万元/a		
	1.6	年均利润总额	万元/a	3758.67	
2	2.1	总投资收益率(ROI)	%	−27.59	
	2.2	财务内部收益率(税后)	%	1.87	全部投资
	2.3	财务净现值(税后)	万元	−54474	$I=10\%$
	2.4 评价指标	财务内部收益率(税前)	%	3.76	全部投资
	2.5	财务净现值(税前)	万元	−46056	$I=10\%$
	2.6	投资回收期(税后)	年	14.79	包括建设期
	2.7	投资回收期(税前)	年	14.62	包括建设期

表 6-52　150 万 t/a 规模的稠油热裂化装置主要财务评价指标汇总表(油价 70 美元/bbl)

序号		项目名称	单位	数额	备注
1	1.1	总投资(含税)	万元	11217.98	
		总投资(不含税)	万元	9991.36	
	1.1.1	建设投资(含税)	万元	10983.71	
	1.1.2	建设投资(不含税)	万元	9757.09	
	1.1.3	铺底流动资金	万元	69.84	
	1.1.4 基本数据	建设期利息	万元	164.43	
	1.2	销售收入(生产期平均)	万元/a	24096.17	
	1.3	营运成本费用(生产期平均)	万元/a	1584.33	
	1.4	折旧费	万元/a	687.42	
	1.5	营运税金及附加(生产期平均)	万元/a	201.03	
	1.6	年均利润总额	万元/a	20046.25	
2	2.1	总投资收益率(ROI)	%	−6.12	
	2.2 评价指标	财务内部收益率(税后)	%	8.67	全部投资
	2.3	财务净现值(税后)	万元	−11654	$I=10\%$

续表

序号		项目名称	单位	数额	备注
2	2.4	评价指标 财务内部收益率(税前)	%	11.58	全部投资
	2.5	财务净现值(税前)	万元	14789	I=10%
	2.6	投资回收期(税后)	年	14.03	包括建设期
	2.7	投资回收期(税前)	年	11.90	包括建设期

研究结论：对于150万t/a规模的稠油地面改质装置，在当前塔河原油市场价、国际油价为60美元/bbl和70美元/bbl条件下，财务内部收益率(税后)分别为−0.12%、1.87%和8.67%，均小于财务基准收益率(油品提标项目10%)，在经济上不可行。

(4) 200万t/a规模。

按照塔河原油市场价、国际原油价格60美元/bbl和70美元/bbl情况下对200万t/a规模的稠油热裂化装置进行了经济评价，结果见表6-53～表6-55。

表6-53　200万t/a规模的稠油热裂化装置主要财务评价指标汇总表(市场价)

序号		项目名称	单位	数额	备注
1	1.1	基本数据 总投资(含税)	万元	13733.46	
		总投资(不含税)	万元	12216.70	
	1.1.1	建设投资(含税)	万元	13462.49	
	1.1.2	建设投资(不含税)	万元	11945.73	
	1.1.3	铺底流动资金	万元	69.44	
	1.1.4	建设期利息	万元	201.53	
	1.2	销售收入(生产期平均)	万元/a	5808.99	
	1.3	营运成本费用(生产期平均)	万元/a	1530.64	
	1.4	折旧费	万元/a	841.63	
	1.5	营运税金及附加(生产期平均)	万元/a		
	1.6	年均利润总额	万元/a	1683.99	
2	2.1	评价指标 总投资收益率(ROI)	%	−33.38	
	2.2	财务内部收益率(税后)	%	0.22	全部投资
	2.3	财务净现值(税后)	万元	−82514	I=10%
	2.4	财务内部收益率(税前)	%	2.29	全部投资
	2.5	财务净现值(税前)	万元	−71872	I=10%
	2.6	投资回收期(税后)	年	14.98	包括建设期
	2.7	投资回收期(税前)	年	14.77	包括建设期

表 6-54　200 万 t/a 规模的稠油热裂化装置主要财务评价指标汇总表（油价 60 美元/bbl）

序号			项目名称	单位	数额	备注
1	1.1	基本数据	总投资(含税)	万元	13734.94	
			总投资(不含税)	万元	12218.18	
	1.1.1		建设投资(含税)	万元	13462.49	
	1.1.2		建设投资(不含税)	万元	11945.73	
	1.1.3		铺底流动资金	万元	70.91	
	1.1.4		建设期利息	万元	201.53	
	1.2		销售收入(生产期平均)	万元/a	9855.31	
	1.3		营运成本费用(生产期平均)	万元/a	1567.33	
	1.4		折旧费	万元/a	841.63	
	1.5		营运税金及附加(生产期平均)	万元/a		
	1.6		年均利润总额	万元/a	5649.21	
2	2.1	评价指标	总投资收益率(ROI)	%	−29.02	
	2.2		财务内部收益率(税后)	%	2.21	全部投资
	2.3		财务净现值(税后)	万元	−68941	$I=10\%$
	2.4		财务内部收益率(税前)	%	4.08	全部投资
	2.5		财务净现值(税前)	万元	−57697	$I=10\%$
	2.6		投资回收期(税后)	年	14.75	包括建设期
	2.7		投资回收期(税前)	年	14.59	包括建设期

表 6-55　200 万 t/a 规模的稠油热裂化装置主要财务评价指标汇总表（油价 70 美元/bbl）

序号			项目名称	单位	数额	备注
1	1.1	基本数据	总投资(含税)	万元	13743.08	
			总投资(不含税)	万元	12226.32	
	1.1.1		建设投资(含税)	万元	13462.49	
	1.1.2		建设投资(不含税)	万元	11945.73	
	1.1.3		铺底流动资金	万元	79.06	
	1.1.4		建设期利息	万元	201.53	
	1.2		销售收入(生产期平均)	万元/a	32128.23	
	1.3		营运成本费用(生产期平均)	万元/a	1769.29	
	1.4		折旧费	万元/a	841.63	
	1.5		营运税金及附加(生产期平均)	万元/a	270.54	
	1.6		年均利润总额	万元/a	27350.90	

续表

序号		项目名称	单位	数额	备注
2	2.1	总投资收益率(ROI)	%	−5.65	
	2.2	财务内部收益率(税后)	%	8.91	全部投资
	2.3	财务净现值(税后)	万元	−12622	I=10%
	2.4 评价指标	财务内部收益率(税前)	%	11.88	全部投资
	2.5	财务净现值(税前)	万元	23325	I=10%
	2.6	投资回收期(税后)	年	14.01	包括建设期
	2.7	投资回收期(税前)	年	11.59	包括建设期

研究结论：对于 200 万 t/a 规模的稠油地面改质装置，在当前塔河原油市场价、国际油价为 60 美元/bbl 和 70 美元/bbl 条件下，财务内部收益率分别为 0.22%、2.21%和 8.91%，均小于财务基准收益率(油品提标项目 10%)，在经济上不可行。

(5)评价结论。

对于 50 万 t/a、100 万 t/a、150 万 t/a 和 200 万 t/a 规模的稠油地面改质装置，在当前塔河原油市场价、国际油价为 60 美元/bbl 和 70 美元/bbl 条件下，不同规模下的财务内部收益率汇总见表 6-56，其财务内部收益率均小于财务基准收益率(油品提标项目 10%)，在经济上均不可行。

表 6-56 不同规模下的财务内部收益率汇总表

油价	不同规模下的财务内部收益率(税后)/%			
	50 万 t/a	100 万 t/a	150 万 t/a	200 万 t/a
塔河原油市场价	−2.93	−0.82	−0.12	0.22
国际油价 60 美元/bbl	−0.99	1.16	1.87	2.21
国际油价 70 美元/bbl	6.51	8.14	8.67	8.91

采用建立的经济评价模型，计算出不同建设规模下当财务内部收益率为 10%时的塔河稠油销售价格，具体如表 6-57 所示。

表 6-57 不同规模下财务内部收益率为 10%时的塔河稠油销售价格

油价	不同规模下的平衡油价			
	50 万 t/a	100 万 t/a	150 万 t/a	200 万 t/a
塔河稠油盈亏平衡价(不含税)/(元/t)	3030	2836	2778	2752
塔河稠油盈亏平衡价(含税)/(元/t)	3545	3318	3250	3220
等同的迪拜国际油价/(美元/bbl)	80.6	76.4	75.1	74.5

从表 6-57 得出，当塔河稠油销售价格(含税)分别达到 3545 元/t、3318 元/t、3250 元/t、3220 元/t 时，50 万 t/a、100 万 t/a、150 万 t/a、200 万 t/a 四种规模的稠油地面改质装置的内部收益率达到了财务基准收益率(油品提标项目 10%)，该项目在经济上可行。

(6) 投产第一年采用的掺稀原油物性对经济评价的影响。

由于改质装置投产第一年需要采用外来的回掺原油作为补充，以建立改质工艺循环，下面对采用塔河四号联稠油作为掺稀油的经济可行性进行论证。

采用塔河四号联原油，完成了 100 万 t 规模 70 美元下的经济评价，财务内部收益率为 -18.2%，远低于回掺油采用稀油工况下的财务内部收益率(8.14%)，也低于行业内部收益率(油品提升项目 10%)，在经济上不可行，主要原因如下。

①由于目前塔河的稀油主要用于稠油掺稀，稀油几乎没有单独销售，目前的销售价格与稠油一致，因此经济评价时，无论是采用稀油还是四号联的原油作为回掺油，在投产第 1 年，其价格均按照稠油的价格考虑。

②采油塔河四号联的原油作为回掺原油时，由于四号联的原油为稀油和稠油的混合物，轻油组分相对较少，品质下降。通过模拟分析，100 万 t 的改制装置只能得到 23 万 t 的回掺用轻油(回掺油与新增稠油掺比为 1∶5∶1 时，只能用于 15 万 t 新增稠油的开发)，轻油收率下降 23%。

③项目主要收入来源为塔河原油销售价格与稠油开发成本的差值以及通过改质装置获得轻油在装置使用结束后(第 15 年)的销售收入，在改质装置处理规模一定的前提下，采用塔河四号联的原油作为回掺后，导致新增的稠油开发产量和获得的轻油量大幅降低，因此，其财务内部收益率下降明显。

通过上述分析，可以得出以下结论。

①本次新建改质装置在投产初期所采用的回掺油应尽可能采用轻组分含量较高的稀油，轻组分含量越少，改质装置财务内部收益率越低。

②当采用塔河四号联的原油作为回掺油时，对于 100 万 t 规模 70 美元/bbl 油价下财务内部收益率为 -18.2%，远低于回掺油采用稀油工况下的财务内部收益率(8.14%)，也远低于行业内部收益率(油品提升项目 10%)，在经济上不可行。同时对其他规模和油价下的装置也进行了经济评价，均不可行。

5. 塔河炼化公司概况及其对改质稠油的适应性分析

由于中国石油化工股份有限公司塔河炼化分公司(以下简称塔河炼化公司)属于燃料油型炼厂，主要采用延迟焦化工艺，主要产品有汽油、煤油、柴油以及液化气、石脑油、混合蜡油、沥青、石油焦等 23 种炼油产品。从本质上讲，地面改质热裂化改变了塔河外输稠油的组分，因此，下面对稠油改质对塔河炼化公司装置的影响进行了分析和研究。

1) 塔河炼化公司现状

(1) 塔河炼化公司概况。

塔河炼化公司位于新疆库车市东城石化园区。塔河炼化公司主要加工塔河油田的重质原油，目前炼油能力约 400 万 t/a，总设计规模为 500 万 t/a(图 6-56)。

图 6-56 塔河炼化公司

目前塔河炼化公司有两列相对独立的炼油装置，位于两个独立的厂区。一期工程 2002 年建成投产，炼油能力为 120 万 t/a，2005 年对装置进行了扩建，扩建后能力为 150 万 t/a。二期工程新建 1 套来油 350 万 t/a 的装置，于 2008 年投产，投资在 70 亿元左右。

目前，塔河炼化公司焦化处理能力 260 万 t/a，汽柴油混合加氢精制能力 240 万 t/a，A 级沥青生产能力 40 万 t/a，催化重整能力 15 万 t/a，汽油异构化能力 7 万 t/a，喷气燃料 10 万 t/a。

(2)塔河炼化公司工艺流程及设备参数。

除了 150 万 t/a 的炼油装置能够生产喷气燃料以外，塔河炼化公司的两列装置工艺流程基本一致。以塔河炼化公司 350 万 t/a 的炼油装置为例，对其主要工艺流程及设备参数进行介绍。

塔河炼化公司 350 万 t/a 炼化装置主要包括电脱水器(三级电脱盐)、常压蒸馏塔、减压蒸馏塔、焦化分馏塔、催化裂化装置及催化重整装置等。其工艺流程示意见图 6-57。

来自储罐区的原油(60℃)经泵增压至 2.0MPa 后经四级换热至 140℃后进入电脱盐器，电脱盐器 3 台串联运行，脱盐后的原油进入两级换热至 180℃，随后原油进入焦化加热炉加热至 225℃后进入闪蒸罐进行闪蒸分离。闪蒸顶气进入常压塔作为气提气，闪蒸罐底的闪底油经三级换热及一级加热(常压炉)至 360℃进行常压闪蒸。从塔顶闪蒸出的直流石脑油进入重整装置进行进一步的处理，直馏柴油进入加氢装置进行进一步的处理，其他柴油进罐区。从常压塔底部出来的小部分常渣经泵提升后进入减压炉加热至 365℃后进入减压塔进行进一步的处理，直馏蜡油进入蜡油罐区，直馏柴油进入柴油线。从减压塔塔底出来的减压渣油经泵提升至 1.61MPa 后经二级换热至 150℃后进入沥青装置。从常压塔底部出来的大部分常渣经焦化加热炉加热至 500℃后进入焦化分馏塔进行处理，得到的焦化柴油和汽油分别进入柴油和汽油加氢装置。从焦化分离塔底部出来的渣油经换热后进入焦炭塔进行处理。

塔河炼化公司 350 万 t/a 炼化装置的主要设备设计能力、台数、尺寸及现场运行参数等，详见表 6-58。

图 6-57 塔河炼化公司350万t/a炼化装置工艺流程示意图

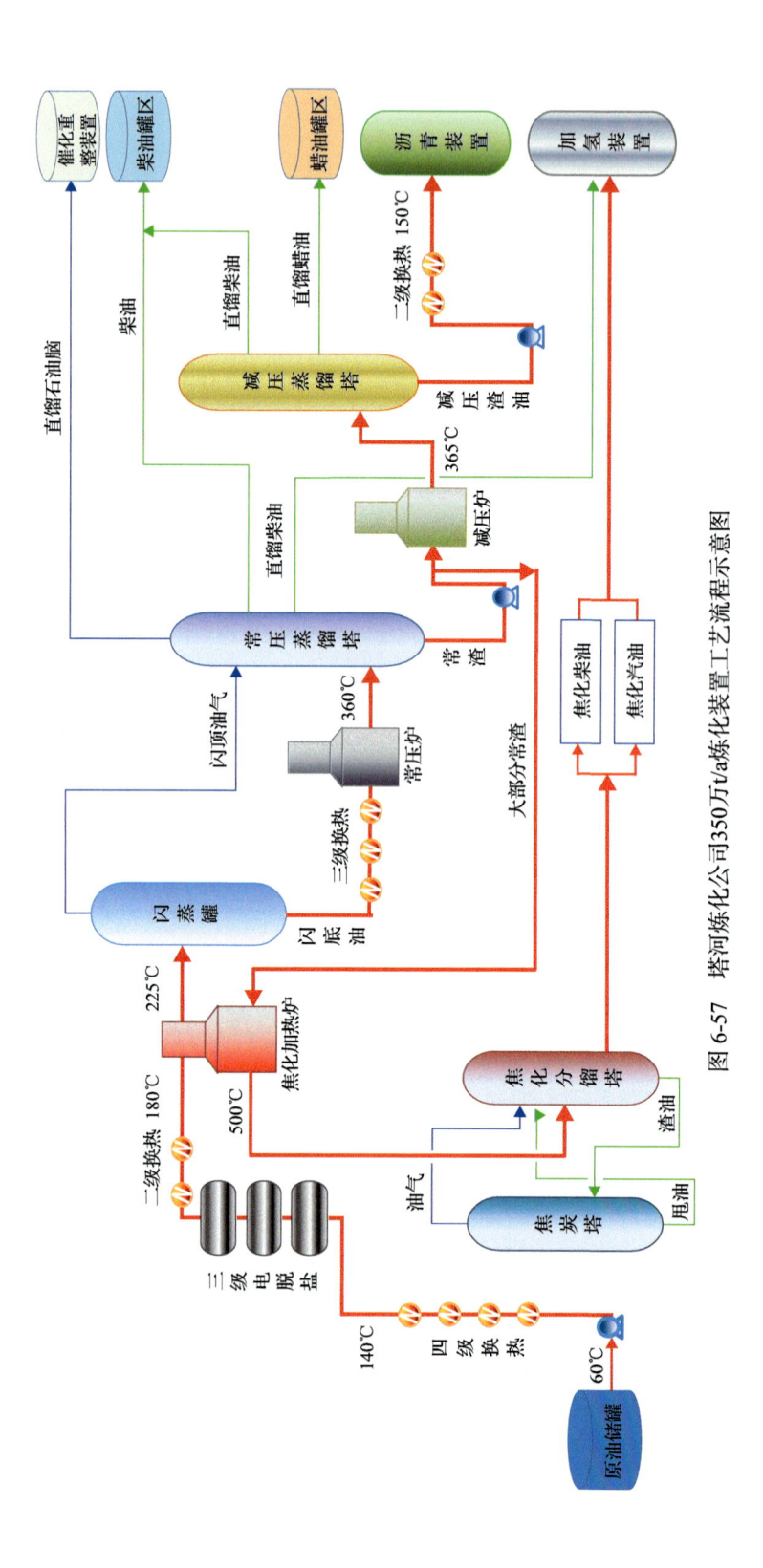

表 6-58 350 万 t/a 炼化装置的主要设备及参数

序号	设备名称	设备数量/台	型式	单台设备尺寸	设计压力/MPa	温度/℃
1	电脱盐器	3	卧式	Φ4.2m×25m	2.0	140
2	闪蒸罐	1	立式	Φ3.8m×15m		225
3	常压蒸馏塔	1	立式	Φ4.2m×40.3m		360
4	减压蒸馏塔	1	立式	Φ2.2m×23.5m	1.5	365
5	焦炭塔	3	立式	Φ9.0m×24m	0.5	500
6	焦化分馏塔	1	立式	Φ6.4m×47.6m	3.5	370
7	焦化炉	3	立式	18.56m×0.6m×7.54m	3.5	370

2) 塔河炼化工艺对改质稠油的适应性分析

(1) 热裂化结焦对塔河炼化公司装置的影响。

由于稠油经热改质(采用先常压蒸馏后热裂化流程)后油品物性将发生了很大改变,原油轻组分减少了约30%,常渣经过裂化后变成柴油、汽油和渣油等,同时在稠油热裂化的过程中将会发生结焦。根据塔河常渣减黏裂化小釜实验结果,修正后的总结焦量(沉积焦+悬浮焦)将达到6.68%,严重超标,且目前还没有较好的解决办法,这将会对塔河炼化公司的装置产生较大的影响,主要体现在以下几个方面。

①原油中含有大量的沉积焦和悬浮焦,这些焦将在塔河炼化公司的电脱水器、各级换热器、焦化炉、工艺流程管线的低洼处及截止阀等部位内大量聚集,造成炉管、换热器换热管以及管线阀门处严重堵塞,造成系统压力的急剧升高,给塔河炼化公司装置生产带来了严重的安全隐患。

②原油中的结焦物质将降低塔河炼化工艺各级换热器及加热炉的传热效率,致使物料换热终温降低,多余热量无法取走,偏离正常操作温度,炼化装置系统热平衡遭到破坏,严重时装置无法维持正常生产。

③由于焦炭将在塔河炼化工艺常压蒸馏和减压蒸馏的塔板处聚集,堵塞塔板筛孔,影响传质过程,破坏了系统物料平衡。

④此外,结焦会带来巨大的经济损失,如2004年3月,中海石油宁波大榭石化有限公司由于减黏炉及反应器结焦,造成减黏处理能力由120t/h降至80t/h,原油处理能力由200t/h降至140t/h,装置被迫提前两个月进行检修,造成直接经济损失达432万元。

(2) 原油组分变化对塔河炼化工艺的影响。

①原油组分变化对塔河炼化公司喷气燃料生产装置的影响。

目前,塔河炼化公司150万t/a规模的炼化装置可生产10万t/a的喷气燃料。2016年,实际生产喷气燃料达到9万t/a。喷气燃料是塔河炼化公司目前最畅销的油品,且塔河炼化公司计划下一步为军队提供军用喷气燃料。但是,根据中石化集团公司文件要求,喷气燃料主要成分必须是直馏组分,不能使用二次加工的馏分油。因此,本次裂化后的原油不能进入塔河炼化公司150万t规模的炼化装置,只能进入塔河炼化公司350万t/a规模的炼化装置进行处理。

目前，塔河油田原油虽然通过两条管线输送到塔河炼厂，但在塔河油田雅克拉末站及塔河炼化公司均共用罐区，如需实现两种油品完全分开输送，需对两个罐区的现有工艺流程进行改造。

②原油组分变化对塔河炼化公司 350 万 t/a 炼化装置的影响。

根据目前确定的稠油热改质 100 万 t/a 的处理规模，将拨出 30 万 t/a 的稀油用于回掺，经改质后的原油将减少 30%的轻油，稠油裂化后将生成约 11%的轻油（裂化汽油和裂化柴油）和 86%的渣油，油品组分和性质将发生较大的变化。

经分析，塔河炼化的常压和减压塔中将减少 19%的柴油和汽油产品，且从常压闪蒸塔、减压塔获取的产品由汽油、柴油、石脑油等组分由原来的直馏组分变成了直馏组分和二次加工组分，性质发生了变化，这将造成需要对常压塔、减压塔、催化重整和加氢装置的各种生产运行参数及添加剂的量进行大量的调整以适应来油组分的变化。

(3) 原油黏度变化对塔河炼化工艺电脱盐装置的影响。

本次塔河油田热裂化后的原油需与塔河油田没有经过热裂化的其他原油混合后通过同一条管道一起输送到塔河炼化公司 350 万 t/a 规模的炼化装置进行处理。虽然本节研究处理后的裂化原油含盐量控制在 3mg/L 以下，但与其他原油混合后原油中的含盐量仍达到了 86mg/L。

由于热裂化后的混合外输原油黏度较高，进入塔河炼化工艺电脱盐器后将无法正常脱盐，影响正常生产。目前塔河原油已严重超标，中国石化标准含盐量小于 3mg/L，实际外输原油含盐量达到 106.8mg/L。塔河炼化公司 350 万 t/a 规模的炼化装置配套设计有三级电脱盐流程，每级均采用 1 台 4200mm×24000mm 电脱盐器。目前通过塔河炼化工艺电脱盐后原油含盐最低约达到 6mg/L。

由于裂化后原油脱盐困难，因此，需增加塔河炼化工艺电脱盐的级数，调整冲洗水注入量，这将增加大量的污水，塔河炼化工艺污水处理系统将需要进行改造，且运行费将有所增加。

原油含盐过高将造成塔河炼化常压装置、减压装置内部塔板堵塞严重，影响闪蒸效果。此外，原油含盐还将引起塔板的严重腐蚀。根据塔河炼化公司现场调研获悉，塔河炼化常压、减压装置在年度检修时发现，部分塔板已完全腐蚀穿孔并丢失。此外，含盐过高也将对焦化、催化和裂化装置产生类似影响。

通过对塔河炼化公司现场调研及工艺流程的适应性进行分析，得出的主要研究结论：裂化后的塔河原油需通过管道单独输送到塔河炼化公司 350 万 t/a 的炼化装置进行处理，不能与进入塔河炼化公司 150 万 t/a 装置的原油混输，需要对塔河末站、塔河炼化公司罐区进行工艺流程改造。

参 考 文 献

[1] 刘中云. 基于难动用储量开发的石油工程协同管理创新及实践[J]. 石油勘探与开发, 2020, 47(6): 1220-1226.
[2] 任波, 丁保东, 杨祖国, 等. 塔河油田高含沥青质稠油致稠机理及降黏技术研究[J]. 西安石油大学学报(自然科学版), 2013, 28(6): 11, 82-85.

[3] 陈栋, 李季, 黄燕山, 等. 胶质和沥青质对原油流动性影响的红外光谱研究[J]. 应用化工, 2010, 39(7): 1100-1104.
[4] 李生华, 刘晨光, 阙国和, 等. 渣油热反应体系中第二液相的存在性Ⅱ. 第二液相及其表征[J]. 燃料化学学报, 1997, (1): 2-7.
[5] 李生华, 刘晨光, 阙国和, 等. 渣油热反应体系中第二液相形成与液相掺兑物的关系[J]. 石油学报(石油加工), 1999, (4): 10-14.
[6] 张会成, 颜涌捷, 齐邦峰, 等. 渣油加氢处理对渣油胶体稳定性的影响[J]. 石油与天然气化工, 2007, (3): 172, 197-200.
[7] 于双林, 山红红, 张龙力, 等. 常压渣油加氢反应产物体系的胶体稳定性[J]. 中国石油大学学报(自然科学版), 2010, 34(1): 139-143.
[8] León O, Rogel E, Urbina A, et al. Study of the adsorption of alkyl benzene-derived amphiphiles on asphaltene particles[J]. Langmuir, 1999, 15(22): 7653-7657.
[9] 杨翌帆. 水性环氧树脂对乳化沥青性能影响及评价方法研究[D]. 重庆: 重庆交通大学, 2020.
[10] 柳永行, 范耀华, 张昌祥. 石油沥青[M]. 北京: 石油工业出版社, 1984.
[11] 张丽娜. 添加剂对渣油胶体行为及稳定性质影响的研究[D]. 青岛: 中国石油大学(华东), 2007.
[12] 于双林, 熊寅铭, 薛鹏, 等. 石油胶体性质的研究进展[J]. 油气储运, 2012, 31(2): 81-85, 167.
[13] 周迎梅. 沥青质分散剂对渣油热反应生焦的影响及其作用机理[D]. 青岛: 中国石油大学(华东), 2007.
[14] Pereira J C, López I, Salas R, et al. Resins: The molecules responsible for the stability/in-stability phenomena of asphaltenes[J]. Energy & Fuel, 2007, 21(3): 1317-1321.
[15] León O, Rogel E, Espidel J. Asphaltenes: Structural characterization, self-association, and stability behavior[J]. Energy & Fuels, 2000, 14(1): 6-10.
[16] 戴静君, 孔令锋, 丁钊, 等. 微波加热对高凝油流变特性影响的实验研究[J]. 北京石油化工学院学报, 2010, 18(3): 7-10.
[17] 刘越君, 郭福君, 姜贵, 等. 石油沥青质的化学结构研究进展[J]. 内蒙古石油化工, 2008, (4): 11-15.
[18] 边颖慧, 董徐静, 朱丽君, 等. 石油组分及其模型化合物的超分子化学作用[J]. 化学进展, 2013, 25(8): 1260-1271.
[19] Asomaning S. Test methods for determining asphaltene stability in crude oils[J]. Petroleum Science and Technology, 2003, 21(3-4): 581-590.
[20] Heithaus J J. Measurement of significance of asphaltene peptization[J]. Preprints American Chemical Society, Division of Petroleum Chemistry, 1960, 48(458): 45-53.
[21] Pauli A T. Asphalt compatibility testing using the automated Heithaus titration test[J]. Preprints of Papers American Chemical Society Division of Fuel Chemistry, 1996, 41(41): 76.
[22] Anderson R P, Reynolds J W, Anderson R P. Methods for assessing the stability and compatibility of residual fuel oils[R]. Palo Alto: Electric Power Research Institute (EPRI), Bartlesville: National Energy Technology Laboratory, (NETL), National Institute for Petroleum and Energy Research (NIPER), 1991.
[23] Asomaning S. Test methods for determining asphaltene stability in crude oils[J]. Petroleum Science and Technology, 2003, 21(3-4): 581-590.
[24] Sepulveda A, Muñoz R, Lovey F C, et al. Metastable effects on martensitic transformation in SMA[J]. Journal of Thermal Analysis and Calorimetry, 2007, 89: 101-107.
[25] Wiehe I A. The pendant-core building block model of petroleum residua[J]. Energy & Fuels, 1994, 8(3): 536-544.
[26] 郭元. 伊拉克格拉芙油田井筒堵塞机理研究[J]. 新疆石油天然气, 2017, 13(3): 5, 62-64.
[27] 陶宗乾. 渣油加氢工艺的特点及工业应用[J]. 石油化工动态, 1997, (4): 36-41, 49.
[28] Victorov A I, Firoozabad I A. Thermodynamic micellizatin model of asphaltene precipitation from petroleum fluids[J]. AiCHE Journal, 1996, 42(6): 1753-1764.
[29] Murgich J, Abanero J. Molecular recognition in aggregates formed by asphaltene and resin molecules from the Athabasca oil sand[J]. Energy & Fuels, 1999, 13: 278-286.

[30] 闫金伦, 杨欣鹏, 刁大龙, 等. 沥青质胶质的胶体体系[C]//中国化学会第33届学术年会, 青岛, 2023.
[31] 吕志凤. 聚合物驱含油污水乳状液稳定性及破乳絮凝研究[D]. 青岛: 中国石油大学(华东), 2008.
[32] 王艳婷. 塔河油田井筒沥青质分散解堵剂性能评价方法研究[D]. 北京: 中国石油大学(北京), 2017.
[33] Burke N E, Hobbs R E, Kashou S F. Measurement and modeling of asphaltene precipitation[J]. Journal of Petroleum Technology, 1990, 42(11): 1440-1446.
[34] 厉勇, 孙全胜, 邢兵. 重油污垢热阻模型研究及应用进展[J]. 石油化工设备, 2022, 51(2): 55-62.
[35] 胡广杰. 加注天然气稠油高温高压条件下井筒流动特征[J]. 中国石油大学学报(自然科学版), 2019, 43(4): 91-97.
[36] 杨侨琦, 郭继香, 王翔, 等. 低界面张力下重油-水两相垂直管流流动型态[J/OL]. 中国石油大学学报(自然科学版), 2022, (4): 46.
[37] 赵焕省, 张微. 稠油降粘技术研究及前景展望[J]. 广东化工, 2013, 40(16): 112, 113.
[38] 沐俊, 沐利彬. 劣质重质稠油改质工艺技术进展[J]. 炼油与化工, 2015, 26(5): 1-5.
[39] 黄娟, 任波, 李本高, 等. 塔河稠油地面催化改质降黏中试研究[J]. 石油炼制与化工, 2014, 45(9): 20-23.
[40] 焦守辉, 林祥钦, 郭爱军, 等. 劣质渣油性质对受热生焦趋势影响的研究[J]. 燃料化学学报, 2017, 45(2): 165-171.
[41] 杨思远. 塔河油田稠油地面改质工艺方案及经济评价研究[J]. 油气田地面工程, 2018, 37(8): 13-16, 23.
[42] 任广欣, 刘英杰, 李文龙, 等. 稠油地面改质工艺方案经济评价研究[J]. 山东化工, 2021, 50(19): 173-175.
[43] 唐韵. 紧凑型防白雾冷却器的研究[D]. 上海: 上海交通大学, 2007.

第 7 章 油田防腐新技术

7.1 井下防腐技术

超深碳酸盐岩油藏采出液具有较强的腐蚀性，具有高 CO_2、高 H_2S、高矿化度、高 Cl^- 的腐蚀环境特征，在众多文献中均有阐述[1-10]。多种强腐蚀介质共存，井下金属管柱腐蚀问题突出，严重影响了油气生产正常运行，同时带来了一定的环保风险及经济损失。

目前，主要的防腐措施主要有四种：一是通过改善金属本身性能，选择正确的材料以及其结构设计来实现防腐目的；二是通过改变金属材料所在的环境及工艺条件来改善腐蚀状态；三是通过在金属表面涂覆防腐涂层来防止金属腐蚀；四是采用电化学保护技术，如阴极保护法，它是一种目前较为可靠和有效的防护方法。阴极保护法具体可分为外加电流阴极保护法和牺牲阳极的阴极保护法，其中牺牲阳极的阴极保护法因使用方便、不需要外加电源、不需要经常维护等优点在工程中被广泛应用。

7.1.1 井下耐高温牺牲阳极的阴极保护技术

油井牺牲阳极的阴极保护技术是指通过点位更负的牺牲阳极与金属本体连接，使金属与牺牲阳极在腐蚀介质中，牺牲阳极失去电子发生阳极反应，金属本体得到保护。因此牺牲阳极的阴极保护技术可以自生电流，具有免于维护、成本低、易于安装及不受完井方式限制的优点。

1. 材料的选择

目前保护金属设施常用的牺牲阳极材料主要有三大类：镁基合金、锌基合金和铝基合金，这三类牺牲阳极材料广泛地应用于国民生产的各个领域。此外还有近年来国内外的一些科研团队研制的复合牺牲阳极，也具有很好的应用前景。其中 Zn-Al 合金阳极 Al 含量为 0.4%～0.6%，为铝在锌中的单相 α 固溶体，其电流效率最高，极化率最小，电位较负并且稳定，电化学性能与纯锌阳极相当。

Zn-Al 系合金中加入第三组元如 Mg、Cd、Mn、Si、Hg 等形成三元合金可进一步改善性能，其中 Zn-Al-Mg、Zn-Al-Cd 合金是目前国内外应用最广的锌合金牺牲阳极材料，通称为三元锌合金。这种合金阳极的电位和发生电流稳定，阳极极化小，电流效率高，溶解均匀，腐蚀产物疏松易脱落，具有较好的电化学性能。Zn-Al-Mn 合金中的锰可以提高铝在锌中的固溶度，使合金的阳极活性稳定，自腐蚀速度降低。Zn-Al-Hg 合金中的汞能强烈提高锌的活性，允许含铁量较高。但汞是剧毒品，熔炼和使用均有污染，故作为牺牲阳极使用受到限制。

井下耐高温牺牲阳极利用 Zn-Al-Mg 合金浇铸而成，主要以锌为主要成分，锌基阳极比重大，发生电量小，对钢铁的驱动电位不高，电流效率高，使用寿命长，适合应用在电阻率低的油田采出水的环境中。往往在极化初期所需的极化电流较大，锌中加入少量镁和铝的目的就是在极化初期提供一个较大的电流，当极化稳定后，所需的保护电流小，主要由驱动电压较低的锌提供，如此既能避免过保护，又能延长阳极的使用寿命。为了防止牺牲阳极块的脱落，该系列产品采用束笼式，在阳极的内部引入了网状骨架。表面溶解均匀，消耗率低，油管牺牲阳极保护器的设计寿命在 4 年以上。

2. 牺牲阳极设计

其设计思路是通过在油井泵上 1~2 根油管下入牺牲阳极保护器，目的是保护抽油泵、电潜泵以及泵上部分油管。在井下油管间下入井下牺牲阳极保护器，牺牲阳极保护器总长度1200mm，两端是与油管进行连接的接头。阳极体长度为950mm，厚度为10mm，阳极以管状三组合形式嵌于短节上。牺牲阳极在短节外时，可实现对油管外壁的保护；牺牲阳极在短节内时，可实现对油管内壁的保护，为了防止牺牲阳极的腐蚀脱落采用束笼式；在油水介质中对油管壁的保护半径约为 200m。三元牺牲阳极保护器技术参数见表 7-1。

表 7-1 三元牺牲阳极保护器技术参数

合金/%			开路电位 /V	保护半径 /m	有效发生电量 /(A·h/g)	消耗率 /[kg/(A·a)]	电流效率 /%	最高工作温度 /℃
Zn	Al	Mg						
70	25	5	−1.03	200	≥0.78	≤8.9	≥85%	110

锌铝基牺牲阳极由于具有比重小、电流效率高、发生电量大、对钢铁驱动电位适中、来源丰富等优点，在牺牲阳极-保护阴极中的应用越来越广泛，特别是对海洋环境中钢构件的保护。但纯铝由于表面能形成一层致密的氧化物薄膜，不能满足对钢构件实施阴极保护的电位要求，因此普通牺牲阳极材料在苛刻的井下环境中会出现腐蚀失效等情况，而在铝中添加某一种或几种合金元素可以阻碍或抑制铝表面形成氧化膜，对铝阳极起活化作用，从而对钢构件起到更好的保护作用。

3. 阴极保护机理

从腐蚀电化学热力学方面分析，随着在 Al-Zn-In 母合金中添加 0.5%（质量分数）、1%的纳米碳粉，电极电位负移，碳元素的添加使牺牲阳极材料具有更高腐蚀电化学溶解活性的趋势。从腐蚀电化学动力学方面来看，动电位极化曲线结果显示腐蚀电流密度成倍提高，由原来的 $5\times10^{-7}\text{mA/cm}^2$ 提高到 $1\times10^{-6}\text{mA/cm}^2$，阴极塔费尔(Tafel)斜率 β_c 不变的情况下，阳极塔费尔斜率 β_a 变小，说明碳元素的添加促进了材料腐蚀反应中的阳极过程，使铝合金牺牲阳极材料更容易发生阳极活性溶解，从而说明利用碳提高牺牲阳极材料腐蚀活性是一种消除铝合金阳极钝化的有效途径。

碳活性点密度越高，反应越剧烈，碳元素利用其局部的高电位不断在铝基牺牲阳极材料表面形成高密度的活性位点，从而引发铝合金牺牲阳极材料的活性溶解，能够提供稳定的阳极活性溶解电流。

4. 现场应用效果

TK422 井 2000 年 2 月 29 日完钻,2007 年 9 月发现井深 2000～3000m 油管内壁及外壁有腐蚀坑,油管 2895m 处发生油管断裂,断裂面处有明显的腐蚀穿孔痕迹,折算最大点蚀速率为 0.92mm/a,属于极严重腐蚀。为了抑制该井在后期注水回灌过程中油管再次发生腐蚀穿孔,在该井开展井下牺牲阳极阴极保护技术应用试验,在井下油管不同深度下入牺牲阳极内外壁保护器(表 7-2)。

表 7-2 注水井牺牲阳极保护器及监测挂环井下下入位置

装置名称	外径/mm	内径/mm	长度/m	下深/m
上部加绝缘监测挂环器	110	73	0.4	709.02
牺牲阳极外壁保护装置 A	115	80	1.34	1009.44
牺牲阳极外壁保护装置 B	115	80	1.33	1020.45
不加绝缘监测挂环器	110	73	0.4	1030.47
牺牲阳极内壁保护装置 A	115	80	1.34	1301.87
牺牲阳极内壁保护装置 B	115	80	1.33	1312.84
中部加绝缘监测挂环器	110	73	0.4	1409.64
下部加绝缘监测挂环器	110	73	0.39	1997.46

为了评价牺牲阳极阴极保护技术应用效果,在油管上、中、下不同深度部位安装监测装置。2013 年 8 月进行修井作业对油管腐蚀及牺牲阳极损耗情况进行现场跟踪,通过观察,油管外壁未发现明显腐蚀,牺牲阳极得到有效利用,利用率达到 99%,其中油管内壁及外壁未见明显腐蚀(图 7-1),TK422 注水井应用牺牲阳极阴极保护技术后发现其防腐效果显著。

图 7-1 TK422 井下油管安装牺牲阳极保护器前后腐蚀情况对比
(a)牺牲阳极保护器安装前;(b)牺牲阳极保护器安装后

7.1.2 耐高温稠油掺稀缓蚀剂

塔河油田井下温度 120～140℃,H_2S、CO_2 等多种强腐蚀性介质共存,腐蚀环境苛刻。在上述工况下缓蚀剂产品耐温性能普遍不足,存在高温分子链断裂分解的现象,防腐性能下降显著。

通过国外成熟油田的防腐措施来看,缓蚀剂因具有经济、高效的技术特点而被广泛采用。针对高温地层，通常采用的方法是增加缓蚀剂的有效浓度来降低酸液的腐蚀速率，提高缓蚀性能。但是，大多数缓蚀剂在稠油中溶解性不佳，伴随缓蚀剂浓度的增加，容易出现分层、形成絮状物，难以在高温油溶体系中发挥稳定有效的防腐蚀作用。

咪唑啉缓蚀剂具有耐温、溶解性能好、原料便宜易得和对环境污染小等优点，可以在复杂的工况环境，例如井筒和地面集输管网的交替腐蚀问题中发挥良好的防腐作用。以咪唑啉缓蚀剂为主体，改性复配得到耐高温稠油掺稀缓蚀剂。

1. 缓蚀剂的合成与评价

目前，油井缓蚀剂研发的难点和热点都是如何提升缓蚀剂的耐高温性能，100℃以下的缓蚀剂技术已趋于成熟，140℃以上的缓蚀剂仅在油田酸化和炼油领域有所应用。根据油田现场腐蚀环境合成开发了五种掺稀油溶性缓蚀剂。

经评价发现，单一的缓蚀剂难以有效抑制塔河油田稠油掺稀井下腐蚀，塔河油田井下高温、高盐、强酸环境对缓蚀剂的影响很大。相关文献表明，缓蚀剂复配能够大大提高缓蚀剂的缓蚀效率。因此挑选了三种相对缓蚀性能较好的咪唑啉缓蚀剂、喹啉季铵盐缓蚀剂和曼尼希碱(Mannich base)缓蚀剂，合成一种复配咪唑啉缓蚀剂(咪唑啉1)，采用失重法研究了咪唑啉1缓蚀剂与筛选出的咪唑啉缓蚀剂的耐温适应性能，并根据电化学研究结果确定了复配缓蚀剂的缓蚀机理。

缓蚀剂的合成工艺中主要用到的仪器有冷凝管、水浴锅、恒压液滴漏斗及恒温电热套等，主要原料有咪唑啉缓蚀剂(A)、曼尼希碱缓蚀剂(B)、喹啉季铵盐(C)等。

在五口烧瓶中，投加A、B、C和无水乙醇的混合溶液，缓慢滴加盐酸，将pH调节至2左右，搅拌均匀，再分别同时用恒压滴液漏斗滴加萘氨基苯和苄氧基缩水甘油醚，控制温度在70～80℃，滴加完毕后，在80℃下，回流10h，反应完毕，投加少量的无水甲醇，搅拌均匀得到红褐色液体，再与碘化钾复配得到复配酸化咪唑啉缓蚀剂。加入体积比例：A∶B∶C=1∶1∶1.5。缓蚀剂理化性能与配伍性评价结果见表7-3。

表7-3 缓蚀剂的理化性能与配伍性评价

序号	项目	指标	
1	外观	黑色均匀液体	
2	pH	5.2	
3	凝点/℃	−25	
4	开口闪点/℃	68	
5	溶解性	油溶性分散性好	
6	乳化倾向	无乳化倾向	
7	缓蚀性能/10³ppm	缓蚀率	94.61
8		点腐蚀	无明显点蚀
9	密度/(g/cm³)	1.2	
10	配伍性	不明显影响破乳脱水性能	

注：①缓蚀剂密度实测，用以折算体积和质量关系，便于精确加注；②缓蚀剂在产品保质期内，应无明显结块、分层和变质等现象。

不加注缓蚀剂的空白实验下两种钢片表面以均匀腐蚀为主，伴有点蚀。咪唑啉与咪唑啉1缓蚀剂组钢片表面生成了少量腐蚀产物，在140℃条件下具有良好的缓蚀性能，腐蚀产物变为致密的保护膜，附着在试样表面起到保护基体材料的作用，无明显局部腐蚀现象。从挂片的宏观腐蚀形貌来看，咪唑啉缓蚀剂组挂片呈银黄色且有少许光泽，咪唑啉1缓蚀剂组挂片呈轻微暗黄色与棕黄色。从挂片的局部腐蚀形貌来看，咪唑啉缓蚀剂组比咪唑啉1缓蚀剂组，挂片点蚀孔更多，局部腐蚀更加严重。

模拟现场工况条件如下：140℃，0.2MPa CO_2，0.9MPa H_2S，40%水，60%油。评价P110钢和N80钢在塔河油田稠油掺稀工况下的腐蚀行为，评价了实验室合成的咪唑啉、咪唑啉1耐高温缓蚀剂的缓蚀性能，缓蚀剂评价结果分别如表7-4和表7-5所示。

表7-4 咪唑啉实验数据

型号	长/mm	宽/mm	高/mm	腐蚀前质量/g	腐蚀后质量/g	失重/g	时间/h	腐蚀速率/(mm/a)
N80钢，300	50.00	9.91	3.04	10.9902	10.9884	0.0018	72	0.0206
N80钢，311	50.01	9.92	3.04	10.9203	10.9179	0.0024	72	0.0274
P110钢，670	50.03	10.02	3.04	11.1831	11.1804	0.0027	72	0.0306
P110钢，610	50.13	9.97	3.04	11.0692	11.0672	0.0020	72	0.0227

表7-5 咪唑啉1实验数据

型号	长/mm	宽/mm	高/mm	腐蚀前质量/g	腐蚀后质量/g	失重/g	时间/h	腐蚀速率/(mm/a)
N80钢，371	50.00	9.96	3.04	11.0756	11.0743	0.0013	72	0.0148
N80钢，372	50.01	10.04	3.04	10.9684	10.9675	0.0009	72	0.0102
P110钢，614	50.01	10.03	3.04	11.1481	11.1461	0.0020	72	0.0227
P110钢，629	49.97	10.00	2.98	11.0756	11.0743	0.0013	72	0.0149

实验结果可知，塔河油田井下腐蚀工况对P110钢和N80钢的腐蚀非常严重，最高可达0.4452mm/a和0.4091mm/a。咪唑啉、咪唑啉1缓蚀剂组挂片在140℃条件下具有良好的缓蚀性能，其中咪唑啉与咪唑啉1在140℃下均匀腐蚀速率不大于0.125mm/a，点蚀速率不大于0.13mm/a，缓蚀性能较好，适用塔河油田掺稀系统。

2. 缓蚀剂的现场应用

耐高温缓蚀剂耐温不小于140℃，加注浓度250ppm，均匀腐蚀速率小于0.125mm/a，无明显点蚀。现场试验4井次，平均缓蚀率大于72%，效果良好。具体见表7-6。

表7-6 耐高温缓蚀剂应用情况

序号	单位	井号	缓蚀率/%
1	采油一厂	S70	72
2		TK409	75
3		T403	71
4	采油二厂	TH12263	72

通过改性增强吸附性能，抑制金属表面电化学反应的发生，耐高温缓蚀剂应用后可防止油管、套管在高温环境中发生腐蚀，通过现场挂片监测缓蚀率达 72%以上，平均每口单井减少腐蚀损失、抢维修费用约 60 万元。

7.1.3 井下投捞存储式腐蚀监测技术

在井下高温高压工况下，腐蚀监测工作只能依托腐蚀挂片，腐蚀监测探针受限于高温、高压工况无法应用。挂片只能监测腐蚀结果，无法监测腐蚀发生的过程。因此通过攻关高温高压探针监测技术，实现连续采集腐蚀过程数据，并将其有效存储。

1. 装置的设计与开发

探针腐蚀监测技术采用的是电感监测技术原理，以测量金属腐蚀损失为基础，通过测量试片腐蚀减薄引起的交流信号改变来计算腐蚀损耗速度。安插在管路中的测量元件，在腐蚀后其横截面积减小会引起交流信号发生变化，进一步计算测量元件的减薄量和腐蚀速率。电感探针设计原理见图 7-2。

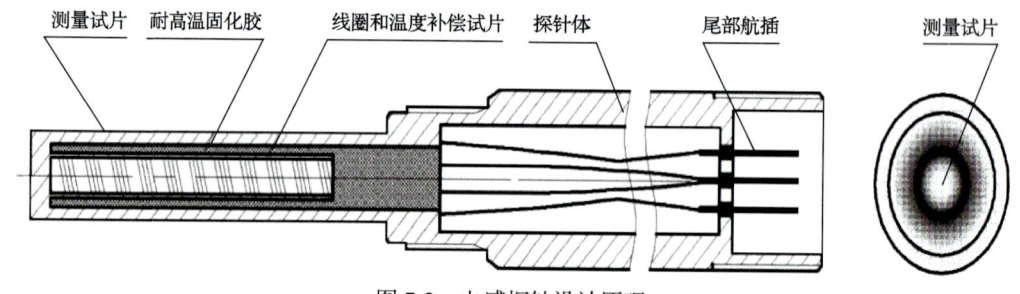

图 7-2　电感探针设计原理

测量时，将监测装置投放到油管内部，达到测量时间后把测量装置取出，对数据进行分析，可以测量出油管的腐蚀速率等相关信息，相比常规监测装置，能获得更多过程信息。

投捞式井下腐蚀监测装置适用压力不大于 140℃，适用压力不大于 60MPa，适用范围广。为了保证测量的准确性和一致性，考虑到高温测量器件的选择局限和电池的使用时间，在电路设计上，将 N 组测量试片串行连接，通过开关控制激励信号同步施加，由模拟开关选择通道测量，采用公共的一级、二级信号放大电路及模数转换电路，保证测量的一致性。由于测量通道的增加，本节采用 32KB 的存储器件，可存储 3636 组测量数据。为了尽量延长电池的使用时间，在保证测量精度的前提下，降低激励信号的幅度，在空间允许的条件下增加电池的容量。

投捞式井筒探针腐蚀监测系统的主体结构由探针、测量仪(含信号测量处理组件、测温组件、数据存储模块)、电池组、配套软件和其他保护及连接配件组成。探针与电路部分为插接，插接后锁紧，锁紧后探针与后部电路形成一个整体。电路部分采用薄壁不锈钢管做龙骨，薄壁管中间部分开放，便于安装电池和电路组件。龙骨前后端装有四氟制成的导向隔离环，起绝缘、导向、减振作用。减少拉出时的摩擦。也把整个电路部分与外部绝缘，防止干扰；龙骨尾部装有弹簧，起减振、支撑作用。

投捞式井筒腐蚀监测系统需要通过投捞工具,将设备投放至指定深度,仪器自动测量腐蚀速率并存储,当应用结束后,将设备打捞上来,存储的数据通信至电脑中,通过特定软件,对应用期间的数据进行显示和分析。井筒探针与挂片同步取放,挂片直接安装在探针前端。离线投捞式井筒监测系统实物图见图7-3。

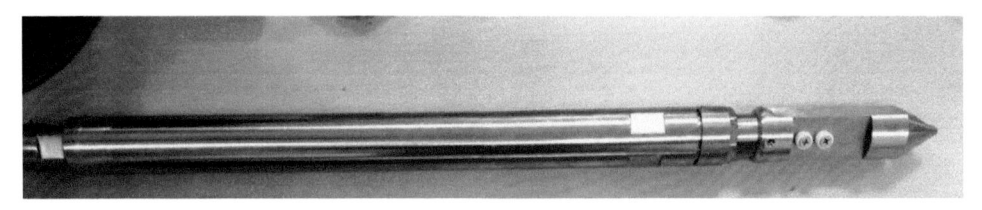

图7-3 离线投捞式井筒监测系统实物图

2. 装置的性能评价

针对塔河油田井下的高压情况,对投捞式井筒探针进行打压试验,验证其在70MPa的压力下:探针壳体和探针试片有无变形和破坏,壳体密封组件的密封性能。在70MPa的压力下,两次保压2h,壳体和探针试片外观无肉眼可见变形,壳体密封完好、无泄漏,说明该投捞式井下探针系统可满足70MPa的使用要求。耐压测试数据表见表7-7。

表7-7 耐压测试数据表

试验介质	介质温度	试验压力	试片变形	壳体变形	壳体密封
水	18℃	70MPa	无	无	无泄漏

针对井下的高温情况,对投捞式井筒探针电路板进行耐温试验,在140℃下验证其耐温性及数据稳定性是否满足使用要求。通过16天的耐温性能测试,投捞式井筒探针电路板测试的腐蚀损耗值基本在 $-106000nm \sim -104000nm$,测量值稳定,说明投捞式井筒探针电路板在140℃的温度下,可以稳定使用。

3. 装置的现场应用

TH12251井完钻井深6333m,硫化氢质量体积浓度为14486.64mg/m³。井筒探针与挂片同期安装,挂片(图7-4)安装在探针的前端,井口管线同期安装电感腐蚀监测探针及挂片。

升井后的挂片表面未见明显腐蚀产物附着,清洗后的挂片表面未出现明显的腐蚀痕迹,也并未出现点蚀等现象。表7-8为实验前后的挂片称重实验结果。腐蚀轻微,挂片的平均腐蚀速率为0.0584mm/a。

井下4000m处的温度约110℃,压力43.7MPa,监测起始时间是2017年8月6日~2017年8月22日。电感探针安装期间的腐蚀减薄量为2242nm,区间腐蚀速率为0.0637mm/a。同期挂片的失重数据计算得出的平均腐蚀速率为0.0584mm/a,相对误差为8.32%。可见探针腐蚀速率与挂片腐蚀速率结果一致性较好,说明监测数据准确可靠。挂片监测数据见表7-9。

图 7-4 挂片清洗前后的面貌(4000m)

表 7-8 挂片实验前后的重量结果

材质	初始值/g	腐蚀后/g	差值/g	腐蚀时间/h	表面积/cm²	密度/(g/cm³)	腐蚀速率/(mm/a)
P110S	21.5052	21.4496	0.0556	384	24.5	8.2	0.0631
P110S	21.9755	21.9283	0.0472	384	24.5	8.2	0.0536

表 7-9 P110S 材质探针腐蚀速率与挂片腐蚀速率的对比

井号	挂片实测值/(mm/a)	探针实测值/(mm/a)	探针与挂片实测值的相对误差/%
TH12251	0.0584	0.0637	8.32

7.2 地面防腐技术

7.2.1 含铜抗菌钢防腐技术

部分伴生气系统腐蚀环境高含硫化氢，H_2S 含量为 15000~56000mg/m³，酸性环境中存在细菌腐蚀，造成金属管线腐蚀穿孔，平均点蚀速率高达 3.5mm/a，最快 3~4 个月发生腐蚀穿孔。为了解决细菌腐蚀，开展了含铜抗菌钢的攻关与实践。

1. 含铜抗菌钢防腐机理

在抗硫材质中添加适量的铜元素，进行冶炼和锻造后，采取特殊的抗菌热处理，从而使钢管自表面到内部均匀、弥散分布富铜析出相。使用中由于有铜离子溶出而发挥持久的抗菌效果，减少点蚀，大幅度延长管材寿命。含铜抗菌不锈钢可分为合金型和表层型两大类。

合金型抗菌钢是指无论材料表层还是基体内部都含有起抗菌作用的元素或者金相，因此该类材料适用于比较恶劣的工况环境，如腐蚀速率比较大的环境。在使用过程中，即使表面抗菌层受到损坏或者剥离，也不会影响到整体材料的抗菌效果。

表层型抗菌钢是指通过涂层、镀层、离子注入，或以上方法复合等工艺，使钢表面含有起抗菌作用的元素或者金相的一类钢材料。这类制备工艺具有节省抗菌金属、抗菌层控制简单、基体钢不受影响等优点。依据制备方法又可分为离子注入法、固体渗入法等离子渗金属法，以及由以上方法配合而成的复合表面处理法等。

关于抗菌机理，目前国内外研究人员进行了一些研究与探讨，普遍认为普通钢中均匀弥散分布的富铜相在一定条件下溶出铜离子并与细菌发生反应，从而杀死细菌。因此，处于固溶状态的铜并不能有良好的抗菌性能，这是由于铜在钢中处于完全熔合的原子状态。过饱和状态下的铜可能形成极细小的富铜区，但受钢表层钝化膜的覆盖作用，铜从钢中以离子形式充分析出受限，表现不出明显的抗菌性。所以，含铜钢必须要在生产过程中经过特殊的热处理，在金属基体中形成稳定、均匀弥散分布、富含铜的抗菌相，并且该抗菌相要达到一定的体积分数才能表现出优异的抗菌特性。

2. 含铜抗菌钢设计与开发

采用四种不同材质的碳钢 L245NCS、含 Cu 碳钢(铜含量分别为 0.12%、0.30%、0.60%)进行 SRB 腐蚀试验，研究在塔河油田模拟工况环境下，含铜碳钢的耐硫酸盐还原菌(SRB)腐蚀性能试验条件见表 7-10。

表 7-10 含铜碳钢的耐 SRB 腐蚀性能试验条件

序号	试验材料	温度	气体	溶液	SRB	周期
1	L245NCS 含 Cu 碳钢(0.12%)	38℃	饱和 H_2S	Ca^{2+} 浓度为 12g/L Cl^- 浓度为 134g/L	灭菌	15d
2	含 Cu 碳钢(0.30%) 含 Cu 碳钢(0.60%)				450 个/mL	

由图 7-5 可以看出，当含铜量为 0.30%时，均匀腐蚀速率最小；当含铜量为 0.60%时，均匀腐蚀速率稍有上升。另外，可以看出四种材料在有 SRB 存在的腐蚀环境下的均匀腐蚀速率均小于灭菌环境下的均匀腐蚀速率，SRB 介质中可形成紧密黏附的硫化铁提供部分保护，只有当膜中形成裂纹或缝隙暴露出裸露金属，腐蚀才能够继续，而在灭菌介质中不能形成保护膜，因此均匀腐蚀速率较高。

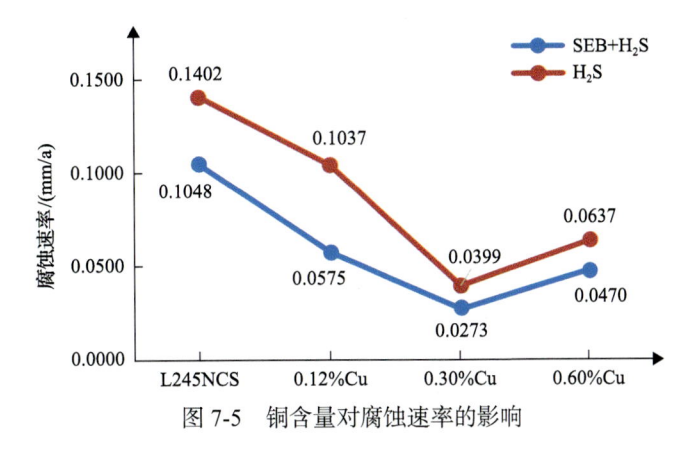

图 7-5 铜含量对腐蚀速率的影响

SRB 存在的腐蚀环境下的，腐蚀形式以局部腐蚀为主，主要腐蚀形式为点蚀，因此均匀腐蚀速率不能作为评价碳钢对 SRB 的敏感性指标，应通过点蚀密度或点蚀速率进行评价。

图 7-6 为 SRB 环境下四种材料的局部腐蚀微观形貌，可以看出 L245NCS 和含 Cu 量为 0.12%碳钢的试样表面局部腐蚀较严重，尤其是 L245NCS 表面存在较密集的点蚀坑。含 Cu 量为 0.30%碳钢的试样表面的局部腐蚀较轻微，点蚀较少，含 Cu 量为 0.60%碳钢的试样表面无局部腐蚀。

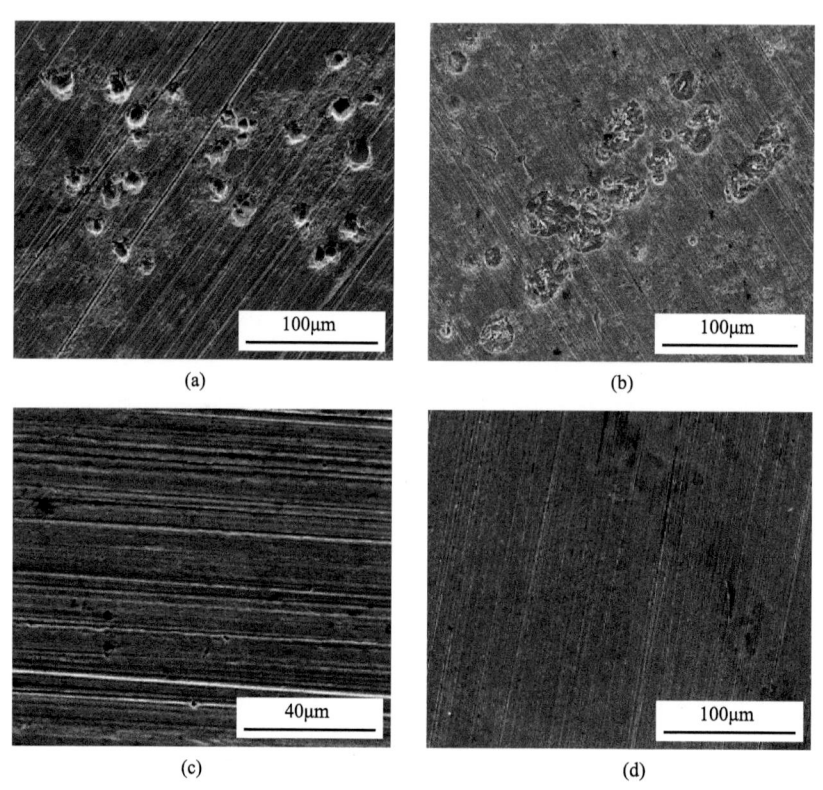

图 7-6　去除腐蚀产物后腐蚀形貌 SEM 照片

(a)L245NCS；(b)含 0.12%Cu 的碳钢；(c)含 0.30%Cu 的碳钢；(d)含 0.60%Cu 的碳钢

3. 推广应用情况

分公司采油二厂 TK745 井含铜抗菌钢旁通服役 13 个月后，服役后的抗菌钢管道内壁发生全面腐蚀，但腐蚀较轻(图 7-7)。管道顶部腐蚀产物局部脱落，但未发生局部腐蚀。管道底部形成轻微斑状腐蚀，腐蚀深度为 0.06mm(腐蚀速率 CR 为 0.055mm/a)，有效抑制了点蚀。

含铜抗菌钢可有效抑制腐蚀，相比于 L245NCS，含铜抗菌钢的均匀腐蚀速率降低了 41%，点蚀速率降低了 75%。结合现场服役情况，含铜抗菌钢腐蚀速率低至 0.055mm/a。

图 7-7 TK745 井含铜抗菌钢服役后照片

7.2.2 软管翻转管道防腐修复技术

塔河 12 区高含 H_2S 的超稠油区块腐蚀环境具有高矿化度、高 CO_2、高 H_2S、高 Cl^-、低 pH 的"四高一低"特点,单井输油管线在较短的服役年限便产生腐蚀穿孔问题、腐蚀频繁,防腐形势异常严峻,2010～2022 年累计发生腐蚀穿孔 232 起,其中 60%穿孔集中发生在服役时间小于 4 年的管线,平均点腐蚀速率达 2.5mm/a,按照美国腐蚀工程师协会(NACE)标准,为极严重腐蚀,超稠油单井管线严重的问题制约了油气田的正常生产和高效发展。

为从源头上做好单井管线防腐工作,选择"技术可行、经济合理"的软管翻转管道防腐修复技术,形成了特色管道防腐工艺技术。

1. 技术原理

翻转内衬技术是一项管道防腐新技术。该技术是将浸渍了特殊黏合剂的内衬软管翻入治理的管道中,翻转时内衬软管浸渍有黏合剂的内层被翻转到外面与旧管道内部黏结,在黏合剂固化后,最终在管道内壁形成具有气密性防腐防渗功能的内衬层,达到管道防腐目的。该技术可一次性施工最大长度为 300m,可一次性无褶皱通过两个曲率半径大于 1.5 倍管道外径的 90°弯头或一个曲率半径大于 3 倍管道外径的 90°弯头,软管在旧管道内固化后形成高强度、刚性的"管中管"复合结构,强化了管线的承压、减阻、阻垢、耐腐蚀性能,改善了原管道的结构与输送状态,从而有效延长旧管道的使用寿命 15 年。

该方法可适用于 DN100～DN3000 的任何管材的管道内衬防护,固化工艺包括热水固化法、蒸汽固化法和紫外线固化法,所用树脂包括热固性树脂和光固化树脂。浸渍了树脂的软管在未固化前,可采用绞车拉入就位,然后使用流体的压力(水压或气压)进行膨胀,可采用加热(热水、蒸汽、热空气或电加热设备)或紫外线辐射加速固化。

内穿插管壁厚如式(7-1)所示:

$$t=\frac{D}{\left[\dfrac{2KE_LC}{PN(1-\mu^2)}\right]^{1/3}+1} \qquad (7\text{-}1)$$

式中，t 为内穿插管壁厚，mm；D 为旧管道内径，mm；K 为圆周支持率（采用环氧树脂时为 7.0）；E_L 为内穿插管长期弹性模量，MPa，一般取短期弹性模量的 50%；C 为旧管道变形比，一般取值为 1.0；P 为管道运行压力；N 为安全系数，一般取值为 2.0；μ 为泊松比，一般取值为 0.3。

内衬管的光滑和连续内表面减小了管壁对流体的摩擦作用，通常将曼宁方程（Manning equation）进行简化后计算式如式（7-2）所示：

$$B = \frac{n_e}{n_L}\left(\frac{d}{D}\right)^{\frac{8}{3}} \times 100\% \tag{7-2}$$

式中，B 为管道治理前后的过流能力比；n_e 为原管道曼宁（Manning）数；n_L 为内穿插管道曼宁数，取 0.01；D 为原管道平均内径，mm；d 为新管道平均内径，mm。

技术优点如下：一是内衬管可以承受一定压力；二是耐温度性好，设计运行温度 70℃，最高运行温度 100℃；三是可一次性通过两个曲率半径大于 1.5 倍管道外径的 90° 弯头或一个曲率半径大于 3 倍管道外径的 90° 弯头。但该技术存在施工距离较短的缺点，一次治理管线长度仅 300m。

2. 性能测试评价

管道应用该防腐技术后，参考标准《纤维增强热固性塑料管短时水压 失效压力试验方法》（GB/T 5351—2005）开展承压性能评价，在室温条件下，对未固化纤维增强软管和浸渍树脂并固化后的裸管进行了水压爆破强度测试，实验实物照片见图 7-8。

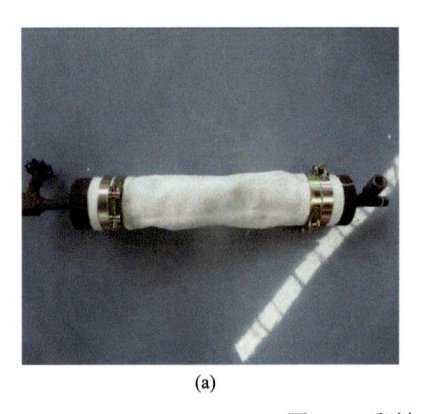

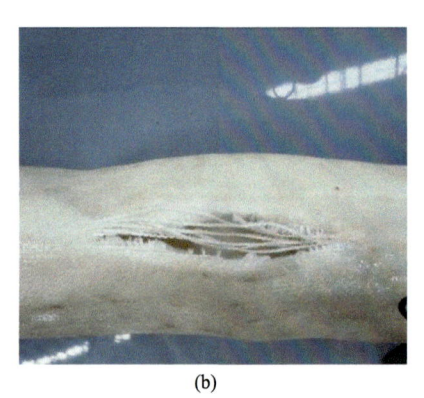

图 7-8 翻转内衬爆破实验
(a)未固化的软管（管体未爆破，接头渗漏）；(b)固化后的内衬管（管体爆破）

未固化的纤维增强软管样品在最高压力升至 2.3MPa，接头发生渗漏，管体未爆破[图 7-8(a)]；固化后内衬管样品在最高压力升至 1.7MPa 时，管体发生爆破，出现轴向裂纹[图 7-8(b)]。固化软管比未固化爆破压力低，其原因是软管浸渍树脂固化后使纤维增强软管整体刚性增加（变脆），导致其水压爆破压力降低。

依据国家标准《塑料 拉伸性能的测定 第 4 部分：各向同性和正交各向异性纤维增

强复合材料的试验条件》(GB/T 1040.4—2006)，在室温条件下，测试了固化后软管条状试样的拉伸性能。拉伸速率为 2mm/min，测试结果见表 7-11。

表 7-11 翻转内衬样条拉伸试验测试结果

试样编号	厚度/mm	宽度/mm	断裂伸长率/%	最大力/N	拉伸强度/MPa
1	3.24	24.76	1.94	1813.07	22.60
2	3.10	27.46	5.23	1642.56	19.30
3	3.12	24.22	6.02	1132.27	14.98
平均值			4.40	1529.30	18.96

根据上述测试评价结果，该技术具有以下优点：一是施工距离长，一次性施工长度不大于 300m；二是耐温性能好，设计运行温度 70℃，最高运行温度 100℃；三是弯头通过性好，可一次性无褶皱通过两个曲率半径大于 1.5 倍管道外径的 90°弯头或一个曲率半径大于 3 倍管道外径的 90°弯头；四是适用管径范围广，可适用于 DN100~DN3000 的任何管材的管道内衬防护。

3. 推广应用情况

西北油田雅克拉采气厂 S3-5H 和 S3-6H 两条 2.28km 单井管线采用内衬软管修复工艺。内衬软管选用聚酯纤维，树脂选用 E44 型环氧树脂，管线修复后长期使用温度不大于 75℃。具体治理工作量见表 7-12。

表 7-12 2016 年雅克拉采气厂单井管线腐蚀治理措施

序号	工程内容			
	井名	管辖战场	管线规格/mm	治理措施
1	S3-5H	S3 站	$\phi 89 \times 6$	内衬软管
2	S3-6H	S3 站	$\phi 89 \times 6$	内衬软管

7.2.3 纳米涂层防腐技术

西北油田因高含硫化氢和二氧化碳，属典型酸性油田。其中，天然气中 H_2S 含量最高达到 120000mg/m³，CO_2 含量为 10%，而且还有单质硫沉积。随着地面集输工程的建成投产，由硫化氢和二氧化碳等引发的设备腐蚀是制约西北油田集输系统安全生产的"瓶颈"。目前，西北油田集输工程的腐蚀防护主要采用了"抗硫管材+缓蚀剂+腐蚀监测+阴极保护"综合防腐工艺。虽然该综合性防腐工艺使腐蚀问题得到一定减缓，但仍然出现了一些局部腐蚀导致的泄漏/渗漏问题。

从涉酸压力容器的涂层防护技术角度出发，选择/制备优良的耐 H_2S、CO_2 等酸性介质腐蚀的有机成膜物质和无机颜料体系，充分利用有机-无机纳米复合涂料特异的表面效应和体积效应，有效填充涂层的"结构孔"提高涂层的致密性以增加对腐蚀介质的物理屏蔽作用，提高涂层与金属基体之间不饱和化学键的结合强度，进而增强涂层与压力容器内壁的结合力，有效提高涂层的耐腐蚀介质性能。

1. 纳米复合防腐涂料制备

互穿网络聚合物是用化学方法将两种以上的聚合物互相贯穿成交织网络状的一类新型复相聚合物材料。基于压力容器内壁所处腐蚀环境是 H_2S 等酸性介质的考虑，纳米复合涂料的树脂应选择具有耐酸性的材料，同时能和容器内壁基体具有良好的附着力，如环氧树脂、聚氨酯树脂、酚醛树脂和聚脲。本节的纳米涂料主要成膜物质是采用酚醛改性环氧树脂、聚氨酯树脂通过互穿网络聚合的方法制备成的互穿网络聚合物。具体合成过程如下。

首先制备聚氨酯预聚物：将某聚醚加入烘干的三口瓶中，搅拌加热升温、保温 5h，真空脱水，充氮气加以保护，冷却后，加入给定化学计量的某异氰酸酯，搅拌并升温至 80～90℃，反应 5h，保持温度加入某醇类进行封端处理，自然冷却，备用。

然后制备酚醛环氧/聚氨酯：在一定量的上述聚氨酯预聚体中加入一定量的异氰酸酯基和多元醇，并与一定量的端部为酚羟甲基酚醛树脂混合 20min，达到均匀状态，3h 后加入计算量的双酚 A 型环氧树脂，混合均匀，作为甲组分的漆料备用。二乙烯三胺作为乙组分备用。

首先按一定的颜料/基料/溶剂比例配研磨颜料浆：使该颜料浆达到最佳的研磨效率；分散以后，再根据色漆配方补足其余非颜料组分；混合预分散采用高速分散机结合纳米超声分散方法，在低速搅拌下，逐渐将颜料加入基料和润湿分散稳定剂中混合均匀；接下来采用砂磨机对色浆进行研磨分散，提高涂料细度和进一步改变色浆的均匀程度，最后对涂料进行过滤即可。

2. 纳米复合涂料性能测试评价

采用相关国家标准规定的标准方法，在金属基体上涂覆 GEPT 纳米防腐涂层并开展常规性能测试，具体测试结果如表 7-13 所示。

表 7-13 纳米防腐涂层常规性能测试结果

序号	项目	试验结果	国家标准
1	涂膜颜色和外观	符合标准样板色差范围，漆膜平整	GB/T 9761—2008
2	附着力	划格 0 级	GB/T 9286—2021
		划圈 1 级	GB/T 1720—2020
3	耐冲击性	50cm	GB/T 1732—2020
4	杯突试验	≥5mm	GB/T 9753—2007
5	柔韧性	≤1mm	GB/T 1731—2020
6	铅笔硬度	≥HB	GB/T 6739—2022
7	打磨性(20 次)	易打磨，不粘砂纸	GB/T 1770—2008
8	耐硝基性	不咬底，不渗红	GB/T 13493—1992 中的 4.18 节内容

续表

序号	项目	试验结果	国家标准
9	耐水性	360h 不起泡、不生锈、不脱落	GB/T 5209—1985
10	耐酸性 (0.05mol/L H$_2$SO$_4$ 中)	72h 不起泡，不起皱，允许轻微变色	GB/T 9274—1998
11	耐碱性 (0.1mol/L NaOH 中)	72h 不起泡，不起皱，允许轻微变色	GB/T 9274—1998
12	耐油性 (10 号变压器油中)	48h 外观无明显变化，不起泡、不脱落	GB/T 9274—1998
13	耐汽油性	24h 外观无明显变化，不起泡、不脱落	GB/T 9274—1998
14	耐盐水性 (3%NaCl)	360h 不起泡、不脱落、不生锈	GB/T 10834—2008
15	耐湿热性	300h，1 级	GB/T 1740—2007
16	耐盐雾性	168h，1 级（划格） 800h，1 级（配套不划格）	GB/T 1771—2007

通过 Hitachi S3700N 扫描电子显微镜来比较环氧涂层与 GEPT 纳米复合涂层的微观形貌特点（图 7-9）。

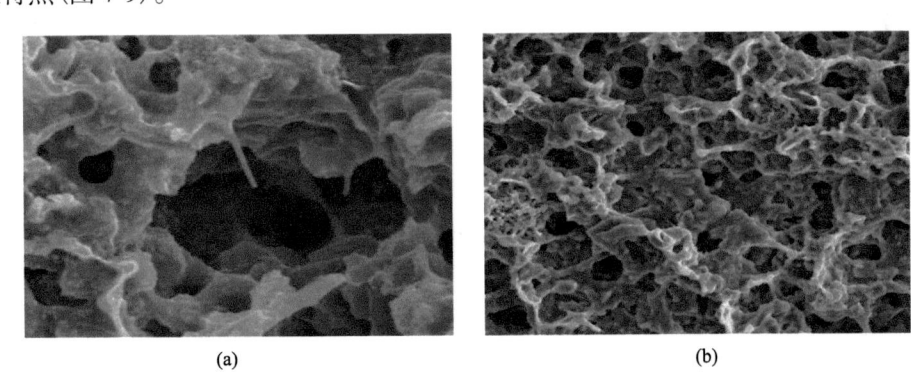

图 7-9 普通环氧树脂防腐涂层与 GEPT 纳米复合防腐涂层形貌对比图（×1000）
(a) 普通环氧树脂防腐涂层；(b) GEPT 纳米复合防腐涂层

从图 7-9 可以看出，与普通的环氧涂层相比 GEPT 纳米涂层分子间的缝隙与空位明显减少，涂层的结合更加紧密，呈交联网状结构，有互穿网络的树脂结构特点。同时由于所加入的纳米 TiO$_2$ 不仅填充了缝隙和空位，同时起到了连接作用，使其与树脂分子的结合更加充分。

开展耐硫化氢腐蚀性能测试，将普通环氧类涂料与 GEPT 纳米复合涂料进行耐常温常压硫化氢腐蚀实验研究对比，并通过动态极化曲线(PDS)和电化学交流阻抗(EIS)测试结果，从电化学角度揭示纳米复合涂层的耐蚀性能和耐蚀行为规律。

配制总矿化度为 67800mg/L 的油田凝析水溶液，加入 5%柴油、在 2MPa 硫化氢、

1.5MPa 二氧化碳，补氮气增压至总压 15MPa 的压力条件下，高温 70℃±2℃，线速度为 3m/s 的情况下浸泡 168h 后涂覆普通环氧树脂防腐涂层和 GEPT 纳米复合涂层的试样表面形貌照片如图 7-10 和图 7-11 所示。实验结果表明：实验后普通环氧涂层表面基本完整，但出现严重变色问题，部分区域出现小鼓泡，同时通过抗剥离实验发现，涂层对基体的附着力变差；而纳米涂层出现轻微失光变色，附着力未见显著变化，未出现鼓泡、腐蚀和剥落现象。

图 7-10 纯环氧树脂防腐涂层耐高温高压硫化氢腐蚀照片

图 7-11 纳米复合涂层耐高温高压硫化氢腐蚀照片

配制 NACE TM0177-2005 标准 A 溶液，各组分组成为：5.0%NaCl+0.5% CH₃COOH+饱和 H₂S，pH=2.7～3.0，在 23℃±2℃，浸泡 720h 后借助 Gamry Reference600 电化学工作站获取动态极化曲线，比较 GEPT 纳米涂层、环氧涂层和基体的腐蚀情况，见表 7-14。

表 7-14 不同涂层的电化学参数

部位	腐蚀电位(vs. SCE)/V	摩蚀电流/($\mu A/cm^2$)	β_a	β_c
基底	−0.853	1.02129	0.41478	0.08637
环氧涂层	−0.114	0.2176	0.13292	0.04203
纳米涂层	0.586	0.057105	0.40833	0.09163

注：vs. SCE 表示相比于饱和甘汞参比极的电位。

纳米涂层相对于金属基体及环氧涂层，腐蚀电位发生明显正移，从热力学角度上说明了纳米涂层对金属基体的保护作用更明显。同时，由表 7-14 中的腐蚀参数腐蚀电位和腐蚀电流拟合计算数据可以看出，涂覆 TiO_2 纳米涂层的金属基体相对于空白样腐蚀电流密度减小了约 95%，相对环氧涂层的保护能力提高了 4～5 倍，这从动力学角度上更准确地说明了 TiO_2 纳米涂层对金属基体有着十分显著的耐蚀作用，即纳米涂层的防护作用均要明显优于环氧涂层。

纳米复合涂层的良好抗硫化氢性能，主要基于以下两方面的原因。一是互穿网络结构树脂，发挥树脂的协同作用。利用先进环氧酚醛改性技术，结合聚氨酯树脂合成新型改性树脂，通过共混技术实现分子水平互穿，形成独特的贯穿缠结的互穿网络拓扑结构，在提高高分子链相容性、增加网络密度、使相结构微相化及增加结合力等方面产生协同效应；合成的树脂既有环氧树脂良好的耐碱性和附着力，酚醛树脂的耐热性和耐化学性能，又有聚氨酯树脂良好的耐酸性和附着力，形成的互穿网络赋予涂层致密性、耐酸性、附着力等综合性能，其防腐蚀性能远比单一树脂优异。二是新型高效纳米粒子组分，发挥纳米特性作用。TiO_2纳米颗粒填料粒子在网络结构中聚集体小且均匀，易于移动，形成涂层后微小的纳米粒子具有填充空穴缺陷的作用，由于纳米粒子具有极强的不溶性，水、氧和H_2S等其他分子离子无法透过颗粒本身，只能绕道渗透，延长了渗透路线，起到"迷宫效应"，增强涂料的防腐性能。另外，由于纳米材料的表面原子数较多，粒子的表面积和表面能也会随之增加，表面原子周围特别是面向外的一侧，缺少相邻的原子，产生了许多悬空键，具有不饱和键的性质，非常容易和其他原子结合，因此具有比较大的化学活性，大大提高了被保护金属和涂层间不饱和键之间的结合强度，形成稳定的化学结合形式。

3. 推广应用情况

1) 挂片服役性能评价

对于实验室评价性能较优的双组分纳米涂层进一步开展现场挂片试验评价，2016年8月分别在8区、10区、TP区选择有代表性的原油集输系统：10-3计转站生产汇管、二号联污水处理系统、10-2计转站生产汇管、8-1计转站外输汇管、TP-10计转站生产汇管开展挂片现场实际运行工况条件下服役性能测试。现场服役30d后双组分纳米涂层宏观表面完整、无破损、鼓泡现象，微观观察涂层界面完整无缺陷，内涂层具有良好的保护性能。现场服役后挂片附着力、抗冲击性、抗阴极剥离性均满足评价指标要求。

2) 酸气分离器服役情况

2017年5月在二号联轻烃站酸气分离器开展双组分纳米涂层现场应用试验，施工工艺采用空气或者无气喷涂方式，局部内构件刷涂，依据《钢制储罐液体涂料内防腐层技术标准》(SY/T 0319—2012)，内涂层设计为普通级，干膜厚度不小于300μm，单膜厚度平均75μm，须涂覆4次达到设计要求。2018年5月涂层服役1年后，开罐检修宏观观察涂层完好，无脱落、无鼓泡，满足该工况下的使用要求。

3) 两相分离器服役情况

2018年4月在大涝坝集气站4台两相分离器及同年5月在雅克拉集气站1台两相分离器开展应用，按照标准内涂层设计为普通级，干膜厚度不小于300μm，单膜厚度平均75μm，须涂覆4次达到设计要求。

参 考 文 献

[1] 任广欣,周诗杰,唐海飞,等. 苛刻条件下管道泄漏综合防治技术[J]. 安全、健康和环境,2018,18(7):47-51.
[2] 范伟. 高矿化度酸性油气集输管道腐蚀规律及控制技术探讨[J]. 安全、健康和环境,2018,18(2):37-40.

[3] 葛鹏莉, 羊东明, 韩阳, 等. 内穿插修复技术在塔河油田的应用[J]. 腐蚀与防护, 2014, 35(4): 384-386.

[4] 周勇, 周拾庆. 塔河油田 TH10106 井管道腐蚀分析与防腐修复[J]. 现代涂料与涂装, 2012, 15(8): 62-65.

[5] 张建军, 石鑫, 肖雯雯, 等. 塔河油田某高含 H_2S 伴生气管线隐患治理研究[J]. 安全、健康和环境. 2019, 19(9): 16-20.

[6] 肖雯雯, 江玉发, 杨建勃, 等. 纳米改性环氧粉末涂层在塔河油田的适应性研究[J]. 电镀与涂饰, 2020, 39(10): 634-641.

[7] 石鑫, 姜云瑛, 王洪博, 等. 4种吡嗪类缓蚀剂及其在Cu(111)面吸附行为的密度泛函理论研究[J]. 化工学报, 2017, 68(8): 3211-3217.

[8] 羊东明, 石鑫, 李亚光. 塔河 12 区高含 H_2S 和 CO_2 伴生气管道防腐蚀技术[J]. 腐蚀与防护, 2013, 34(6): 545-548.

[9] 石鑫, 羊东明, 张岚. 含硫天然气集输管网的腐蚀控制[J]. 油气储运, 2012, 31(1): 27-30.

[10] 许艳艳, 石鑫, 肖雯雯, 等. 某单井管道失效原因分析[J]. 材料保护, 2019, 52(5): 143-146.